土力学与地基基础

主　编　游　姗　张严方

副主编　周子筠　王　露　李志江

　　　　马世雄　蔡　平

主　审　许立强

北京理工大学出版社
BEIJING INSTITUTE OF TECHNOLOGY PRESS

内 容 简 介

本书加入了课程思政的内容，基于应用型本科的人才培养模式，涵盖了土力学、地基承载力计算和基础设计等内容，具有较强的针对性和实用性。全书每章以工程案例为引导，内容包括土的物理性质及工程分类、土中的应力、土的压缩性及地基沉降计算、土的抗剪强度及指标测定、土压力及边坡稳定、地基承载力、浅基础、桩基础，也简要介绍了地基力学分析中常用的计算机辅助软件。

本书可作为土木工程相关专业各方向(建筑工程、市政工程、地下工程、道桥工程、交通工程、水利工程、土木工程管理等)本、专科学生的专业基础课程教材和在职土建工程师进修教材，也可作为建筑设计院、建筑勘察设计院和建筑施工公司土建类勘察、设计、施工等工程技术人员的学习参考书。

图书在版编目(CIP)数据

土力学与地基基础/游姗，张严方主编 . --北京：
北京理工大学出版社，2022.7
ISBN 978-7-5763-1490-8

Ⅰ. ①土… Ⅱ. ①游…②张… Ⅲ. ①土力学-高等
学校-教材②地基-基础(工程)-高等学校-教材 Ⅳ.
①TU4

中国版本图书馆 CIP 数据核字(2022)第 122849 号

出版发行 / 北京理工大学出版社有限责任公司
社　　址 / 北京市海淀区中关村南大街 5 号
邮　　编 / 100081
电　　话 / (010)68914775(总编室)
　　　　　(010)82562903(教材售后服务热线)
　　　　　(010)68944723(其他图书服务热线)
网　　址 / http://www.bitpress.com.cn
经　　销 / 全国各地新华书店
印　　刷 / 北京紫瑞利印刷有限公司
开　　本 / 787 毫米×1092 毫米　1/16
印　　张 / 16.5
字　　数 / 390 千字
版　　次 / 2022 年 7 月第 1 版　2022 年 7 月第 1 次印刷
定　　价 / 86.00 元

责任编辑 / 高　芳
文案编辑 / 李　硕
责任校对 / 刘亚男
责任印制 / 李志强

图书出现印装质量问题，请拨打售后服务热线，本社负责调换

　　土力学与地基基础是高等学校土木工程本科专业的一门主干课程。随着城市建设的快速发展以及高层建筑、大型公共建筑、重型设备基础、城市地铁、越江越海隧道等工程的大量新建，土力学理论与地基基础技术越来越重要。据统计，国内外发生的工程事故中，以地基基础领域的事故为最多，并且造成的损失和对社会的不良影响越来越大，事故处理的成本与难度也在不断增加。因此，土建类专业的学生及相关工程技术人员应重视本学科知识的学习。

　　本书根据课程的定位和培养目标，以应用型本科教育为导向进行课程内容编写，立足于工程实际能力的培养。全书由浅入深、概念清楚、层次分明、重点突出，并附有课后习题，以巩固学生的学习。该课程为土木工程本科专业的核心课程，是本专业的每个学生都必须学习、掌握的课程，其教材质量对于保证专业的教学质量具有重要的意义。本书可以更好地满足本科宽口径、大土木专业需求以及土建类高级应用人才的培养要求。本书语言通俗易懂，文字简明扼要，重点突出，工程实例丰富，便于自学。

　　全书共 10 章，第 1 章绪论主要介绍土力学发展历史和现状，国内外相关的典型工程案例以及本课程的学习方法；第 2 章土的物理性质及工程分类主要讲述土的物理性质指标和物理状态指标以及土的分类方法；第 3 章土中的应力主要讲述自重应力、附加应力的计算方法；第 4 章土的压缩性及地基沉降计算主要讲述压缩性指标的得到及用分层总和法和规范法计算地基沉降量以及沉降量与时间的关系；第 5 章土的抗剪强度及指标测定主要讲述了库仑定律、莫尔—库仑强度理论以及抗剪强度指标与试验的关系；第 6 章土压力及边坡稳定主要介绍了土压力的类型和朗肯土压力与库仑土压力的计算方法；第 7 章地基承载力主要介绍了几种确定地基承载力的方法；第 8 章浅基础主要介绍了浅基础的类型以及浅基础尺寸的确定和简单的浅基础设计与相应的验算；第 9 章桩基础主要讲述了桩基类型及成桩工艺以及桩的竖向承载力的计算和简单的桩基础设计；第 10 章计算机辅助软件主要介绍了理正软件在土力学中的运用。

　　本书的特色如下：

　　(1)删掉了一些复杂的公式推导，注重对结论性公式的应用；同时，结合注册岩土工程师考试来安排课后习题；

（2）加入了一些与章节内容对应的实际发生的案例作为课堂导入，在讲授的过程中可以结合案例来讲述知识点，让学生提高兴趣；

（3）增加了"趣闻杂谈"部分，通过对各知识点的向外扩散，将毫无关联的事物现象与土力学结合起来，增加学生兴趣的同时，也进行了思政教育；

（4）在本书的最后加入计算机辅助软件这一章，让学生了解该课程所涉及的较新的、用得最多的计算软件。

本书共 10 章，具体编写分工如下：游姗编写第 1、4、5 章，周子筠编写第 2、3 章，王露编写第 6、7 章，张严方编写第 8、9 章，李志江编写第 10 章。全书由游姗、张严方、马世雄、蔡平统稿，全书主审由许立强完成。

本书在编写过程中，参考了有关书籍，在此对相关作者表示感谢。限于编者水平，本书难免有疏漏和不足之处，敬请读者批评指正。

编　者

目　录

第 1 章

绪论

1.1　本课程的内容和特点

从土木工程中遇到的各种与土有关的问题的角度，土可以分为三类，即作为建筑物（房屋、桥梁、道路、水工结构等）地基的土、作为建筑材料（路基材料、土坝材料）的土和作为建筑物周围介质或环境（隧道、挡土墙、地下建筑、滑坡问题等）的土。第一类土，即直接承受建筑物荷载影响的土（岩）层，称为地基。当上部结构荷载和自重不大，地基未加处理就可满足设计要求的称为天然地基；如果地基软弱，其承载力不能满足设计要求，需对其进行加固处理（如采用换土垫层、深层密实、排水固结、化学加固、加筋土技术等方法进行处理），则称为人工地基。

这三类土，无论哪一类，工程技术人员最关心的是土的力学性质，即在静荷载、动荷载作用下土的强度和变形特性，以及这些特性随时间、应力历史和环境条件变化而改变的规律。土力学就是以力学为基础，研究土的渗透、变形和强度特性，并据此进行土体的变形和稳定计算的学科。广义的土力学还包括土的生成、组成、物理化学性质及分类在内的土质学。

土力学研究范畴可概括为研究土的类型及其物理、力学性质，研究土的本构关系及土与结构物相互作用的规律。土的本构关系，即土的应力、应变、强度和时间四个变量之间的内在关系。由于土的力学性质十分复杂，对土本构模型的研究及计算参数的测定，均远落后于计算技术的发展；而且计算参数的选择不当所引起的误差，远大于计算方法本身的精度范围。因此，对土的基本力学性质和土工问题计算方法的研究验证，也是土力学的两大重要研究课题。

基础是将建筑物承受的各种荷载传递到地基上的下部结构，一般应埋入地下一定深度，进入较好的地层。根据基础的埋置深度不同可分为浅基础和深基础。若基础埋置深度不大（一般浅于 5 m），只需经过挖槽、排水等普通施工序就可建造起来的称为浅基础；反之，若浅层土质不良，须将基础埋置于较深的良好土层，并需借助特殊施工方法（如桩基、墩基、沉井和地下连续墙等)建造的称为深基础。

地基与基础是建筑物的根本,其设计必须满足两个基本条件:一是作用于地基上的荷载不得超过地基承载能力,以保证地基具有足够防止整体破坏的安全储备;二是基础沉降不得超过地基变形允许值,保证建筑物不因地基变形而损坏或影响其正常使用。在荷载作用下,地基、基础和上部结构三部分彼此联系、相互制约。设计时应根据地质勘察资料,综合考虑地基、基础、上部结构的相互作用与施工条件,进行经济技术比较,选取可靠、经济合理、技术先进和施工简便的地基基础方案。

基础工程勘察、设计和施工质量的好坏将直接影响建筑物的安危、经济和正常使用。基础工程施工常在地下或水下进行,往往需要挡土、挡水,施工难度大,在一般高层建筑中,其造价约占总造价的 25%,工期占 25%~30%。若需采用深基础或人工地基,其造价和工期所占比例更大。此外,基础工程为隐蔽工程,一旦出事,损失巨大,补救十分困难,因此,在土木工程中具有十分重要的作用。

1.2 土力学与地基基础的发展

土力学是一门古老而又年轻的学科。中外许多历史悠久的著名建筑、桥梁、水利工程都不自觉地应用土力学原理解决了地基承载力、变形、稳定等问题,使其千年不坏,流传至今,如我国的万里长城、大型宫殿、大型庙宇、大运河、开封塔、赵州桥等,以及国外的皇宫、教堂、古埃及金字塔、古罗马桥工程等。

土力学作为一门独立学科,大致有两个发展阶段:第一阶段从 20 世纪 20 年代到 60 年代,称为古典力学阶段。这一阶段的特点是在不同的课题中分别将土看作线弹性体或刚塑性体,根据需要将土视为连续介质或分散体。这一阶段土力学研究主要从太沙基理论出发,形成以有效应力原理、渗透固结理论、极限平衡理论为基础的土力学理论体系,主要研究土的强度与变形特性,解决地基承载力和变形、挡土墙土压力、土坡稳定等与工程密切相关的土力学课题。第二发展阶段从 20 世纪 60 年代开始,称为现代土力学阶段。其最重要的特点是把土的应力、应变、强度、稳定等受力变化过程统一用一个本构关系加以研究,改变了古典土力学中把各受力阶段人为割裂的情况,从而更符合土的真实性。这一阶段的出现,依赖于数学、力学的发展和计算机技术的突飞猛进。

基础工程是一门古老工程技术和年轻的应用科学。远古时期,人类就兴起了地基基础工程。在西安新石器时代的半坡村遗址,发现有土台和石础,这就是古代的"堂高三尺、茅茨土阶"的建筑。浙江余姚河姆渡遗址,发现了 7 000 年前由圆木桩、方木桩和板桩组成的桩基础,这是最早的桩的雏形。北宋李诫所著《营造法式》就记载了古人在地基夯打施工前,发明了"相土""验土"等地质勘察方法。"相土"为地形地质考察,"验土"为打造地基之前进行的勘察技术,有"辨土法"和"称土法"等。《营造法式》还记载了古代地基处理的一些具体做法,如夯打、捶打和换土地基建造技术。我国都江堰水利工程、举世闻名的万里长城、京杭南北大运河、黄河大堤、赵州桥,以及许许多多遍及全国各地的宏伟壮丽的宫殿寺院、巍然挺立的高塔等,都因奠基牢固,经历了无数次强震强风仍安然无恙。《水经注》记载的今山西汾水上三十墩柱木柱梁桥(公元前 532 年),秦代的渭桥采用的木桩基础,郑州隋朝超化寺打入淤泥的塔基木桩，杭州湾五代大海塘工程木桩等都是我国古代桩基技术应用的典范。只是由于当时生产力发展水平所限而未能提炼成系统的科学理论。中华人民共和国成立后，大规模土木工程建设飞跃发展，极大地推动了我国基础工程学科的迅速发展。在各种桥梁、水利及建筑工程中成功地处理了许多大型和复杂的基础工程，并取得了辉煌成就。例如，利用电化学加固处理的中国历史博物馆地基，解决了施工工期短、质量要求高的困难；长江上建成的十余座长江大桥(武汉、南京等)及其他巨大工程中，采用管桩基础、气筒浮云沉井、组合式沉井、各种结构类型的单壁和双壁钢围堰、大直径扩底墩等一系列深基础和深水基础，成功地解决了水深流急、地质复杂的基础工程问题；再如，上海宝山钢铁总厂及全国许许多多高层建筑的建成，都为土力学与基础工程的理论和实践积累了丰富的经验。

随着新技术的发展，特别是计算机技术以及现代测量技术的发展，有力地促进了土力学与地基基础的发展。如人们试图建立较为复杂的考虑土的应力－应变－强度－时间关系的计算模型，在工程实践中考虑较为复杂的土的应力－应变关系。与此同时，新的基础设计理论与施工技术也得到迅速发展，如出现了补偿性基础、桩－筏基础、桩－箱基础、巨型沉井基础等，在基础处理方面，如强夯法、砂井预压法、振冲法、深层搅拌法及压力注浆法等方法都得到发展与完善。

由于基础工程是处在地下的隐蔽工程，工程地质条件极其复杂且差异较大，虽然土力学与基础的理论与技术比以往有了突飞猛进的发展，但仍有许多问题值得研究与探索。

1.3　本课程的学习方法

本课程在理论上主要掌握土力学的基本理论和概念、各类地基基础的计算原理和有关的结构理论。由于问题的复杂性，进行理论研究时，常需要做出某些假设和忽略某些因素。虽然现有理论还难以模拟、概括地基土的各种力学性质的全貌，但本书介绍的基本理论是读者应当掌握的。有的理论比较抽象，但如果理解了，就能使它在工程实践中发挥作用。本书的计算公式较多，要求主要了解公式的来源、意义和应用。

通过试验，了解土的物理力学性质和当地土的特性，为现有理论的应用提供计算指标和参数，还可以验证现有理论、发现规律和建立新的理论。常规的室内试验比较简便，但有时不完全符合现场实际情况，而且试件易受到扰动，所以常需要进行现场原位测试。现场测试比较理想，但有的比较费时和费钱。学习该课程时，主要掌握常规室内试验，掌握各项最基本的土工试验技术。只有经验，没有土力学基本理论不行，但是只靠这些基本理论也难以解决问题。试验数据很可能与实际条件有差别，这些都需要根据实践经验加以判别和修正。因此，工程技术人员在完成一项工程设计或解决一个工程问题时，应结合现场实测与理论计算进行综合分析，并从这些比较中改进自己的经验积累。具体要求如下：

(1)掌握土的特点和基本性质。紧紧抓住土的特点和基本性质，认真领会土力学与地基基础课程所涉及的基本理论和基本知识，弄懂应用这些理论的假设和适用条件，切忌生搬硬套。

(2)正确理解与应用本书中的指标、参数和半经验公式。学习中要对这些指标、参数、公式有正确的理解，使这些数值建立于正确概念的基础之上。在计算中必须慎重对待有关指标和参数的取值，特别注意，这些数值对理论解答的影响往往大于理论本身的精确性。

为了克服由于指标、参数和经验公式多，而引起混乱的问题，学习中要做到自始至终明确从土的物理性质到力学性质，由力学性质到解决工程中地基变形、土体稳定问题的方法，以及当地基变形和土体稳定不能满足要求时所采取的处理措施这样一个课程脉络，保持清晰的思路。

（3）加强基本功训练，重视实践环节。基本功内容包括很多方面，如基础知识掌握、基本试验技能、基本计算手段等。在校学习期间，要重视教学试验，因为它是巩固所学的基础知识、增强动手能力、实现理论向实践过渡的重要环节；在学习过程中要注意联系实际。土力学与地基基础是一门实践性很强的科学，理论落后于实践。所以，实践是掌握知识、推动学科发展的关键。

第 2 章

土的物理性质及工程分类

土是由连续、坚固的岩石在风化作用下形成的大小悬殊的颗粒，经过不同的搬运方式，在各种自然环境中生成的没有黏结或弱黏结的沉积物。在天然状态下，土是由多种矿物颗粒松散地集合在一起，颗粒孔隙间填充有水和气体，构成颗粒(固相)、水(液相)和气(气相)的三相体系。土中固体颗粒之间的连接强度，远小于颗粒本身的强度。所以，土具有碎散性、多孔性、自然变异性，由此而导致压缩性高、强度低、透水性大三个显著的工程特性。

土的三相组成物质的性质、相对含量及土的结构构造等各种因素，必然在土的轻重、松密、干湿、软硬等一系列物理性质上有不同的反映。土的物理性质又在一定程度上决定了它的力学性质，所以，物理性质是土的最基本的工程特性。

在处理与土相关的工程问题和进行土力学计算时，不但要知道土的物理特性指标及其变化规律，从而了解各类土的特性，还必须掌握各物理特性指标的测定方法及指标间的相互换算关系，并熟悉土的分类方法。

2.1 土的三相组成

土的物质成分包括作为土骨架的固态矿物颗粒、土骨架空隙中的液态水与其溶解物质及土空隙中的气体。因此，土是由颗粒(固相)、水(液相)和气体(气相)所组成的三相体系。

2.1.1 土的固体颗粒

在土的三相组分中，固相主要由矿物颗粒组成，有时除矿物颗粒外还含有机质。土骨架由许许多多大小不等、矿物组成不同的土颗粒按照不同的方式排列组合而成。土颗粒的矿物成分和粒度成分影响土的各种物理力学特性。

1. 土粒矿物成分

土粒矿物成分可分为无机矿物颗粒与有机质。无机矿物颗粒由原生矿物和次生矿物组成。

(1)原生矿物。原生矿物是母岩物理风化的产物，仅形状大小发生变化，化学成分与母岩完全相同。其主要包括石英、长石、云母类矿物；其次为角闪石、磁铁矿等。这类矿物的化学性质稳定或较稳定，具有强或较强的抗水性和抗风化能力，亲水性弱或较弱，是组成无黏性土的主要成分，其对土的性质的影响主要由这些矿物本身的性质反映出来的。如颗粒大小组成、矿物类型、颗粒形状、表面特征、硬度等。由于原生矿物颗粒大，比表面积小，与水作用能力弱，故由它们构成的粗粒土，如漂石、卵石、圆砾等，工程性质稳定。

(2)次生矿物。母岩在风化后及风化搬运过程中，继续遭受化学风化作用，使原来的矿物因氧化、水化及水解、溶解等化学风化作用而进一步分解，形成新的矿物，颗粒变得更细，甚至形成胶体，这类矿物称为次生矿物。自然界土体中常见的次生矿物又可分为可溶性次生矿物和不可溶性次生矿物两种类型。

1)原生矿物中的可溶物质被溶滤到别的地方沉淀下来形成可溶性次生矿物。根据在水中溶解度的大小，可溶性次生矿物可分为易溶盐、中溶盐及难溶盐三类。土中盐类的溶解能削弱土颗粒间的连接，降低土的强度和稳定性。硫酸盐类还会对金属和混凝土有一定的腐蚀作用。

2)不可溶性次生矿物是原生矿物中可溶部分被溶滤走后，残存部分经化学风化后的产物。其主要包括黏土矿物、次生 SiO_2 和 Al_2O_3、Fe_2O_3 等倍半氧化物。相对于原生矿物而言，这类矿物颗粒细微，表面能大，亲水性强，使土具有可塑性。

(3)有机质。土的有机质主要是动植物分解后的残骸，分解彻底的称为腐殖质，半分解的称为泥炭。有机质的存在对土的工程性质的影响甚大，目前对它的认识还远不及对黏土矿物清楚。但总的规律是，随着有机质含量的增加，土的分散性加大，含水率增高(可达 $50\%\sim200\%$)，密度减小($<1\ g/cm^3$)，胀缩性增加($>50\%$)，压缩性增大，强度减小，承载力降低。故对工程极为不利。通常地层表面范围内含有机质较为丰富，作为建筑物地基时要清理，作为填筑用土时有机质含量也应有所限制。在我国，要求筑坝土料有机质含量不超过 5%，防渗结构土料有机质含量不超过 2%。

2. 颗粒级配

自然界中土颗粒的大小相差悬殊，例如，巨粒土漂石，粒径常常大于 $200\ mm$，而细粒土黏粒粒径常常小于 $0.005\ mm$，两者粒径相差巨大。土粒的粒径由粗到细逐渐变化时，土的性质相应地发生变化。为便于研究，将土粒的大小称为粒度，用粒径定量描述。介于一定粒度范围内的土粒，称为粒组。划分粒组的分界尺寸，称为界限粒径。各个粒组随着分界尺寸的不同，而呈现出一定质的变化。

土粒粒组的划分见表 2-1。

表 2-1　土粒粒组的划分

粒组统称	粒组名称	粒径范围/mm	一般特征
巨粒	漂石或块石颗粒	>200	透水性很大，无黏性，无毛细水
	卵石或碎石颗粒	200～60	

续表

粒组统称	粒组名称		粒径范围/mm	一般特征
粗粒	圆砾或角砾颗粒	粗	60～20	透水性大，无黏性，毛细水上升高度不超过粒径大小
		中	20～5	
		细	5～2	
	砂粒	粗	2～0.5	易透水，当混入云母等杂质时透水性减小，而压缩增加；无黏性，遇水不膨胀，干燥时松散；毛细水上升高度不大，随粒径变小而增大
		中	0.5～0.25	
		细	0.25～0.1	
		极细	0.1～0.075	
细粒	粉粒	粗	0.075～0.01	透水性小，湿时稍有黏性，遇水膨胀小，干时稍有收缩；毛细水上升高度较大较快，极易出现冻胀现象
		细	0.01～0.005	
	黏粒		<0.005	透水性很小，湿时有黏性、可塑性，遇水膨大，干时收缩显著；毛细水上升高度大，但速度较慢

注：1. 漂石、卵石和圆砾颗粒均呈一定的磨圆形状(圆形或亚圆形)；块石、碎石和角砾颗粒都带有棱角。
　　2. 粉粒或称粉土粒，粉粒的粒径上限 0.075 mm 相当于 200 号筛的孔径。
　　3. 黏粒或称黏土粒，黏粒的粒径上限也有采用 0.002 mm 为准。

　　每个粒组之内的土的工程性质相似，通常粗粒土的压缩性低、强度高、渗透性大。颗粒的形状对土的工程性质也有较大影响，带棱角的形状颗粒表面粗糙，不易滑动，因而，其抗剪强度比颗粒表面圆滑的土的抗剪强度要高。

　　自然界里的天然土，大多由多个粒组构成。土中各粒组的相对含量，即各粒组的质量占总质量的百分数，称为土的粒径级配。土的粒径级配是决定无黏性土工程性质的主要因素，也是土分类定名的依据。

　　各粒组的相对含量是通过颗粒分析试验测定的。粒径大于 0.075 mm 的粗粒组可用筛分法测定。筛分法是将风干、分散的具有代表性的土样通过一套孔径不同的标准筛(通常的孔径分别为 20 mm、2 mm、0.5 mm、0.25 mm、0.1 mm、0.075 mm，如图 2-1 所示)，称出留在各个筛子上的土质量，即可计算出各粒组的相对含量。粒径小于 0.075 mm 的粉粒和黏粒难以筛分确定，而常用密度计法或移液管法等水分法确定，水分法利用不同粒径的土粒在水中下沉速度不同的现象，将粒组区分开。

图 2-1　标准筛

　　将颗粒分析的试验成果绘制成如图 2-2 所示的颗粒级配累计曲线。其横坐标表示土的粒径，由于土颗粒的粒径大小差别大，常用对数坐标表示。纵坐标表示小于某粒径的土占总质量的百分数，即累计百分比。由累计曲线的坡度可以大致判断土地均匀程度或级配是否良好。如曲线较陡，表示粒径大小相差不多，土粒较均匀，级配不良；反之，曲线平缓，则表示粒径大小相差悬殊，土粒不均匀，即级配良好。

【例 2-1】 某土样的筛分试验成果见表 2-2，表中数值为留筛质量，底盘内试样质量为 20 g，计算各粒组的累计百分含量并绘制出该土的级配曲线。

表 2-2　筛分试验结果

筛孔径/mm	2.0	1.0	0.5	0.25	0.075
留筛质量/g	50	150	150	100	30

解： 土的总质量为 $50+150+150+100+30+20=500$(g)

累计百分含量：

粒径<20 mm 的土：100%

粒径<2.0 mm 的土：$(150+150+100+30+20)/500=90\%$

粒径<1.0 mm 的土：$(150+100+30+20)/500=60\%$

粒径<0.5 mm 的土：$(100+30+20)/500=30\%$

粒径<0.25 mm 的土：$(30+20)/500=10\%$

粒径<0.075 mm 的土：$20/500=4\%$

累计百分含量汇总见表 2-3。

表 2-3　累计百分含量汇总表

粒径/mm	<20	<2.0	<1.0	<0.5	<0.25	<0.075
累计含量/%	100	90	60	30	10	4

级配曲线如图 2-2 所示。

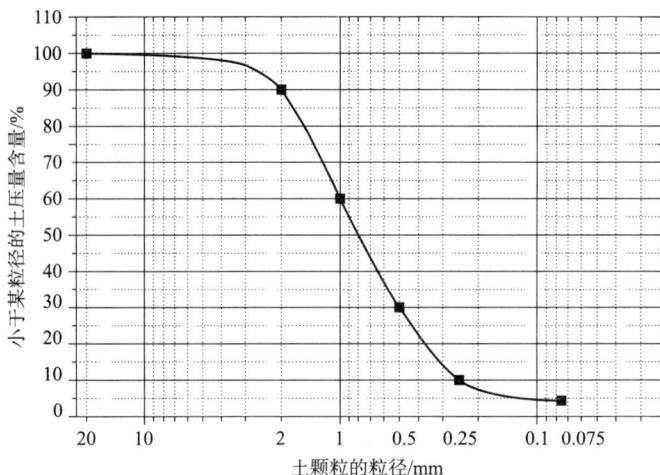

图 2-2　例 2-1 图

根据曲线的形态，可评定土粒大小的均匀程度。图 2-3 展示了 a、b 两种土的级配曲线，曲线 b 明显比曲线 a 平缓。曲线平缓说明土的粒径大小相差悬殊，颗粒不均匀，级配良好。

大的土颗粒间掺入各种小的颗粒填补了大颗粒间的孔隙，受力时阻止了大颗粒的滑动，因而受力性能较好。曲线陡则说明颗粒相差不多，土粒均匀，级配不良。

为了定量表示这种土粒大小的均匀程度，工程中定义了不均匀系数：

$$C_u = \frac{d_{60}}{d_{10}} \tag{2-1}$$

式中，d_{10} 为土颗粒质量累计百分数 10% 所对应的粒径，称为有效粒径；d_{60} 为土颗粒质量累计百分数 60% 所对应的粒径，称为限定粒径。曲线越是平缓，C_u 值越大，级配越好，作为填方工程的土料时较容易获得较大的密实度。例 2-1 中 $d_{10} = 0.25$ mm，$d_{60} = 1.0$ mm，所以，该土的不均匀系数 C_u 为 4.0。

与图 2-3 不同，图 2-4 在 1 mm 附近出现了一个局部"台阶"，说明某一粒组的含量极小。事实上，从图 2-4 可以看出，粒径在 0.6 mm 和 1.0 mm 之间的颗粒几乎没有。这种粒组缺失的现象称为土的级配不连续。采用不均匀系数这样一个单一指标，无法反映出级配不连续问题。为此，又定义如下的指标，称为曲率系数：

$$C_c = \frac{(d_{30})^2}{d_{10} \times d_{60}} \tag{2-2}$$

式中，d_{30} 为土颗粒质量累计百分数 30% 所对应的粒径。从表 2-3 可见，例 2-1 中 $d_{30} = 0.5$ mm，则曲率系数等于 1.0。

工程上，常常把 $C_u < 5$ 的土视为均匀粒径的土，属级配不良。砾类土或砂类土同时满足 $C_u \geq 5$ 和 $C_c = 1 \sim 3$ 两个条件时，才定名为级配良好的砾或砂。

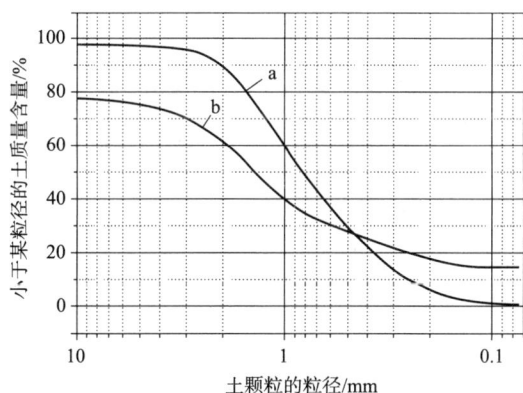

图 2-3　粒度均匀性的对比

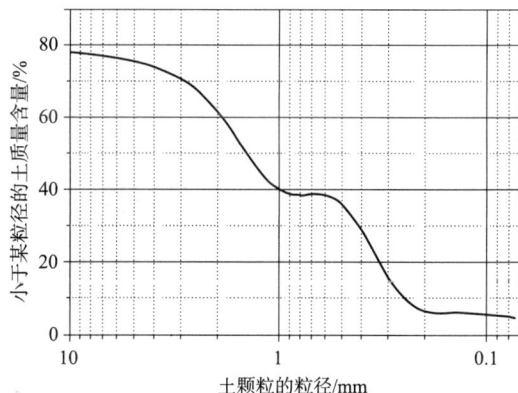

图 2-4　不连续级配土

2.1.2　土中水

根据土中水的储存部位将土中的水分为矿物内部结合水和土孔隙中的水。矿物内部结合水又称矿物内部结晶水，是指存在于土粒矿物格架内部或参与矿物构造的水；土孔隙水存在于土孔隙间，其充填程度和状态对土的工程性质影响较大。依其与土颗粒间的关系，孔隙水可分为结合水和非结合水两类型。按结合程度的不同，结合水再分为强结合水和弱结合水；非结合水按其存在的状态可分为液态水、气态水和固态水（冰）三类；液态水又可分为毛细水和重力水两种类型。

1. 结合水

当土粒与水相互作用时，土粒会因电分子力作用而吸附一部分水分子，在土粒表面形成一定厚度的水膜，即结合水。它受土粒表面引力的控制而不服从静水力学规律。黏性土颗粒细小，比表面积大，吸附能力强，结合水膜厚。结合水的密度、黏滞度均比一般正常水高；冰点低于 0 ℃，最低可达零下几十摄氏度。结合水的以上这些特征随着离土粒表面的距离而变化。靠近土粒表面的水分子，受土粒的吸附力强，与正常水的性质的差别较大。因此，按这种吸附力的强弱，结合水进一步可分为强结合水和弱结合水。强结合水是指紧靠土粒表面的结合水膜，也称为吸着水。它的特征是没有溶解盐类的能力，不能传递静水压力，只有吸热变成水蒸气时才能移动。如果将干燥的土置于天然湿度的空气中，则土的质量将增加，直到土中吸着强结合水达到最大吸着度为止。强结合水的厚度很薄，有时只有几个水分子的厚度，但其中阳离子的浓度最大，水分子的定向排列特征最明显。黏土中只含有强结合水时，呈固体状态，磨碎后则呈粉末状态。弱结合水是紧靠于强结合水的外围而形成的结合水膜，也称为薄膜水。它仍然不能传递静水压力，但较厚的弱结合水膜能向邻近较薄的水膜缓缓转移。当土中含有较多的弱结合水时，土就具有一定的可塑性。弱结合水离土粒表面越远，其受到的电分子吸引力越弱，并逐渐过渡成自由水。弱结合水的厚度对黏土的黏性特征及工程性质有很大的影响。土中水如图 2-5 所示。

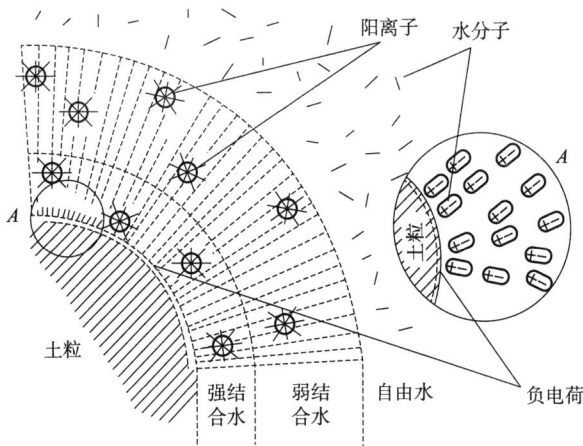

图 2-5　土中水

2. 自由水

(1)液态水。在结合水膜以外的水为正常的液态水溶液，几乎不受或完全不受土颗粒的静电引力的影响，能传递静水压力，也称为自由水。

1)毛细水位于地下水水位以上，受毛细作用而上升，粉土毛细水上升高。在寒冷地区要注意因毛细水上升产生的冻胀，地下室要采取防潮措施。

2)重力水位于地下水水位以下的透水层中的地下水，受重力作用而运动，对土粒有浮力作用。重力水对土中的应力状态和开挖基坑及修筑地下构筑物具有重要的影响。

(2)气态水和固态水。气态水即水蒸气，属于孔隙气体的一部分。当温度降低或压力加大，气态水可凝结为液态水。气态水的扩散、凝结与积聚能使土中各部分含水率分布发生改变，进而改变局部土的状态。固态水即土中的冰。水的冻结增加了颗粒之间的粘结，增加了土体抗剪强度。但由于水冻结后体积膨胀，冰的分布又很不均匀，地基中和土工构筑物中的固态水往往对工程具有不利的影响。

2.1.3　土中气

土中气体的成分类似空气，主要为 CO_2、O_2 和 N_2，但是含量与空气相差较大。CO_2 在空气中含量为 0.03%，在土中有时可达 10%。土中 O_2 和 N_2 的含量比大气中少，是因为土中存在氧和氮的吸收作用，析出 CO_2。对于某些需要地下人工施工的工程，如人工挖孔桩和地下隧道，氧气含量的减少对施工安全造成威胁。另外，有机质土中微生物分解作用会产生沼气和硫化氢等有毒有害气体，地下工程施工应特别警惕。

土中气体按是否与外界大气直接联系分为两种：一种是与大气连通气体；另一种是封闭气泡。对于填土工程而言，在碾压过程中，与大气连通气体容易排出，对工程影响不大；封闭气泡则不然，碾压力作用下气泡变小，压力移走气泡回弹，造成"橡皮土"问题。

2.2　土的结构和构造

1. 土的结构

土粒单元的大小、形状、相互排列和连接形式称为土的结构。其一般可分为单粒结构、蜂窝结构和絮状结构三种基本类型。

粗颗粒土(如卵石和砂土等)在沉积过程中，每一个颗粒在自重作用下单独下沉并达到稳定状态，即形成单粒结构的土，如图 2-6(a)所示。当土颗粒较细(粒径为 0.02～0.005 mm)时，在水中单个颗粒下沉，碰到已沉积的土粒，因土粒之间的分子引力大于土粒自重，则下沉的土粒被吸引不再下沉。一粒粒依次被吸引，形成具有很大孔隙的蜂窝状结构，如图 2-6(b)所示，称为蜂窝结构。那些粒径极小的黏土颗粒(粒径小于 0.005 mm)在水中长期悬浮运动，相互碰撞、吸引逐渐形成小链环状的土粒集，质量增大下沉。当一个小链环碰到另一小链环时相互吸引，不断扩大形成大链环状，称为絮状结构，也称絮凝结构。此种絮状结构在海积黏土中常见，如图 2-6(c)所示。

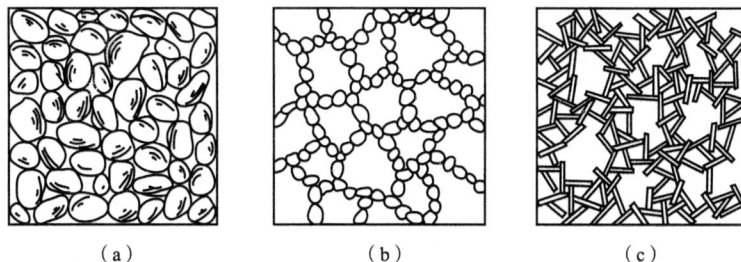

（a）　　　　　　　　（b）　　　　　　　　（c）

图 2-6　土的结构
(a)单粒结构；(b)蜂窝结构；(c)絮状结构

单粒结构可能是疏松的，也可能是密实的。密实的单粒结构由于颗粒之间排列紧密，在动荷载、静荷载作用下都不易产生较大沉降，强度高、压缩性小，是较为良好的天然地基。疏松单粒结构的土，骨架不稳定。当受到振动及其他外力作用时，土粒容易发生移动，孔隙减小，相应地产生较大变形，强度低、压缩性高，需经地基处理后才能提供较高的承载力。蜂窝结构与絮状结构如被扰动，破坏了天然结构，则强度低、压缩性高，不可用作天然地基。而在长期压密作用和胶结作用下，土颗粒之间的连接强度可以得到加强。

2. 土的构造

在同一土层中，物质成分和颗粒大小等都相近的各部分之间的相互关系的特征称为土的构造。土的构造是土层的层理、裂隙及大孔隙等宏观特征，也称为宏观结构。

土的常见构造方式一般可分为层状构造、分散构造、裂隙状构造和结核状构造。层状构造是土层由不同颜色或不同粒径的土组成层理，一层一层互相平行。平原地区土的层理通常呈水平方向。这种层状构造反映不同年代、不同搬运条件形成的土层，为细粒土的一个重要特征。分散构造描述了砂与卵石土的特征，大颗粒的土分布均匀，性质相近。结核状构造是指在细粒土中混有粗颗粒或各种结核，如含礓石的粉质黏土。裂隙状构造的特点是土体中有很多不连续的小裂隙，某些硬塑或坚硬状态的黏土为此种构造。

2.3 土的物理性质指标

三相之间的比例反映着土的不同物理状态：潮湿或干燥、密实或松散等。它们对评定土的物理力学性质有着很重要的意义。表示三相之间关系的指标，称为土的物理性质指标。土的物理性质指标反映土的工程性质，具有重要的实用价值。

土的三相组成各部分的质量和体积之间的比例关系，随着各种条件的变化而改变。如地下水水位的升降会改变土中水的含量；经过压实之后的土，孔隙体积会减少。这些变化都可以通过三相比例指标反映出来。

为了推导土的三相比例指标，可以把土体中实际分散的三相物质理想化地分别集中在一起，构成理想的三相图。用图 2-7 所示的土的三相比例关系图来表示各部分之间的数量关系。

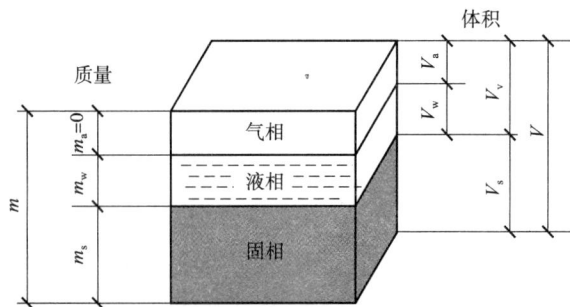

图 2-7　土的三相组成

m_a——土中气体的质量，极小，一般近似取 $m_a=0$；m_w——土中水的质量；m_s——土中固体颗粒的质量；m——土样的总质量，$m=m_w+m_s$；V_a——土中气体所占的体积；V_w——土中水所占的体积；V_v——土中孔隙所占的体积，$V_v=V_w+V_a$；V_s——土中固体颗粒所占的体积；V——土样的总体积，$V=V_v+V_s=V_w+V_a+V_s$。

2.3.1　指标的定义

1. 三项基本指标

三项基本指标是指土的天然密度、含水率和土粒相对密度，一般由实验室直接测定。

(1)土的天然密度 ρ。单位体积土的质量，称为天然密度，简称密度。其表达式为

$$\rho = \frac{m}{V} \tag{2-3}$$

在天然状态下，土的密度变化范围较大。一般黏土常见值 $\rho = 1.8 \sim 2.0 \text{ g/cm}^3$；砂土 $\rho = 1.6 \sim 2.0 \text{ g/cm}^3$；腐殖质土 $\rho = 1.5 \sim 1.7 \text{ g/cm}^3$。黏性土、粉土与砂土的天然密度一般采用环刀法测定，用容积为 100 cm^3 或 200 cm^3 的不锈钢环刀(图 2-8)置于削平的原状土样面上，慢慢削去环刀周围的土，并逐步下压环刀，使天然状态的土充满环刀并削去两端余土使土与环刀口面齐平。用天平称得土的质量后除以环刀容积即为土的密度。

图 2-8　不锈钢环刀

卵石、砾石与原状砂等难以用环刀取得有代表性的土样，可以在现场挖试坑，将挖出的试样装入容器，称其质量。然后用塑料薄膜袋平铺于试坑，注水入薄膜袋直至袋内水面与坑口齐平，注入的水量即为试坑的体积，也就是挖出土的体积。通过挖出的土的质量和体积可计算土的天然密度。

(2)土的含水率 w。土体中水的质量与土粒质量的比，称为土的含水率，用百分数表示。其表达式为

$$w = \frac{m_w}{m_s} \times 100\% \tag{2-4}$$

土的含水率是表示土体干湿程度的一个重要指标。天然土层含水率变化范围很大，它与土的种类、埋藏条件及所处的自然地理环境等有关。一般来说，对于同一类土(尤其是细粒土)，当其含水率增大时，其强度就降低。

土的含水率大多采用烘干法测定。取代表性试样，黏性土为 $15 \sim 20 \text{ g}$，砂性土与有机质土为 50 g，装入称量盒内称其质量后放入烘箱，在 $105 \text{ ℃} \sim 110 \text{ ℃}$ 的恒温下烘干(通常需 8 h 左右)，取出烘干后土样冷却后再称质量，湿土、干土质量之差与干土质量的比值，就是土的含水率。

(3)土粒的相对密度 d_s。土中固体颗粒质量与同体积 4 ℃ 时的纯水质量的比值，称为土粒相对密度，无量纲。其表达式为

$$d_s = \frac{m_s}{V_s \cdot \rho_{w1}} = \frac{\rho_s}{\rho_{w1}} \tag{2-5}$$

式中　ρ_s——土粒密度，即单位体积土粒的质量，$\rho_s = m_s / V_s \text{(g/cm}^3)$；

　　　ρ_{w1}——纯水在 4 ℃ 时的密度，等于 1 g/cm^3。

土粒相对密度测定时常采用密度瓶法，将烘干试样 15 g 装入容积为 100 mL 玻璃制密度

瓶,用 1/1 000 精度的天平称瓶加上土质量。注入半瓶纯水后煮沸 1 h 左右以排除土中气体,冷却后将纯水注满密度瓶,再称总质量和瓶内水温计算得出土的体积,进一步计算土粒相对密度。由于土粒相对密度变化幅度不大,也可根据常见范围及经验大致确定。砂土一般为 2.65~2.69,粉土一般为 2.70~2.71,粉质黏土一般为 2.72~2.73,黏土一般为 2.74~2.76。

2. 特殊条件下土的密度指标

(1)土的干密度 ρ_d。单位体积土中固体颗粒部分的质量,称为土的干密度。其表达式为

$$\rho_d = \frac{m_s}{V} \tag{2-6}$$

土的干密度一般为 $1.3~2.0$ g/cm^3,工程用来评价土的密实程度,控制填方工程、路基或坝基的施工质量。

(2)土的饱和密度 ρ_{sat}。土中孔隙被水充满时单位体积的质量,称为土的饱和密度。其表达式为

$$\rho_{sat} = \frac{m_s + V_v \rho_w}{V} \tag{2-7}$$

土的饱和密度一般为 $1.8~2.3$ g/cm^3。

(3)土的有效密度 ρ'。地下水水位以下,土体受水的浮力作用时,土单位体积中土粒的质量与同体积水的质量之差,称为土的有效密度,又称为浮密度。其表达式为

$$\rho' = \frac{(m_s + V_v \rho) - V\rho_w}{V} = \frac{m_s - V_s \rho_w}{V} \tag{2-8}$$

也就是

$$\rho' = \rho_{sat} - \rho_w \tag{2-9}$$

土的三相比例指标中的质量密度指标有四个,分别是天然密度 ρ、干密度 ρ_d、饱和密度 ρ_{sat} 和有效密度 ρ'。土单位体积的重力(土的密度与重力加速度的乘积)称为土的重力密度,简称重度。因此,土的重度指标也有与之对应的四个,即天然重度 γ、干重度 γ_d、饱和重度 γ_{sat} 和有效重度 γ'。可分别按下列公式计算:$\gamma = \rho g$、$\gamma_d = \rho_d g$、$\gamma_{sat} = \rho_{sat} g$、$\gamma' = \rho' g$,式中,重力加速度 $g = 9.807$ m/s^2。

不同状态下,同一种土的重度在数值上有如下关系:

$$\gamma_{sat} \geqslant \gamma \geqslant \gamma_d \geqslant \gamma'$$

3. 反映土的孔隙特征的指标

(1)土的孔隙比 e。土中孔隙体积与土粒体积之比,称为孔隙比。其表达式为

$$e = \frac{V_v}{V_s} \tag{2-10}$$

孔隙反映土的密实程度,常用来控制填方工程、路基或坝基的施工质量,有时直接用作确定粗粒土承载力的依据。

(2)土的孔隙率 n。土中孔隙占总体积的百分比称为孔隙率,也称为孔隙度。其表达式为

$$n = \frac{V_v}{V} \times 100\% \tag{2-11}$$

孔隙率 n 也用来衡量土的密实程度，与孔隙比相似。

（3）土的饱和度 S_r。土中水的体积与孔隙体积之比称为饱和度。其表达式为

$$S_r = \frac{V_w}{V_v} \times 100\% \tag{2-12}$$

饱和度表达土中孔隙为水所充满的程度。完全饱和的土，土中孔隙完全为水充满，则 $S_r =$ 100%；完全干燥的土，土中水的体积为 0，则 $S_r = 0$。工程中，砂土与粉土以饱和度作为湿度划分的标准，分为稍湿（$S_r \leqslant 50\%$）、很湿（$50\% < S_r \leqslant 80\%$）与饱和（$S_r > 80\%$）三种湿度状态。

2.3.2　指标的换算

如前所述，只有三项基本指标是通过试验测得的，而其他六项导出指标需要通过基本指标进行换算。

采用如图 2-9 所示的三相图进行推导，设 $\rho_{wl} = \rho_w$，令 $V_s = 1$，则 $V_v = e$，$V = V_v + V_s = 1 + e$，$m_s = d_s \rho_w \times V_s = d_s \rho_w$，$m_w = w m_s = w d_s \rho_w$，$m = m_s + m_w = d_s(1+w)\rho_w$。计算出图 2-9 中其他各项后，则可直接按照定义计算导出各项指标。

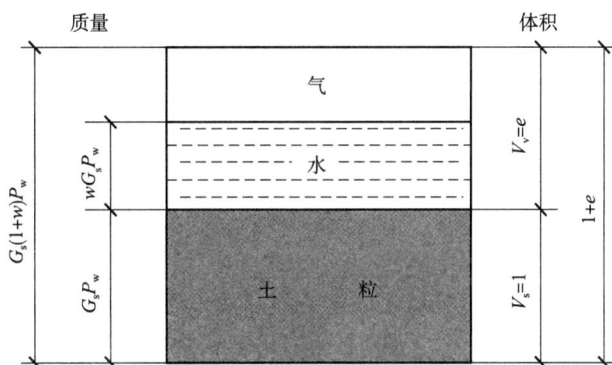

图 2-9　$V_s = 1$ 时土的三相组成

推导：$\rho = \dfrac{m}{V} = \dfrac{d_s(1+w)\rho_w}{1+e}$、$\rho_d = \dfrac{m_s}{V} = \dfrac{d_s \rho_w}{1+e}$

根据其余各导出指标的定义可得：$e = \dfrac{d_s(1+w)\rho_w}{\rho} - 1$

$$\rho_{sat} = \frac{m_s + V_v \rho_w}{V} = \frac{d_s \rho_w + e \rho_w}{1+e}$$

$$\rho' = \frac{m_s - V_s \rho_w}{V} = \frac{d_s \rho_w - \rho_w}{1+e} = \frac{d_s - 1}{1+e} \rho_w$$

$$n = \frac{V_v}{V} \times 100\% = \frac{e}{1+e} \times 100\%$$

$$S_r = \frac{V_w}{V_v} \times 100\% = \frac{d_s w}{e} \times 100\%$$

各指标间的换算关系汇总见表 2-4。

表 2-4　土的三相比例指标换算公式

名称	符号	三相比例表达式	常用换算公式	单位	常见的数值范围
土粒相对密度	d_s	$d_s = \dfrac{m_s}{V_s \cdot \rho_{w1}} = \dfrac{\rho_s}{\rho_{w1}}$	$d_s = \dfrac{S_r e}{w}$	—	黏性土：2.72～2.75 粉土：2.70～2.71 砂土：2.65～2.69
含水率	w	$w = \dfrac{m_w}{m_s} \times 100\%$	$w = \dfrac{S_r e}{d_s}$ $w = \dfrac{\rho}{\rho_d} - 1$	—	20%～60%
密度	ρ	$\rho = \dfrac{m}{V}$	$\rho = \rho_d(1+w)$ $\rho = \dfrac{d_s(1+w)}{1+e}\rho_w$	g/cm³	1.6～2.0
干密度	ρ_d	$\rho_d = \dfrac{m_s}{V}$	$\rho_d = \dfrac{\rho}{1+w}$ $\rho_d = \dfrac{d_s}{1+e}\rho_w$	g/cm³	1.3～1.8
饱和密度	ρ_{sat}	$\rho_{sat} = \dfrac{m_s + V_v \rho_w}{V}$	$\rho_{sat} = \dfrac{d_s + e}{1+e}\rho_w$	g/cm³	1.8～2.3
浮密度	ρ'	$\rho' = \dfrac{m_s - V_s \rho_w}{V}$	$\rho' = \rho_{sat} - \rho_w$ $\rho' = \dfrac{d_s - 1}{1+e}\rho_w$	g/cm³	0.8～1.3
重度	γ	$\gamma = \rho g$	$\gamma = \gamma_d(1+w)$ $\gamma = \dfrac{d_s(1+w)}{1+e}\gamma_w$	kN/m³	16～20
干重度	γ_d	$\gamma_d = \rho_d g$	$\gamma_d = \dfrac{\gamma}{1+w}$ $\gamma_d = \dfrac{d_s}{1+e}\gamma_w$	kN/m³	13～18
饱和重度	γ_{sat}	$\gamma_{sat} = \rho_{sat} g$	$\gamma_{sat} = \dfrac{d_s + e}{1+e}\gamma_w$	kN/m³	18～23
浮重度	γ'	$\gamma' = \rho' g$	$\gamma' = \gamma_{sat} - \gamma_w$ $\gamma' = \dfrac{d_s - 1}{1+e}\gamma_w$	kN/m³	8～13
孔隙比	e	$e = \dfrac{V_v}{V_s}$	$e = \dfrac{w d_s}{S_r}$ $e = \dfrac{d_s(1+w)\rho_w}{\rho} - 1$	—	黏性土和粉土： 0.40～1.20 砂土： 0.30～0.90

名称	符号	三相比例表达式	常用换算公式	单位	常见的数值范围
孔隙率	n	$n=\dfrac{V_v}{V}\times100\%$	$n=\dfrac{e}{1+e}$ $n=1-\dfrac{\rho_d}{d_s\rho_w}$	—	黏性土和粉土: 30%～60% 砂土: 25%～45%
饱和度	S_r	$S_r=\dfrac{V_w}{V_v}\times100\%$	$S_r=\dfrac{wd_s}{e}$ $S_r=\dfrac{w\rho_d}{n\rho_w}$	—	0～50%稍湿 50%～80%很湿 80%～100%饱和

【例 2-2】 已知一原状土样，天然密度 $\rho=1.7\ \text{g/cm}^3$，含水率 $w=10\%$，土粒相对密度 d_s 为 2.72，求该土样的孔隙比 e 和饱和度 S_r。

解： 取 $V=1\ \text{cm}^3$ 的土样

$$\begin{cases} m=m_w+m_s=\rho V=1.7\times1=1.7\ (\text{g}) \\ w=m_w/m_s=0.1 \end{cases}$$

解得

$$m_s=1.545\ \text{g}; \quad m_w=0.155\ \text{g}$$

取水的密度 $\rho_w=1\ \text{g/cm}^3$，则 $V_w=0.155\ \text{cm}^3$

$$\because G_s=\rho_s/\rho_w=m_s/(V_s\rho_w)$$

$$\therefore V_s=m_s/(G_s\rho_w)=1.545/2.72=0.568\ (\text{cm}^3)$$

则

$$V_v=V-V_s=1-0.568=0.432\ (\text{cm}^3)$$

孔隙比

$$e=\frac{V_v}{V_s}=\frac{0.432}{0.568}=0.761$$

饱和度

$$S_r=\frac{V_w}{V_v}=\frac{0.155}{0.432}=0.358$$

【例 2-3】 某基坑体积为 2 000 m^3，要求回填土 w 为 17%，干重度 γ_d 为 17.6 kN/m^3。取土场的土粒相对密度 $d_s=2.7$，含水率 $w=15\%$，孔隙比 $e=0.6$。问：(1)取土场土料的密度、干密度和饱和度分别为多少？(2)应取多少土？(3)碾压时应洒多少水？填土的孔隙比是多少？

解： (1)由土料可得

$$\gamma_d=\frac{d_s}{1+e_1}\gamma_w=\frac{2.7}{1+0.6}\times10=16.87\ (\text{kN/m}^3)$$

$$\gamma=\gamma_d(1+w)=16.87\times(1+0.15)=19.4\ (\text{kN/m}^3)$$

$$S_r=\frac{wd_s}{e_1}=\frac{0.15\times2.7}{0.6}=67.5\%$$

(2)由填土得

$$e_2=\frac{d_s\gamma_w}{\gamma_d}-1=\frac{2.7\times10}{17.6}-1=0.53$$

因为 $V_{s1}=V_{s2}$，由 $\dfrac{V_1}{1+e_1}=\dfrac{V_2}{1+e_2}$，得 $V_2=\dfrac{1+e_2}{1+e_1}V_1=\dfrac{1+0.53}{1+0.6}\times2\ 000=1\ 912.5\ (\text{m}^3)$

（3）由

$$W=W_w+W_s=\gamma V_1=19.4\times2\ 000=38\ 800\ (kN)$$

$$w=\frac{W_w}{W_s}=15\%$$

联立求解得

填土料 $\quad\quad\quad W_w=5\ 060.87\ kN,\ W_s=33\ 739.1\ kN$

设加水 x kN，则由填土 $w=\dfrac{W_w+x}{W_s}=\dfrac{5\ 060.87+x}{33\ 739.1}=0.17$，得 $x=674.8$ kN

2.4 土的物理状态指标

2.4.1 无黏性土的密实度

无黏性土一般是指碎石(类)土和砂(类)土。这两大类土呈单粒结构，不具备可塑性，密实度对其工程性质有重要的影响。土粒排列密实，其结构就稳定，压缩变形小，强度大，工程性质好。

孔隙比 e 可以判别砂土的密实度，是一种较简单的方法。但不足之处是它不能反映砂土的级配和颗粒形状的影响。实践表明，有时较疏松的级配良好的砂土孔隙比，比较密实的颗粒均匀的砂土孔隙比还要小。因此，孔隙比表示土的密实度有一定的局限性，所以在工程中定义了相对密实度，用 D_r 表示：

$$D_r=\frac{e_{max}}{e_{min}+e_{max}} \quad\quad\quad\quad (2\text{-}13)$$

式中，e_{max} 为可能达到的最大的孔隙比，即最松散状态时的孔隙比，以松砂器法测定；e_{min} 为可能达到的最小的孔隙比，最密实状态时的孔隙比，以振击法测定。D_r 表示了天然孔隙比 e 与最密实状态的接近程度，同时，也表示与最松散状态的远离程度。它避开了级配参数、颗粒形状参数、结构参数等，把它们的影响通过孔隙比的对比手段分离出去。

由相对密实度的定义可知，D_r 在 $[0，1]$ 范围内。以相对密实度为标准划分砂土的密实状态时

$$D_r\in\begin{cases}(0,\ 1/3] & 松散\\(1/3,\ 2/3] & 中密\\(2/3,\ 1] & 密实\end{cases}$$

在实际工程中，天然砂土的密实度评价常采用现场标准贯入试验的锤击数。标准贯入试验(SPT)，采用标准贯入器，穿心锤重为 63.5 kg，落距为 76 cm，记录贯入土中 30 cm 时的锤击数 N。依据标贯击数 N 划分砂土密实度的标准如下：

$$\begin{cases}N\leqslant10 & 松散\\10<N\leqslant15 & 稍密\\15<N\leqslant30 & 中密\\N>30 & 密实\end{cases}$$

可见，标贯击数越大表明贯入阻力越大，土的密实度越高；反之，密实度越低。

2.4.2　黏性土的物理特征

黏性土的颗粒很细，黏粒粒径 $d<0.005$ mm，细土粒周围形成电场，电分子力吸引水分子定向排列，形成结合水膜。土粒与土中水相互作用很显著，关系极密切。含水量由低至高，可使土样从固态、半固态、塑态、液态逐渐过渡，如图 2-10 所示。黏性土最主要的物理特征是它的稠度。

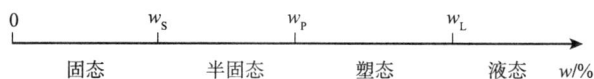

$$0 \qquad w_S \qquad w_P \qquad w_L$$

固态　　　半固态　　　塑态　　　液态　　$w/\%$

图 2-10　黏性土的物理状态与含水率关系

刚沉积的黏土具有液体泥浆那样的稠度。随着黏土中水分的蒸发或上覆沉积层厚度的增加，它的含水率将会逐渐减少，体积收缩，从而丧失其流动能力，进入可塑状态。这时土在外力作用下可改变其形状，而不显著改变其体积，并在外力卸除后仍能保持其已获得的形状，黏土的这种性质称为可塑性。若含水率继续减小，黏性土将丧失其可塑性，在外力作用下易于破裂，这时它已进入半固体状态。最后即使黏土进一步减少含水率，它的体积也不再收缩，这时，由于空气进入土体，土的颜色变淡，黏土就进入固体状态。

1. 黏性土的界限含水率

黏性土从一种状态转变为另一种状态的分界含水率，称为界限含水率。因为不同含水率的黏性土稠度不同，界限含水率也称为稠度界限。土由可塑状态转到流动状态的界限含水率称为液限，常用符号 w_L 表示。土由半固体状态转到可塑状态的界限含水率称为塑限 w_P，常用搓条法或用液塑限联合测定仪测定。土由半固体状态不断蒸发水分，则体积继续逐渐缩小，直到体积不再收缩时，对应的界限含水率叫作缩限，用 w_S 表示。

（1）搓条法。取略高于塑限含水率的试样 8～10 g，用手搓成圆形土条，放在毛玻璃板上用手掌滚搓。要求手掌均匀地压在土条上，不得使土条在毛玻璃板上无力滚动。土条的水分由于蒸发而逐渐变干，同时，土条的直径由粗逐渐被搓细。当土条搓成直径为 3 mm 时，产生裂缝并开始断裂，则此时土条的含水率即塑限 w_P。若土条直径小于 3 mm 不断或大于 3 mm 已断裂，说明土条含水率大于或小于塑限，需重新取土样滚搓。取搓好的合格土条 3～5 g，测定含水率即塑限。搓条法测塑限，表面看来很简单，实际很难。通常手掌搓条用力不易均匀，使测得的塑限值偏高。

（2）液限、塑限联合测定法。上述可见，液限和塑限的测定都很难且不准确。近年来发展起来的液限、塑限联合测定方法操作较为简便。大量的试验证明，在双对数坐标系中，76 g圆锥体的入土深度与含水率的关系曲线接近直线。如果同时采用锥式液限仪和搓条法分别做液限、塑限试验进行比较，则对应于圆锥体入土深度为 17 mm 及 2 mm 时，土样的含水率分别为该土的液限和塑限。采用锥式液限仪进行液限、塑限联合测定时需制备三份不同稠度的试样，试样的含水率分别为接近液限、塑限和两者的中间状态。用质量为 76 g 的锥式液限仪，分别测定三个试样的圆锥下沉深度和相应的含水率，然后以含水率为横坐标，圆锥下沉深度为纵坐标，将三个土样的含水率和下沉深度绘制于双对数坐标纸上，然后将测得的三点连成直线即为含水率与圆锥下沉深度关系线。在该关系线中查出下沉 17 mm 对应的含水率即为 w_L，查得下沉深度为 2 mm 所对应的含水率即为 w_P。此法可以显著减少反复测试液限、塑限的时间。

2. 黏性土的可塑性指标

(1)塑性指数 I_P。黏性土或粉土的液限与塑限的差值，去掉百分号，称为塑性指数，记为 I_P。其定义式为

$$I_P = (w_L - w_P) \times 100 \qquad (2\text{-}14)$$

细颗粒土的塑性指数表示在处于可塑状态下，含水率变化的最大区间。w_L 与 w_P 之间的范围越大，即 I_P 越大，土越容易保持于可塑状态。塑性指数大说明土能够吸附较多的弱结合水，即黏粒含量高或矿物成分吸水能力强。工程中，常按塑性指数 I_P 对黏性土进行分类。修筑堤坝的防渗芯墙和垃圾填埋场衬垫的防渗层时，应采用塑性指数高的黏土，以免环境水分变化使土进入液态和含裂纹的固态，导致防渗失效。

(2)液性指数 I_L。液性指数是指黏性土的天然含水率和塑限的差值与塑性指数之比。即

$$I_L = \frac{w - w_P}{w_L - w_P} = \frac{w - w_P}{I_P} \qquad (2\text{-}15)$$

显然，当 $I_L = 0$ 时，$w = w_P$，土从半固态进入可塑状态；当 $I_L = 1$ 时，$w = w_L$，土从可塑状态进入流动状态。因此，根据 I_L 只可以直接判定土的稠度(软硬)状态。工程上按液性指数 I_L 的大小，将黏性土分成五种稠度(软硬)状态，见表 2-5。

表 2-5　黏性土的状态

状态	坚硬	硬塑	可塑	软塑	流塑
液性指数	$I_L \leqslant 0$	$0 < I_L \leqslant 0.25$	$0.25 < I_L \leqslant 0.75$	$0.75 < I_L \leqslant 1.0$	$I_L \geqslant 1.0$

【例 2-4】 某土样的液限为 38.6%，塑限为 23.2%，天然含水率为 25.5%，问该土样处于何种状态？

解： 已知 $w_L = 38.6\%$，$w_P = 23.2\%$，$w = 25.5\%$，则

$$I_P = w_L - w_P = 38.6 - 23.2 = 15.4$$

$$I_L = \frac{w - w_P}{I_P} = \frac{25.5 - 23.2}{15.4} = 0.15$$

所以，该土处于硬塑状态。

3. 黏性土的触变性和灵敏度

(1)黏性土的触变性。饱和黏性土的结构受到扰动，导致强度降低，当扰动停止后，土的强度又随时间逐渐部分恢复。黏性土的这种抗剪切强度随时间恢复的胶体化学性质称为土的触变性。例如，在黏性土中打桩时，往往利用振扰的方法，破坏桩侧土和桩尖土的结构，以降低打桩阻力，但在打桩完成后，土的强度可随时间部分恢复，使桩的承载力逐渐增加，这就是利用了土的触变性机理。

(2)黏性土的灵敏度。对于一般天然含水状态的黏性土而言，内部存在凝胶等天然结构。受到扰动后，由于凝胶等结构的触变性，重塑土的强度会降低很多。无侧限抗压强度(详见

第 6 章)是表达土强度的一个物理指标。对于黏性土,原状土无侧限抗压强度与土结构完全破坏的重塑土无侧限抗压强度之比,称为灵敏度 S_t。即

$$S_t = \frac{q_u}{q_u'} \tag{2-16}$$

式中,q_u、q_u' 分别为原状土和重塑土试样的无侧限抗压强度。灵敏度反映黏性土结构性的强弱,根据灵敏度的数值大小可分为三类土,如图 2-11 所示。基坑工程中遇灵敏度高的土,施工时应特别注意保护基槽,防止人来车往践踏基槽,破坏土的结构,降低地基强度。

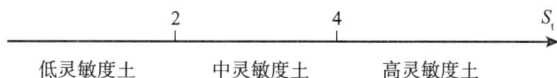

图 2-11　黏性土软硬状态划分

　　结构破坏的黏性土静置一段时间后,土粒、离子和水分子体系随时间而趋于新的平衡状态,土的结构逐步趋于稳定而使强度得以恢复。黏性土中打入预制桩时,桩周土的结构性受到触变破坏,强度降低,使桩容易打入。当打桩停止后,土的一部分强度恢复,再次打桩所需的动力荷载则必须加大,故打桩时注意"一气呵成"。同样是考虑触变性,打入黏性土中的预制桩不能在打桩后立即进行单桩竖向静荷载试验,开始试验的时间应视土的强度恢复而定,一般不得少于 15 天,对于饱和软黏土不得少于 25 天。

2.5　土的渗透性

　　在工程地质中,土能让水等流体通过的性质定义为土的渗透性。而在水头差作用下,土体中的自由水通过土体孔隙通道的流动,则定义为土中水的渗流。在房建、桥梁和道路工程中,很多工程措施的采用都是基于对土的渗透性认识之上的。例如,房屋建筑和桥梁墩台等基坑开挖时,为防止坑外水向坑内渗流,需了解土的渗透性,以配置排水设备;在河滩上修筑渗水路堤时,需要考虑路堤填料的渗透性;在计算饱和黏性土上建筑物的沉降和时间的关系时,需要掌握土的渗透性。

2.5.1　渗流模型

　　水在土中的渗流是在土颗粒之间的孔隙中发生的。由于土体孔隙的形状、大小及分布极为复杂,导致渗流水质点的运动轨迹很不规则,如图 2-12(a)所示。如果只着眼于这种真实渗流情况的研究不仅会使理论分析复杂化,同时,也会使试验观察变得异常困难。考虑到实际工程中并不需要了解具体孔隙中的渗流情况,因而可以对渗流做出如下的简化:一是不考虑渗流路径的迂回曲折,只分析它的主要流向;二是不考虑土体中颗粒的影响,认为孔隙和土粒所占的空间之总和均为渗流所充满。做了这种简化后的渗流其实只是一种假想的土体渗流,称为渗流模型,如图 2-12(b)所示。

　　为了使渗流模型在渗流特性上与真实的渗流相一致,它还应该符合以下要求:

　　(1)在同一过水断面,渗流模型的流量等于真实渗流的流量;

　　(2)在同一界面上,渗流模型的压力等于真实渗流的压力;

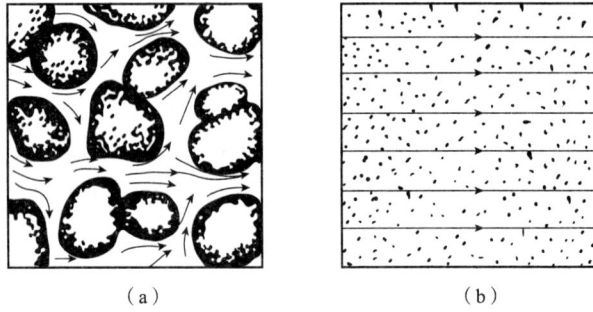

图 2-12　质点运动轨迹和渗流模型

(a)质量运动轨迹；(b)渗流模型

(3)在相同体积内，渗流模型所受到的阻力与真实渗流所受到的阻力相等。

有了渗流模型，就可以采用液体运动的有关概念和理论对土体渗流问题进行分析计算。

再对比渗流模型中的流速与真实渗流中的流速。流速 v 是指单位时间内流过单位土截面的水量，单位为 m/s。在渗流模型中，设过水断面的面积为 $F(\text{m}^2)$，单位时间内通过截面面积 F 的渗流流量为 $q(\text{m}^3/\text{s})$，则渗流模型的平均流速 v 为

$$v = \frac{q}{F} \tag{2-17}$$

真实渗流仅发生在相应于截面面积 F 中所包含的孔隙面积 ΔF 内，因此真实流速 v_0 为

$$v_0 = \frac{q}{\Delta F} \tag{2-18}$$

$$\frac{v}{v_0} = \frac{\Delta F}{F} = n \tag{2-19}$$

式中，n 为土的孔隙率。

因为土的孔隙率 $n < 1.0$，所以 $v < v_0$，即模型的平均流速要小于真实流速。由于真实流速很难测定，因此工程上常采用模型的平均流速 v。

2.5.2　达西定律

土中孔隙水在压力梯度下发生渗流，如图 2-13 所示。对于图中 a 和 b 两点，已测得 a 点的水头为 H_1，b 点的水头为 H_2，其位置水头分别为 z_1 和 z_2，压力水头分别为 h_1 和 h_2，则水头损失 ΔH 为

$$\Delta H = H_1 - H_2 = (z_1 + h_1) - (z_2 + h_2) \tag{2-20}$$

水头损失 ΔH 是土中水从 a 点流向 b 点的结果，也是由于水与土颗粒之间的黏滞阻力产生的能量损失。

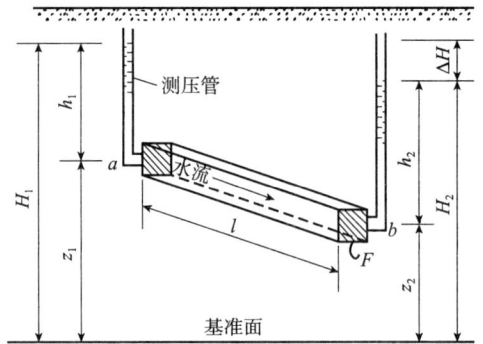

图 2-13　水在土中的渗流

水自高水头的 a 点流向低水头的 b 点，水流流径长度为 l。由于土体中孔隙一般非常微小且很曲折，水在土体中流动的黏滞阻力很大，流速十分缓慢，因此可假定其流动状态属于层流(laminar flow)，即相邻两个水质点运动的轨迹相互平行而不混流，那么土中的渗流规

律可以认为是符合层流渗透定律。这个定律是法国学者达西（Darcy，1855）根据砂土的实验结果而得到的，也称为达西定律。它表明在层流状态的渗流中，水在土中的渗透速度 v 与水头梯度 I 成正比，即

$$v = kI \tag{2-21}$$

$$q = kIF \tag{2-22}$$

式中　v——渗透速度（m/s）。

　　　I——水头梯度，即沿着水流方向单位长度上的水头差。如图 2-13 中，a 和 b 两点的水头梯度 $I = \dfrac{\Delta H}{l} = \dfrac{H_1 - H_2}{l}$。

　　　k——渗透系数（coefficient of permeability 或 hydraulic conductivity）（m/s），各类土的渗透系数参考值可见表 2-6。

　　　q——渗透流量（m³/s），即单位时间内流过土截面面积 F 的流量。

表 2-6　土的渗透系数参考值

土的类别	渗透系数/(m·s⁻¹)	土的类别	渗透系数/(m·s⁻¹)
黏土	$<5 \times 10^{-8}$	细砂	$1 \times 10^{-5} \sim 5 \times 10^{-5}$
粉质黏土	$5 \times 10^{-8} \sim 1 \times 10^{-6}$	中砂	$5 \times 10^{-5} \sim 2 \times 10^{-4}$
粉土	$1 \times 10^{-6} \sim 5 \times 10^{-6}$	粗砂	$2 \times 10^{-4} \sim 5 \times 10^{-4}$
黄土	$2.5 \times 10^{-6} \sim 5 \times 10^{-6}$	圆砾	$5 \times 10^{-4} \sim 1 \times 10^{-3}$
粉砂	$5 \times 10^{-6} \sim 1 \times 10^{-5}$	卵石	$1 \times 10^{-3} \sim 5 \times 10^{-3}$

　　由于达西定律只适用层流的情况，故一般只适用中砂、细砂、粉砂等。对粗砂、砾石、卵石等粗颗粒土，达西定律就不再适用了。这时水的渗流速度较大，已不再是层流而是紊流。黏土中的渗流规律也不完全符合达西定律，因此需要进行修正。

　　在黏土中，土颗粒周围存在着结合水，结合水因受到分子引力作用而呈现黏滞性。因此，黏土中自由水的渗流受到结合水的黏滞作用产生很大的阻力，只有克服结合水的抗剪强度后才能开始渗流。克服此抗剪强度所需要的水头梯度，称为黏土的起始水头梯度 I_0。这样，在黏土中，应按下述修正后的达西定律计算渗流速度：

$$v = k(I - I_0) \tag{2-23}$$

　　在图 2-14 中绘制出了砂土与黏土的渗透规律。直线 a 表示砂土的 $v\text{-}I$ 关系，它是通过原点的一条直线。通过试验得到的黏土 $v\text{-}I$ 关系是曲线 b，d 点是黏土的起始水头梯度，当土中水头梯度超过此值后才开始渗流。一般常用折线 c（图中 Oef 线）近似代替曲线 b，即认为 e 点是黏土的起始水头梯度 I_0，其渗流规律用式（2-23）表示。

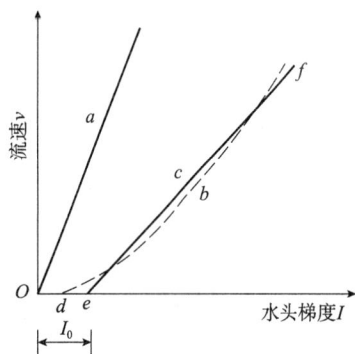

图 2-14　砂土和黏土的渗透规律

2.5.3 渗透系数的影响因素

(1)土的粒度成分。土的颗粒大小、形状及级配，影响土中孔隙大小及形状，因而影响土的渗透性。土颗粒越粗、越浑圆、越均匀，其渗透性就越大。当砂土中含有较多粉土及黏土颗粒时，其渗透性就大大降低。

(2)结合水膜的厚度。黏性土中若土粒的结合水膜厚度较厚时，会阻塞土的孔隙，降低土的渗透性。如钠黏土，由于钠离子的存在，使黏土颗粒的扩散层厚度增加，所以透水性很低。又如在黏土中加入高价离子的电解质(如 Al、Fe 等)，会使土粒扩散层厚度减薄，黏土颗粒会凝聚成粒团，土的孔隙因而增大，这将使土的渗透性增大。

(3)土的结构构造。天然土层通常不是各向同性的，在渗透性方面往往也是如此。如黄土具有竖直方向的大孔隙，所以，竖直方向的渗透系数要比水平方向大得多。层状黏土常夹有薄的粉砂层，它的水平方向的渗透系数要比竖直方向大得多。

(4)水的黏滞度。水在土中的渗流速度与水的密度及黏滞度有关，而这两个数值又与温度有关。一般水的密度随温度变化很小，可略去不计，但水的动力黏滞系数随温度变化而变化。故室内渗透试验时，同一种土在不同温度下会得到不同的渗透系数。在天然土层中，除靠近地表的土层外，一般土中的温度变化很小，故可忽略温度的影响。但是室内试验的温度变化较大，故应考虑它对渗透系数的影响。

(5)土中气体。当土孔隙中存在密闭气泡时，会阻塞水的渗流，从而降低了土的渗透性。这种密闭气泡有时是由溶解于水中的气体分离出来而形成的，故室内渗透试验有时规定要用不含溶解空气的蒸馏水。

2.5.4 渗透系数的测定

渗透系数 k 既是综合反映土体渗透能力的一个指标，也是渗流计算时必须用到的一个基本参数。不同种类的土，k 值差别很大。因此，准确地测定土的渗透系数是一项十分重要的工作。渗透系数的测定方法主要分为室内试验测定法和现场抽水试验。

1. 室内试验测定法

实验室测定渗透系数 k 值的方法称为室内试验测定法。其试验根据所用试验装置的差异又可分为常水头渗透试验和变水头渗透试验。

(1)常水头渗透试验。常水头渗透试验是在整个试验过程中，土样的压力水头维持不变。其试验装置如图 2-15 所示。在圆柱形试验筒内装置土样，土的截面面积为 F(试验筒截面面积)，在土样中选择两点 a 和 b，两点的距离为 l，分别在两点设置测压管。试验开始时，水自上而下流经土样，待渗流稳定后，测得

$$Q=qt=kIFt=k\frac{\Delta H}{l}Ft \tag{2-24}$$

此可得土样的渗透系数 k 为

$$k=\frac{l}{\Delta HFt} \tag{2-25}$$

(2)变水头渗透试验。黏性土由于渗透系数很小，流经试样的水量很少，难以直接准确

测量，因此，应采用变水头渗透试验。在整个试验过程中，水头是随着时间而变化的。其试验装置如图 2-16 所示。在试验筒内装置土样，土样的截面面积为 F，高度为 l。试验筒设置储水管，储水管截面面积为 a，在试验过程中，储水管的水头不断减小。若试验开始时，储水管水头为 h_1，经过时间 t 后降为 h_2。在时间 dt 内，水头变化量为 $-dh$，则在 dt 时间内通过土样的渗水量为

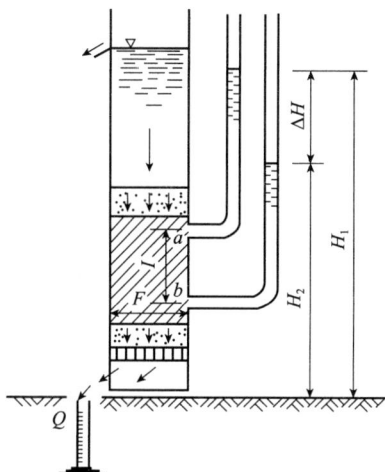

图 2-15　常水头渗透试验

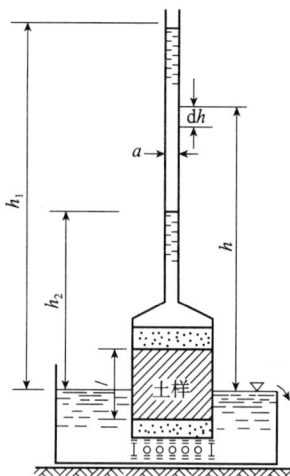

图 2-16　变水头渗透试验

$$dQ = -a\,dh \tag{2-26}$$

又从达西定律式(2-22)可知

$$dQ = q\,dt = kIF\,dt = k\frac{h}{l}F\,dt \tag{2-27}$$

故得

$$-a\,dh = k\frac{h}{l}F\,dt \tag{2-28}$$

积分

$$-\int_{h_1}^{h_2}\frac{1}{h} = \frac{kF}{al}\int_0^t dt \tag{2-29}$$

得

$$\ln\frac{h_1}{h_2} = \frac{kF}{al}t \tag{2-30}$$

由此求得渗透系数

$$k = \frac{al}{Ft}\ln\frac{h_1}{h_2} = \frac{2.3al}{Ft}\log\frac{h_1}{h_2} \tag{2-31}$$

式(2-31)中，a、l、F 为已知，试验时只要量测时间 t 前后储水管的水头 h_1 和 h_2，就可求出渗透系数。

2. 现场抽水试验

渗透系数也可以在现场进行抽水试验测定。对于粗颗粒土或成层的土，室内试验不易取得原状土样，或者土样不能反映天然土层的层次或颗粒排列情况。这时，从现场试验得到的渗透系数将比室内试验准确。现场测定渗透系数的方法较多，常用的有野外注水试验和野外抽水试验等。这种方法一般是在现场钻井孔或挖试坑，在往地基中注水或抽水时，量测地基中的水头高度和渗流量，再根据相应的理论公式求出渗透系数 k 值。下面主要介绍现场抽水试验(图 2-17)。

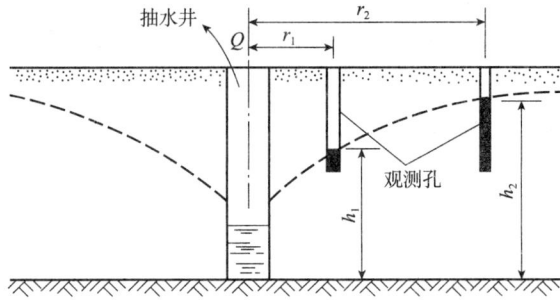

图 2-17　现场抽水试验

抽水试验开始前，在试验现场钻一中心抽水井，根据井底土层情况可分为两种类型，井底钻至不透水层时称为完整井；井底未钻至不透水层时称为非完整井。在距抽水井中心半径为 r_1 和 r_2 处布置观测孔，以观测周围地下水水位的变化。试验抽水后，地基中将形成降水漏斗。当地下水进入抽水井流量与抽水量相等且维持稳定时，测读此时的单位时间抽水量 q，同时，在观测孔处测量出其水头分别为 h_1 和 h_2。对非完整井，还需量测抽水井中的水深 h_0 和确定降水影响半径 R。在假定土中任一半径处的水头梯度为常数的条件下，渗透系数 k 可由下列各式确定。

（1）无压完整井。

$$k = \frac{q\ln(r_2/r_1)}{\pi(h_2^2 - h_1^2)} \tag{2-32}$$

由式（2-32）求得的 k 值为 $r_1 \leqslant r \leqslant r_2$ 内的平均值。若在试验中不设观测井，则需测定抽水井的水深 h_0，并确定其降水影响半径 R，此时降水半径范围内的平均渗透系数为

$$k = \frac{q\ln(R/r_0)}{\pi(H^2 - h_0^2)} \tag{2-33}$$

式中　H——不受降水影响的地下水面至不透水层层面的距离（m）；

　　　h_0——抽水井的水深（m）；

　　　r_0——抽水井的半径（m）。

（2）无压非完整井。

$$k = \frac{q\ln(R/r_0)}{\pi\left[(H-h')^2 - h_0^2\right]\left\{1 + \left(0.3 + \frac{10r_0}{H}\right)\sin\left(\frac{1.8h'}{H}\right)\right\}} \tag{2-34}$$

式中　h'——井底至不透水层层面的距离（m）。

式（2-33）和式（2-34）中 R 的取值，在无实测资料时可采用经验值计算。通常强透水土层（如卵石、砾石层等）的影响半径值很大，在 200 m 以上，而中等透水土层（如中砂、细砂等）的影响半径较小，为 100～200 m。

2.5.5　渗透力与渗透破坏

渗流引起的渗透破坏问题主要有两大类：一是由于动水力的作用，使土颗粒流失或局部土体产生移动，导致土体变形甚至失稳；二是由于渗流作用，使水压力或浮力发生变化，导致土体或结构物失稳。前者主要表现为流砂和管涌；后者则表现为岸坡滑动或挡土墙等构造物整体失稳。

1. 渗透力

水在土体中流动时，由于受到土粒阻力 T 的作用，而引起水头损失。从作用力与反作用力的原理可知，水流经过时必定对土颗粒施加一种渗流作用力，通常把单位体积土颗粒所受到的渗流作用力称为渗流力 G_D。渗透力的作用方向与水流方向一致。G_D 和 T 的大小相等，方向相反，它们都是体积力。

在土中沿水流的渗透方向，切取一个土柱体 ab（图 2-13），土柱体的长度为 l，横截面面积为 F。已知 a、b 两点距基准面的高度分别为 z_1 和 z_2，两点的测压管水柱高分别为 h_1 和 h_2，则两点的水头分别为 $H_1 = h_1 + z_1$ 和 $H_2 = h_2 + z_2$。

将土柱体 ab 内的水作为脱离体，考虑作用在水上的力系。因为水流的流速变化很小，其惯性力可以略去不计。水的重度为 γ_w，土的孔隙率为 n，其他符号意义如图 2-13 所示。这样，可以求得这些力在 ab 轴线方向如下：

作用在土柱体的截面 a 处的水压力为 $\gamma_w h_1 F$，其方向与水流方向一致；作用在土柱体的截面 b 处的水压力为 $\gamma_w h_2 F$，其方向与水流方向相反；土柱体内水的重力在 ab 渗流方向的分力为 $\gamma_w n l F \cos\alpha$，方向与水流方向一致，其中 α 为渗流方向与竖直方向夹角；土柱体内土颗粒作用于水的力在 ab 方向的分力为 $\gamma_w(1-n)lF\cos\alpha$（土颗粒作用于水的力，也就是水对于土颗粒作用的浮力的反作用力），其方向与水流方向一致；水渗流时，土柱中的土颗粒对水的阻力为 lFT，其方向与水流方向相反，其反作用力即为动水力 G_D。

土柱体在这五个力的作用下处于静力平衡，根据作用在土柱体 ab 内水上的各力的平衡条件可得

$$\gamma_w h_1 F - \gamma_w h_2 F + \gamma_w n l F \cos\alpha + \gamma_w(1-n)lF\cos\alpha - lFT = 0$$

或

$$\gamma_w h_1 - \gamma_w h_2 + \gamma_w l \cos\alpha - lT = 0$$

以 $\cos\alpha = \dfrac{z_1 - z_2}{l}$ 代入上式，可得

$$T = \gamma_w \frac{(h_1 + z_1) - (h_2 + z_2)}{l} = \gamma_w \frac{H_1 - H_2}{l} = \gamma_w I \tag{2-35}$$

故得渗透力的计算公式

$$G_D = T = \gamma_w I \tag{2-36}$$

渗透力的计算在工程实践中具有重要的意义，例如，研究土体在水渗流时的稳定性问题，就要考虑渗透力的影响。

2. 流砂

由于渗透力的方向与水流方向一致。地下水流动时，若水流的方向为由上向下，此时渗透力的方向与土体重力方向一致，这样将增加土颗粒间的压力，使土颗粒压得更紧，对工程有利。反之，若水流由下而上流动，渗透力的方向与土体重力方向相反，这样将减小土颗粒间的压力。当渗透力足够大时，会将土体冲起，造成破坏。当向上的渗透力 G_D 与土的有效重度 γ' 相等时，这时土颗粒之间的压力等于零，土颗粒将处于悬浮状态而失去稳定，这种现象称为流砂现象。这时的水头梯度称为临界水头梯度 I_{cr}。

$$G_D = \gamma_w I_{cr} = \gamma' \tag{2-37}$$

$$I_{cr} = \frac{\gamma'}{\gamma_w} \tag{2-38}$$

流砂现象的产生不仅取决于渗流力的大小，同时与土的颗粒级配、密度及透水性等条件相关。流砂现象主要发生在细砂、粉砂及粉土等土层中。对饱和的低塑性黏性土，当受到扰动，也会发生流土；而在粗颗粒以及黏土中则不易产生。

基坑开挖排水时，若采用表面直接排水方式，坑底土将受到向上的渗透力作用，可能发生流砂现象。这时坑底土边挖边会随水涌出，无法清除。由于坑底土随水涌入基坑，使坑底土的结构破坏，强度降低，重则造成坑底失稳，轻则将会造成建筑物的附加沉降。在基坑四周由于土颗粒流失，地面会发生凹陷，危及邻近的建筑物和地下管线，严重时会导致工程事故。水下深基坑或沉井排水挖土时，若发生流砂现象将危及施工安全，应引起特别注意。通常，施工前应做好周密的勘测工作，当基坑底面的土层是容易引起流砂现象的土质时，应避免采用表面直接排水，可采用人工降低地下水水位方法进行施工。

流砂现象的防治原则如下：

(1)减小或消除水头差，如采取基坑外的井点降水法降低地下水水位，或采取水下挖掘；

(2)加长渗流路径，如打板桩；

(3)在向上渗流出口处地表用透水材料覆盖压重以平衡渗流力；

(4)土层加固处理，如冻结法、注浆法等。

3. 管涌

水在砂性土中渗流时，土中的一些细小颗粒在渗透力的作用下，可能通过粗颗粒的孔隙被水流带走，这种现象称为管涌。管涌可以发生于局部范围，但也可能逐步扩大，最后导致土体失稳破坏。可见，管涌破坏一般有个时间发展过程，是一种渐进性质的破坏。流砂现象是发生在土体表面渗流逸出处，不发生于土体内部，而管涌现象可以发生在渗流逸出处，也可能发生于土体内部。

土是否发生管涌，首先取决于土的性质，管涌多发生在砂性土中，其特征是颗粒大小差别较大，往往缺少某种粒径，孔隙直径大且相互连通。无黏性土产生管涌必须具备两个条件：

(1)几何条件。土中粗颗粒所构成的孔隙直径必须大于细颗粒的直径，这是必要条件，一般不均匀系数 $C_u > 10$ 的土才会发生管涌。

(2)水力条件。渗流力能够带动细颗粒在孔隙间滚动或移动是发生管涌的水力条件，可用管涌的水力梯度来表示，但管涌临界水力梯度的计算至今尚未成熟。对于重大工程，应尽量由试验确定。

河滩路堤两侧有水位差时，在路堤内或基底土内发生渗流。当水头梯度较大时，可能产生管涌现象，导致路堤坍塌破坏。为了防止管涌现象发生，一般可在路基下游边坡的水下部分设置反滤层，可以防止路堤中细小颗粒被管涌带走。

管涌现象的防治措施如下：

(1)改变几何条件，如在渗流逸出处铺设反滤层；

(2)改变水力条件，降低水力梯度，如打板桩等。

2.6　土的压实性

在工程建设中，经常遇到填土或软弱地基，为了改善这些土的工程性质，减少沉降，增加抗剪强度，常采用压实的方法使土变得密实。压实方法是采用人工或机械对土施以夯压能量（如夯、碾、振动等方式），使土颗粒重新排列压实变密。外部的夯压能使土在短时间内得到新的结构强度，包括增强粗粒土之间的摩擦和咬合，以及增加细粒土之间的分子引力以改善土的性质。实践表明，土的基本性质复杂多变，不同土类对外界因素作用的反应也不同。因此，就土的压实而言，同一压实功对于不同状态的土的压实效果可能完全不同，而为了达到同样的压实效果可能要花费相当大的、不符合技术经济要求的代价。所以，为了技术上的可靠和经济上的合理，就需要了解土的压实特性与变化规律，以便于工程应用。

2.6.1　击实试验

击实是指对土快速地重复施加一定的机械能使土体变密的过程。在击实过程中，由于击实功瞬时地作用于土，土中气体有所排出，而土中含水率基本不变，因此，土样可以首先调制成所需的含水率，再将它击实成所需要的密度。

击实试验所用的主要设备是击实仪（图 2-18）。基本部分是击实筒和击实锤。前者用来盛装制备好的土样；后者对土样施以夯压功。试验时，将含水率为一定值的土样分层放入击实筒内，每铺一层后都用击实锤按规定的落距锤击一定的击数，然后由击实筒的体积和筒内被击实土的总重计算出被击实土的湿密度 ρ。从已被击实的土中取样测定其含水率 w，则可计算出击实土样的干密度 ρ_d，以其反映被击实土的密实度。土的干密度可表示为

$$\rho_d = \frac{m_s}{V} = \frac{m - m_w}{V} = \rho - \frac{w m_s}{V} = \rho - w\rho_d$$

所以

$$\rho_d = \frac{\rho}{1+w} \tag{2-39}$$

如此，由每一个土样的击实试验结果可得到两个相对应的数据，即击实土的含水率 w 与干密度 ρ_d。由一组几个不同含水率的同一种土样分别按上述方法做击实试验，便可得到一组相应的含水率和干密度，将这些数据绘制成击实曲线如图 2-19 所示，它表明在某一击实功作用下土的含水率与干密度的关系。

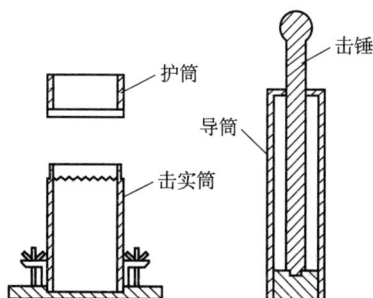

图 2-18　击实仪

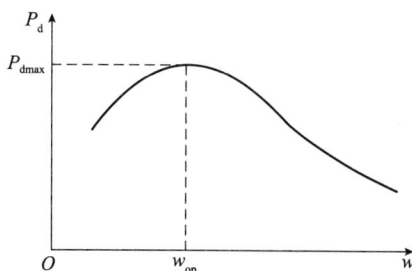

图 2-19　击实曲线

在击实曲线上可找到某一峰值，称为最大干密度 ρ_{dmax}，与之相对应的含水率称为最优含水率 w_{op}。它表示在一定击实功作用下，达到最大干密度的含水率。即当击实土料为最佳含水率时，压实效果最好。

（1）黏性土的击实性。黏性土的最优含水率一般在塑限附近，为液限的 $55\% \sim 65\%$。在最优含水率时，土粒周围的结合水膜厚度适中，土粒连接较弱，又不存在多余的水分，故易于击实，使土粒靠拢而排列得最密。实践证明，土被击实到最佳情况时，饱和度一般在 80% 左右。

（2）无黏性土的击实性。无黏性土的击实性也与含水率有关，但是不存在一个最优含水率。一般在完全干燥或充分洒水饱和的情况下容易击实到较大的干密度。

潮湿状态下，由于具有微弱的毛细水连接，土粒之间移动所受阻力较大，不易被挤紧压实，干密度不大。

无黏性土的压实标准，一般用相对密度 D_r。一般要求砂土压实至 $D_r > 30.67$，即达到密实状态。

2.6.2 影响击实效果的因素

在讨论击实曲线的特点时可以看出含水率对击实效果影响显著。此外，击实功也是一个重要的影响因素。夯击时，击实功取决于夯锤的质量、落距、夯击次数、被夯击土的厚度，碾压时击实功取决于碾压机具的质量、接触面积、碾压遍数、土层厚度。击实功越大，则击实效果越好。土类和级配对击实效果也有影响，颗粒越粗，越能在低含水率时获得最大干密度；颗粒级配越好，压实曲线的峰值范围就越宽广而平缓。对于黏性土，击实效果与矿物成分有关，加入木质素和铁基材料可改善击实效果。

特别地，干砂在压力和振动作用下，易于密实；稍湿的砂，毛细压力作用使砂粒之间的压力增加，摩阻力增加，阻止了颗粒移动，击实效果不好；饱和砂土，毛细压力消失，击实效果较好。砂土不符合单峰值的特点。

2.6.3 压实特性在现场填土中的应用

上述击实特性均是从室内击实试验中得到的，现场碾压或夯实与室内试验存在差别。原因之一是碾压与击实的力学机理不同，碾压机械能与冲击试验的自由落锤工作机制不同。此外，工程现场碾压或夯实时土方受到的侧限小，可产生一定的侧向变形，而室内击实试验为完全侧限。目前尚未找到可靠的理论关系，为便于工程压实（夯实）质量的控制，定义了压实系数：

$$\lambda = \frac{\rho_d}{\rho_d'} \qquad (2\text{-}40)$$

式中，ρ_d' 为室内试验得到的最大的干密度，ρ_d 为工程压实要求达到的干密度。压实系数 λ 越接近 1，表示对压实质量的要求越高，一般要求其介于 0.9 与 1.0 之间，主要受力层或重要工程取高值，次要工程取低值。

2.7 土的工程分类

把工程性质接近的土划分为同一类，则可根据分类名称大致判断土的工程特性，评价其作为建筑地基或材料的适用性。国内外有很多土的分类方法，分类依据也有些差异，本书只介绍建筑工程领域常用的《建筑地基基础设计规范》(GB 50007—2011)对地基土的分类方法。该规范考虑土的结构和颗粒级配对粗粒土进行分类，考虑塑性及成因对细粒土进行分类，此外，还给出了岩石的分类方法。下文分别介绍岩石、碎石土、砂类土、粉土和人工填土的定义及分类标准。

2.7.1　岩石

作为地基的岩石是颗粒之间牢固连接，呈整体或具有节理裂隙的岩体。依据坚硬程度，以饱和单轴抗压强度 f_{rk} 为评价指标将岩石划分为坚硬岩、较硬岩、较软岩、软岩和极软岩五类，见表 2-7。岩石的坚硬程度直接和地基的强度和变形性质有关，其重要性是无疑的。

表 2-7　岩石坚硬程度的划分

坚硬程度类别	坚硬岩	较硬岩	较软岩	软岩	极软岩
饱和单轴抗压强度标准值 f_{rk}/MPa	>60	$60 \geqslant f_{rk} > 30$	$30 \geqslant f_{rk} > 15$	$15 \geqslant f_{rk} > 5$	≤5

岩体的完整程度反映了它的裂隙性，而裂隙性是岩体十分重要的特性，破碎岩石的强度和稳定性较完整岩石大大削弱，尤其对边坡和基坑工程更为突出。依据岩体完整程度，以完整性指数为评价指标将地基岩石划分为完整、较完整、较破碎、破碎和极破碎五个等级，见表 2-8。完整性指数

$$K_v = (V_{pm}/V_{pr})^2 \tag{2-41}$$

式中，V_{pm} 为岩体弹性纵波波速，V_{pr} 为岩块弹性纵波波速。完整性指数之所以能够反映岩体完整性，是因为岩体传播弹性波的速度与岩体的破碎程度相关。岩体中节理裂隙越发育，弹性波传播速度越低，完整性指数越小。

表 2-8　岩体完整程度的划分

完整程度等级	完整	较完整	较破碎	破碎	极破碎
完整性指数	>0.75	0.75～0.55	0.55～0.35	0.35～0.15	<0.15

此外，依据风化程度可将岩石划分为未风化、微风化、中风化、强风化、全风化五个类别。

2.7.2　碎石土

碎石土是指粒径大于 2 mm 的颗粒含量大于 50% 的土。依据粒组含量将其分为三大类，在每一类中又依据颗粒形状划分为两个亚类，见表 2-9。从"粒组含量"一栏可见，满足下面的条件必然满足上面的条件。因此，对碎石土分类定名时须遵循"从上至下最先符合者为准"的原则。另外，需要注意的问题是"土的名称"一栏中的术语与表 2-1 中粒组的部分名称重复，但含义有所区别。表 2-1 中的名称表示土中粒径在某一范围的组分，而表 2-9 和表 2-10 中相应的名称是土的名称，如名为"漂石"的碎石土中并非仅包含漂石粒组。

表 2-9　碎石土的分类

土的名称	颗粒形状	粒组含量
漂石	圆形及亚圆形为主	粒径大于 200 mm 的颗粒含量超过全质量的 50%
块石	棱角形为主	
卵石	圆形及亚圆形为主	粒径大于 20 mm 的颗粒含量超过全质量的 50%
碎石	棱角形为主	
圆砾	圆形及亚圆形为主	粒径大于 2 mm 的颗粒含量超过全质量的 50%
角砾	棱角形为主	

　　碎石土的密实度与地基的强度、变形和稳定性有直接的关系。碎石土难以取样试验，密实度的评价通常采用现场原位方法。对于平均粒径不大于 50 mm 且最大粒径不超过 100 mm 的卵石、碎石、圆砾、角砾，可依据重型圆锥动力触探的锤击数划分为四种状态，见表 2-10。重型圆锥动力触探的测试结果受杆长、上覆土的自重应力及侧摩阻力的影响，表中的 $N_{63.5}$ 应采用经过杆长、上覆土重和侧摩阻力综合修正后的数值进行判定。

表 2-10　碎石土的密实度

重型圆锥动力触探锤击数 $N_{63.5}$	密实度	重型圆锥动力触探锤击数 $N_{63.5}$	密实度
$N_{63.5} \leqslant 5$	松散	$10 < N_{63.5} \leqslant 20$	中密
$5 < N_{63.5} \leqslant 10$	稍密	$N_{63.5} > 20$	密实

　　常见的碎石土强度高、压缩性低、透水性好，为优良地基。

2.7.3　砂土

　　砂土是指粒径大于 2 mm 的颗粒含量不超过全质量 50%、粒径大于 0.075 mm 的颗粒超过全重 50% 的土。砂土根据粒组含量的不同又细分为五类，见表 2-11。类似表 2-9，表 2-11 对砂土分类定名也要遵循"从上至下最先符合者为准"的原则。

表 2-11　砂土的分类

土的名称	粒组含量
砾砂	粒径大于 2 mm 的颗粒含量占全质量 25%～50%
粗砂	粒径大于 0.5 mm 的颗粒含量超过全质量 50%
中砂	粒径大于 0.25 mm 的颗粒含量超过全质量 50%
细砂	粒径大于 0.075 mm 的颗粒含量超过全质量 85%
粉砂	粒径大于 0.075 mm 的颗粒含量超过全质量 50%

　　前文已经说明，砂土的密实度可依据标准贯入试验锤击数 N 划分为松散、稍密、中密、密实四种状态，现列于表 2-12。其中的标贯击数 N 采用试验的实测值，无须修正。

表 2-12 砂土的密实度

标准贯入试验锤击数 N	密实度	标准贯入试验锤击数 N	密实度
N≤10	松散	15＜N≤30	中密
10＜N≤15	稍密	N＞30	密实

密实与中密状态的砾砂、粗砂、中砂为优良地基；稍密状态的砾砂、粗砂、中砂为良好地基；密实状态的细砂、粉砂为良好地基；饱和疏松状态的细砂、粉砂为不良地基。

2.7.4 黏性土

黏性土为塑性指数 $I_P＞10$ 的土，可按表 2-13 划分为黏土和粉质黏土。20 世纪 50 年代以来，我国一直以 76 g 圆锥仪下沉深度 10 mm 作为液限标准。《建筑地基基础设计规范》(GB 50007—2011)在划分黏土和粉质黏土时沿袭了这个惯例，计算此处的塑性指数时，采用 76 g 圆锥体入土深度 10 mm 的液限。

黏性土的状态依据液性指数可分为坚硬、硬塑、可塑、软塑和流塑五种。

表 2-13 黏性土的分类

塑性指数 I_P	土的名称
$I_P＞17$	黏土
$10＜I_P≤17$	粉质黏土

2.7.5 粉土

粉土是指粒径大于 0.075 mm 的颗粒含量不超过全质量的 50%，且塑性指数 $I_P＞10$ 的土。其性质介于砂土与黏性土之间。粉土的密实度一般用天然孔隙比来衡量，见表 2-14。密实的粉土为良好地基；饱和稍密的粉土在振动荷载作用下，易产生液化，为不良地基。

表 2-14 粉土的密实度

天然孔隙比 e	e＞0.90	0.75≤e≤0.90	e＜0.75
密实度	稍密	中密	密实

2.7.6 人工填土

由人类活动而堆填的土，称为人工填土。根据其组成和成因，可分为素填土、压实填土、杂填土和冲填土。素填土是由碎石土、砂土、粉土、黏性土等组成的填土；经过压实或夯实的素填土为压实填土；杂填土为含有建筑垃圾、工业废料、生活垃圾等杂物的填土；冲填土是由水力冲填泥砂形成的填土。在工程建设中遇到的人工填土往往各地都不一样。通常，人工填土的工程性质不良，强度低，压缩性大且不均匀。压实填土相对较好，杂填土工程性质最差。

除上述六大类岩土外，在自然界中还分布着许多具有特殊性质的土，如淤泥、淤泥质土、湿陷性黄土、膨胀土、冻土等，一般称它们为特殊土。它们的性质不可套用六大类岩土，而需要特殊对待，请参阅有关特殊土文献。

本章小结 \\\\

土的固、液、气三相间的比例影响土的物理状态，从而影响土的工程性质。

固相的土颗粒中包括物理风化产生的，与母岩成分相同的原生矿物，又包括化学风化产生的，粒度细微的次生矿物，还包括生物活动产生的，密度小、吸水性强的有机质。级配累计曲线是表达土中各个粒组含量的常用工具。曲线的形态能够反映土颗粒大小的均匀程度和粒径分布的连续性，不均匀系数和曲率系数是相应的两个定量指标。

在土孔隙中，被土颗粒吸附的结合水呈现黏滞的固态特征。弱结合水膜中水分子的转移使土具有可塑性。毛细水是土颗粒电分子引力、液面表面张力和重力共同作用的结果。

土的结构表达了土颗粒之间的连接与排列方式，粗粒土往往表现为单粒结构，在水中沉积的淤泥、淤泥质土等饱和黏性土则呈现蜂窝或絮状结构。土的构造描述宏观的土层、土块在空间上的排列组合方式，常见的为层状构造、分散构造、裂隙状构造和结核状构造。

土的物理性质指标概念简单但数量众多。其中三项基本指标，密度、含水率和土粒密度，可由试验直接测得；其他导出指标可借助三相草图推导计算。

无黏性土的力学性质与其松密状态密切相关。孔隙比表达土中孔隙的多少，可以反映无黏性土的密实程度，但无法反映级配的影响，只能用于同一种土的比较；相对密实度通过孔隙比对比的方式分离掉其他因素，可用于不同的无黏性土比较。鉴于无黏性土的取样困难，对现场的天然土层须借助圆锥动力触探或标准贯入试验手段，采用贯入击数间接描述无黏性土的松密程度。

黏性土的软硬状态强烈依赖于含水程度。液性指数表征了土的含水率与界限含水率的相对关系，划分了黏性土的稠度状态。塑性指数描述了黏性土处于塑性状态的能力，反映的是土的一种属性而非状态。工程上常用塑性指数对黏性土进行分类定名。触变性是黏性土的特性，灵敏度是饱和软黏土的重要指标，宜联系工程加以理解。

渗透性研究的是土孔隙中的流体在各种势能作用下流动的过程与其规律性及对工程的影响，是土的重要的力学性质。强度、变形、渗流是相互关联、相互影响的，土木工程领域内的许多工程实践都与土的渗透性密切相关，如流砂、冻胀、渗透固结、渗流时边坡稳定等。对土体来讲，孔隙中的流体是水和空气，当土体完全饱和时，就变为水，故渗透性在土力学中又称透水性。水在土体中的渗流，一方面会引起水量损失或基坑积水，影响工程效率和进度；另一方面将引起土体变形，改变构筑物和地基的稳定条件，直接影响工程安全。

通过碾压、冲击、振动等手段排除部分孔隙，可以增长土的密实度，提高土的强度，降低压缩性和渗透性。最优含水率和压实系数是填方压实工程常用指标。

土的分类依据行业和国家标准，学习中应关注和区分岩石、无黏性土、黏性土各子类划分时采用的不同物理性质指标。

课后习题

1. 单选题

(1)某土样经试验测得体积为 $100\ cm^3$，湿土质量为 $187\ g$，烘干后，干土质量为 $167\ g$。该土样的天然密度 ρ 为(　　) g/m^3。

A. 1.67　　　　　　　　　　　　　　B. 2.54

C. 2.1　　　　　　　　　　　　　　D. 1.87

(2)(2021 年注册岩土工程师真题)黏性土从半固态转入固态的界限含水率是(　　)。

A. 塑限　　　　　　　　　　　　　　B. 液限

C. 缩限　　　　　　　　　　　　　　D. 塑性指数

(3)(2020 年注册岩土工程师真题)某软基采用真空和堆载联合预压处理，处理前重度 $15\ kN/m^3$，含水率 80%，孔隙比 2.2，已知处理后重度 16，含水率 50%，则估计处理后孔隙比合理的是下列哪个选项？(　　)

A. 0.8　　　　　　B. 1.2　　　　　　C. 1.5　　　　　　D. 1.8

(4)用粒径级配曲线法表示土样的颗粒组成情况时，若曲线越陡，则表示土的(　　)。

A. 颗粒级配越好　　　　　　　　　　B. 颗粒大小越均匀

C. 颗粒大小越不均匀　　　　　　　　D. 不均匀系数越大

(5)黏性土由可塑状态转到流动状态的界限含水率称为(　　)。

A. 缩限　　　　　　B. 塑限　　　　　　C. 液限　　　　　　D. 固限

(6)无黏性土的特征之一是(　　)。

A. 塑性指数 $I_P > 0$　　　　　　　　B. 孔隙比 $e > 0.8$

C. 灵敏度较高　　　　　　　　　　　D. 黏聚力 $c = 0$

(7)某原状土的液限 $w_L = 46\%$，塑限 $w_P = 24\%$，天然含水率 $w = 40\%$，则该土的塑性指数为(　　)。

A. 22　　　　　　B. 22%　　　　　　C. 16　　　　　　D. 16%

(8)花岗岩根据岩石成因分类属于(　　)。

A. 变质岩　　　　　　　　　　　　　B. 沉积岩

C. 碎屑岩　　　　　　　　　　　　　D. 岩浆岩

2. 计算题

(1)甲、乙两土样的颗粒分析结果列于表 2-15，试绘制颗粒级配曲线，并确定不均匀系数及评价级配均匀情况。

表 2-15　计算题(1)表

粒径/mm		2~0.5	0.5~0.25	0.25~0.1	0.1~0.075	0.075~0.02	0.02~0.01	0.01~0.005	0.005~0.002	<0.002
相对含量/%	甲土	24.3	14.2	20.2	14.8	10.5	6.0	4.1	2.9	3.0
	乙土			5.0	5.0	17.1	32.9	18.6	12.4	9.0

（2）某饱和土，干重度为 16.2 kN/m³，含水率为 20%，试求土粒相对密度、孔隙比和饱和重度。

（3）已知土粒相对密度为 2.72，饱和度为 37%，孔隙比为 0.95。问当饱和度提高到 90% 时，每立方米的土应加多少水？

（4）某料场 30 万 m³ 土料，初始孔隙比为 1.2，问可填筑孔隙比为 0.7 的土堤多少立方米？

（5）某砂厂土样的天然密度为 1.77 g/cm³，天然含水率为 9.8%，土粒相对密度为 2.67，烘干后测定最小孔隙比为 0.461，最大孔隙比为 0.943，试求天然孔隙比 e 和相对密实度 d_s，并评定该砂土的密实度。

（6）某黏性土的含水率为 36.4%，液限 $w_L = 48\%$，塑限 $w_P = 24.5\%$，要求：计算该土的塑性指数 I_P；根据塑性指数确定该土的名称；计算该土的液性指数 I_L；按液性指数确定土的状态。

趣闻杂谈 \\\\

鲁迅说过："我们从古以来，就有埋头苦干的人，有拼命硬干的人，有为民请命的人，有舍身求法的人……虽是等于为帝王将相作家谱的所谓'正史'，也往往掩不住他们的光耀，这就是中国的脊梁。"这就是中国骨架，5 000 多年来，顽强支撑着这个古老民族的骨架。

土力学中有一个很有用的概念，即土骨架。土颗粒是构成土骨架的构件，土骨架是由土颗粒相互接触形成的构架体，它可承担和传递（有效）应力，土骨架的孔隙中充满了孔隙流体（液态或气态），但孔隙流体并不属于土骨架。土骨架有整个土体的体（面）积。其中，承担与传递（有效）应力是关键，土力学中的"力"就主要是由土骨架承担的。土骨架像一个丝瓜瓤一样是一个宏观的整体，或者恐怖一点说，就像一个人的骨架，如白骨精披一张皮就是一个人——一个美女，一个老太婆，或者一个老大爷。

在土中，颗粒应以骨架形态存在，这才叫作土，其孔隙中通常可充满液相、气相流体。但由颗粒及流体组成的东西不一定是土。如果在外部因素作用下土骨架溃散为单个颗粒，如流土、管涌、液化、流砂、流滑，就成了泥石流或沙尘暴，那就是流体力学中的多相流和泥沙动力学研究的领域，与土力学无关了。

在土力学中，土的变形、强度、渗流特性都取决于土骨架的变形、强度和结构特性，而土颗粒本身的变形几乎可以忽略，土颗粒的强度为组成颗粒的矿物的强度，远高于土的强度，颗粒自身也是不透水的。

骨架是物体存在的基础，生物、人、建筑、国家与社会都靠骨架赖以存在。"9·11 事件"中美国的世贸大厦，当骨架塌落时轰然而消失。一个国家的骨架就是它的权威与秩序，它掌管一方土地，自有其法律、制度和政策而形成骨架，人民和社会也还是平和与安定的。美国奉行的霸权主义总是要把自己的制度与意志强加于人，输出所谓的民主，鼓动"颜色革命"。先是伊拉克，后是利比亚、阿富汗、叙利亚，结果造成那里民不聊生，哀鸿遍野，满目疮痍。后来那些流亡的难民冲击着欧盟。看到难民潮，就让人想到泥石流：那种无序的、盲目的、失控的，具有巨大破坏力的可怕的浊流涌动着，冲击着人类的秩序。本来是一方土地，一方山河，一旦失去了骨架就变为残破与苦难。

　　一个社会的骨架就是其伦理，"伦"即为人际关系，"理"即为行为准则。如果一个社会的骨架溃散，那么就会是礼崩乐坏，人伦丧尽，伤天害理。历史的教训表明，一个社会的骨架的溃散是对人类文明的极大破坏。

　　骨架是土力学中的一个十分重要的本质性的概念，可以说土力学即是研究土骨架性质及其影响因素的学科。

第 3 章

土中的应力

★ 案例导入

1. 工程概况

内蒙古准格尔矿区的大型选煤厂，年处理原煤 1 200 万吨，是当时亚洲最大的选煤厂之一。1990 年平整场地，场地平整成六个平台，六个平台布置和冲沟的填埋极大地改变了原始地形地貌，将较陡的斜坡变成阶梯状平台，两侧也变得开阔。场地平整后长 550 m，宽 300 m。场地横剖面如图 3-1 所示。

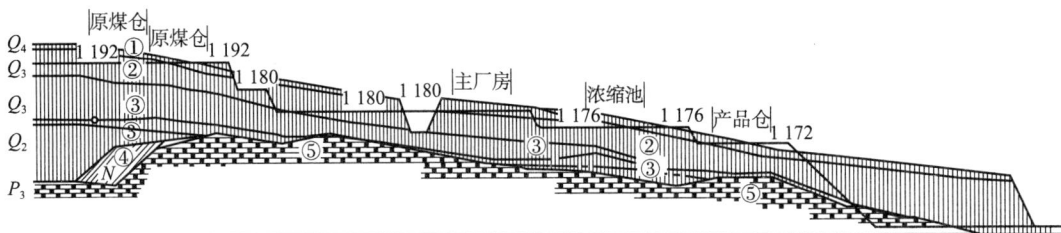

图 3-1　场地横剖面图

2. 事故的发生与发展

1993 年年末，在最低一级平台高 20 m 的边坡上，沿基岩面发现大量向外渗水。到 1994 年 3 月，局部边坡突然塌滑，至 4 月中旬发展到落差 510 mm。

在滑坡发生的同时，发现产品仓自 1993 年后沉降加速，至 1995 年 1 月，在空仓情况下，沉降达到 4.3 cm，已超过了空仓预估沉降 4.13 cm，而且沉降曲线仍在向下延伸，发展趋势不稳定。当即对产品仓与原煤仓进行补充勘察，发现仓下地下水水位普遍上升 1.5～2.0 m，各钻孔普遍见到地下水，原煤仓地下水水位普遍上升了 1.5～2.5 m，饱和土层位提高了 3.0～3.5 m，最高处距离基底仅 4 m 左右。好在直接持力层的含水率虽略有增加，但抗剪强度基本没有变化，承载力仍能满足。但由于饱和土层层位升高，软弱下卧层验算不能通过。两组筒仓补勘结论都必须加固处理，否则不能装煤。对主厂房地基重新进行验算，好在地下水上升后承载力和变形仍能满足，只是加强观测，未考虑地基加固。

3. 地下水上升的原因分析

场地远离黄河，高程在 1 170 m 以上，除北部点岱沟有小股间歇水流外，周围没有地表水体。当地年平均降水量约为 378 mm，而蒸发量高达 2 126.5 mm。场地南端距离分水岭较近，汇水面积有限。经深入分析认定，正是工程建设改变了环境，而环境回报工程。

场地原来的自然斜坡坡度为 10％，地表板结，部分还有植被，形成地表硬壳。两侧有冲沟，排水通畅。由于地表径流条件良好，绝大部分雨水由地面斜坡、冲沟及时排入点岱沟，渗入土中的水量很少。但自 1989 年平场填沟以后，场地形成六个平台，各平台坡度为 0.12％～0.47％。地表硬壳被破坏，再加上两侧冲沟填埋，特别是填埋了延伸到场地中部的西侧冲沟，使原来通畅的地表径流成为在各台阶平地上的缓流。再加上施工期内设计的排水系统尚未形成，必然使场地地表水入渗普遍增大。而黄土状土的垂直渗透系数是水平的 10 倍，水在土中水平运动十分缓慢。再加上冲沟内泉眼被堵，水在土中没有出路，只有在土中聚集，并缓缓向最低的边坡流动。三年后也就是 1992 年年末，开始在边坡的基岩面上渗出形成冰坨，整个场地的地下水水位至 1995 年升高了 2～3 m。

此外，还有两个因素：一是对施工用水控制不严，施工漏水、洒水现象较普遍，一些临时管道、管沟漏水渗入地下，加大了补给量；二是 1990—1992 年降水量有所增加，这三年的年平均降水量达到 436.9 mm，而 1989 年仅 355.2 mm，1980—1989 年 10 年间的年平均降水量为 370.7 mm，这几年降水量增大了 18％，也是加大地下水补给的因素之一。

4. 事故的处理

为了保仓，经多方论证，决定采用截排水和地基加固的处理措施。

(1)在产品仓上游(南侧)15 m 处，在风化岩石中开凿截水盲洞，盲洞净断面高为 1.7 m，宽为 1.0 m，洞上为一排渗水井，间隔地下水通过渗水井引入盲洞，向坡下排出。

(2)产品仓用劈裂水泥注浆加固地基，共有注浆孔 442 个，平均间隔 3.0 m。穿透筏形基础注浆，注浆深度达到基岩，平均孔深为 6 m。为保证注浆效果，避免跑浆及减少地基侧向变形，沿产品仓基础四周做了直径为 1.2 m 及 1.0 m 的灌注桩围箍，共 162 根，桩端进入基岩 3～6 m，平均桩长为 17 m。在灌注桩间又加旋喷桩，使整个地基土封闭，共 184 根，深入基岩 0.5 m。

(3)原煤仓同样用劈裂水泥注浆加固地基，注浆孔共有 754 个，平均间距为 3.0 m，在箱形基础中作业穿透基础，注浆深度进入第三系(或基岩)0.5 m。同样沿仓基础用旋喷桩围箍，共 680 根。

加固施工从 1995 年 9 月至 1996 年 6 月，处理效果良好。1996 年 9 月开始装煤，分三期加载，每期加三分之一容量。至 1998 年 3 月观测，最大沉降(加固后加载沉降)分别为 26.6 mm(产品仓)和 13.9 mm(原煤仓)，以后沉降基本稳定，生产运转正常。

5. 评议与讨论

本案例的勘察测试、地基承载力评价和变形分析，都做得相当周全。为保证质量也下了不少功夫，如探井取样、荷载试验结合其他方法综合评价承载力、多种测试综合确定变形参数等，唯一疏忽的问题就是工程建设造成环境的改变。现在，许多工程只是按当前条件进行勘察设计，不注意预测工程建设特别是大挖大填改变环境造成的影响，本案例是很好的教训。

为了保护自然，工程建设中应尽量避免大挖大填。但我国是多山国家，有时也难以避免。大挖大填带来的岩土工程问题很多，而水文地质条件改变造成地下水水位上升最为常见。根据地下水动态与均衡原理，周围环境变化必然改变地下水的输入和输出，引发水的积累或亏损，导致水位升降。近年来，西北、华北黄土地区机场建设和城市开拓，削山填沟，平整场地，填土厚度动辄超过 100 m，极大地改变了环境，岩土工程问题良多，但最应关注的还是水文地质条件改变带来的地下水问题。

岩土工程的勘察设计，不能只看到其地质对工程的影响；还要预见工程建设对地质的影响。工程与地质是相互作用的，工程作用于地质，改变了地质条件（特别是水文地质条件），而改变的地质条件又反过来影响工程。岩土工程师一定要有这种科学预见，并采取相应的工程措施，才能使自己立于不败之地。

理论知识

土中的应力按其产生的原因，可分为由土体本身自重在土内部引起的自重应力和由外荷（包括建筑物荷载、交通荷载）在土体内部引起的附加应力。一般来说，土体在自重作用下，已在漫长的地质历史中压缩稳定。因此，土的自重应力不再引起土的变形。但是，新沉积土或近期人工冲填土属于例外。附加应力是使地基产生变形和失去稳定的主要原因。附加应力的大小，除与计算点的位置有关外，还取决于基底压力的大小和分布情况。

3.1　土的自重应力

土的自重应力（geostatic stress）是指未修建建筑物之前，由土体本身自重引起的竖向应力。计算时，假设土体为均质连续的弹性半无限空间体，土体在自重作用下只产生竖向变形，而无侧向位移和剪切变形。

3.1.1　均质土的自重应力

如果地面下土质均匀（图 3-2），天然重度为 $\gamma(kN/m^3)$，则在天然地面下任意深度 $z(m)$ 处水平面上的竖向自重应力 $\sigma_{cz}(kPa)$，可取作用于该深度水平面上任一单位面积的土柱自重计算：

$$\sigma_{cz} = \frac{\gamma z \times 1}{1} = \gamma z \qquad (3-1)$$

σ_{cz} 沿水平面均匀分布，且与 z 成正比，即随深度按直线规律分布。

由于泊松效应，在竖直面上还作用有水平方向的侧向自

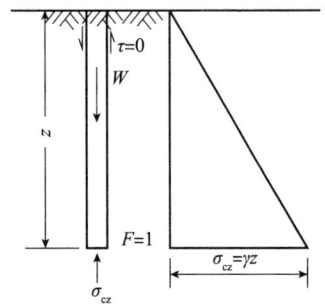

图 3-2　均质土的自重应力

重应力。土单元体在自重作用下无侧向变形和剪切变形，侧向自重应力 σ_{cx}、σ_{cy} 与 σ_{cz} 成正比，即

$$\sigma_{cx} = \sigma_{cy} = k_0 \sigma_{cz} \tag{3-2}$$

式中，k_0 称为土的侧压力系数或静止土压力系数。

如前所述，由于均质弹性半空间无限体的任一竖直面都是对称面，所以各剪应力均为零，即

$$\tau_{xy} = \tau_{yz} = \tau_{zx} = 0 \tag{3-3}$$

3.1.2 成层土的自重应力

地基土往往是成层的(图 3-3)，因而各层土具有不同的重度。计算自重应力时，当地下水水位位于同一土层中，地下水水位面也应作为分层的界面。在成层土中，设各土层的厚度为 h_i，重度为 γ_i，在深度 z 处土的自重应力可按下式计算：

$$\sigma_{cz} = \sum_{i=1}^{n} \gamma_i h_i \tag{3-4}$$

式中　n——天然地面至深度 z 处的土层数；

　　　h_i——第 i 层土的厚度；

　　　γ_i——第 i 层土的重度。

从式(3-4)可知，成层土的自重应力分布是折线形的，折线各段的斜率为相应土层的重度。

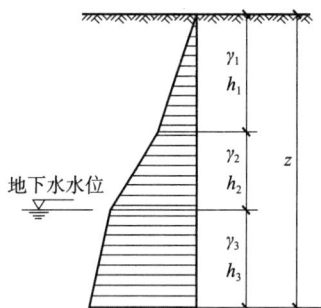

图 3-3　成层土中的自重应力

【**例 3-1**】 已知某地基土层剖面如图 3-4 所示，填土 $\gamma = 15.7 \text{ kN/m}^3$，粉质黏土 $\gamma = 18.0 \text{ kN/m}^3$，淤泥 $\gamma = 16.7 \text{ kN/m}^3$，水 $\gamma = 10 \text{ kN/m}^3$，求各层土的竖向自重应力及地下水水位下降至淤泥层顶面时的竖向自重应力，并分别绘制出其分布曲线。

解： 按式(3-4)计算各层面处的自重应力。

(1)地下水水位下降前

$$\sigma_{cz0} = 0$$

$$\sigma_{cz1} = 15.7 \times 0.5 = 7.85 (\text{kPa})$$

$$\sigma_{cz2} = 7.85 + 18 \times 0.5 = 16.85 (\text{kPa})$$

$$\sigma_{cz3} = 16.85 + (18 - 10) \times 3 = 40.85 (\text{kPa})$$

$$\sigma_{cz4}^{\pm} = 40.85 + (16.7 - 10) \times 7 = 87.75 (\text{kPa})$$

$$\sigma_{cz4}^{\mp} = 87.75 + 10 \times (3 + 7) = 187.75 (\text{kPa})$$

(2)当地下水水位下降至淤泥层顶面时

$$\sigma_{cz1} = 7.85 \text{ kPa}$$

$$\sigma_{cz2} = 16.85 \text{ kPa}$$

$$\sigma_{cz3} = 16.85 + 18 \times 3 = 70.85 (\text{kPa})$$

$$\sigma_{cz4}^{\pm} = 70.85 + (16.7 - 10) \times 7 = 117.75 (\text{kPa})$$

$$\sigma_{cz4}^{\mp} = 117.75 + 10 \times 7 = 187.75 (\text{kPa})$$

依次用直线连接以上各点，即可得到土层的自重应力曲线，如图 3-4 所示。

由以上例题可知，地下水水位的升降会引起土中自重应力的变化。当水位下降时，原水位以下自重应力增加，会引起地表或基础的下沉；当水位上升时，对地下建筑工程地基的防

潮不利，对黏性土的强度也会有一定的影响。

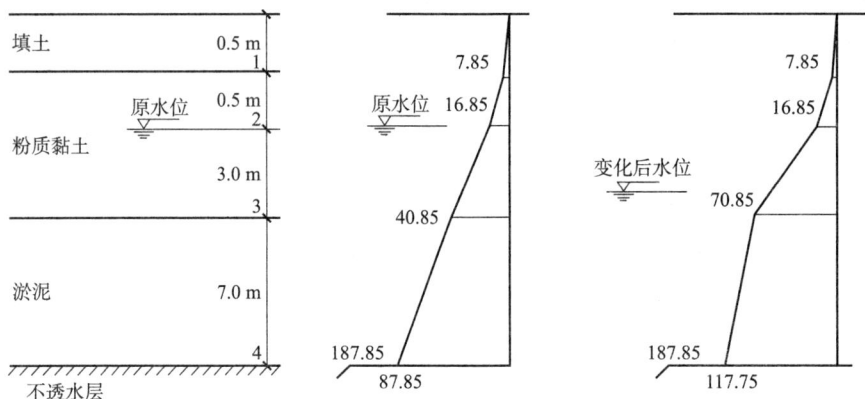

图 3-4 例题 3-1 图

3.2 基底压力

建筑物的荷载通过基础传至地基，因此基础底面与地基之间产生了接触应力。它既是基础作用于地基的基底压力，同时又是地基反作用于基础的基底反力。因此，在计算地基中的附加应力以及对基础的结构计算时，都是十分重要的荷载条件。

3.2.1 基底压力分布

影响基底压力大小与分布的因素较多，如基础的刚度、形状、尺寸、埋置深度，以及土的性质、上部荷载大小等，它涉及上部结构、基础和地基相互作用的问题。实测表明，基底压力的分布有以下几种形态。

1. 柔性基础

柔性基础如土坝、路基等，抗弯刚度很小，如同放在地基上的柔软薄膜，由于它能适应地基土的变形，故基底压力的大小和分布与作用在基础上荷载大小和分布相同，如图 3-5 所示。

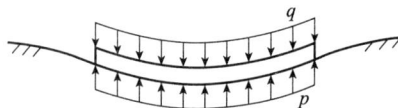

图 3-5 柔性基础的基底压力

2. 刚性基础

刚性基础，如柱下独立基础或墩式基础，不会发生挠曲变形，在中心荷载作用下，基底各点的沉降是相同的，如图 3-6 所示。这时，由于基础边缘应力集中，局部土产生塑性屈服。基底压力分布呈马鞍形，中央小而边缘大。如果荷载增加，基底边缘应力不能再增加，迫使中央部分应力继续增大。基底压力重新分布，形成抛物线形状。中心区域的局部地基土受到竖向压力和水平向的基底摩阻力束缚，塑性屈服强度有所增长。若上部结构的荷载继续增大，中心区域基底压力仍然能够继续发展，压力的分布近似钟形。所以，刚性基础底面的压力分布形状与荷载大小有关。

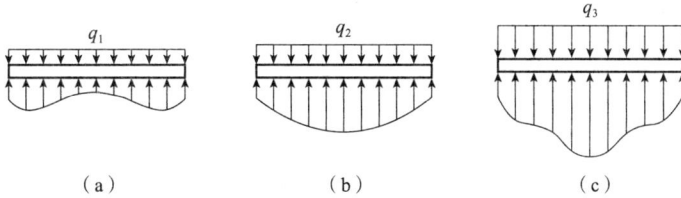

图 3-6　刚性基础的基底压力

(a)荷载较小时；(b)荷载较大时；(c)荷载很大时

3. 有限刚性基础

有限刚性基础是指刚性介于柔性基础和刚性基础之间的基础，如条形基础或筏形基础。基底压力分布的形式与基础刚度、地基刚度、荷载大小及作用形式等有关。

3.2.2　基底压力的简化计算

从上述讨论可见，基底压力的分布是比较复杂的，但根据弹性理论中的圣文南原理及从基底压力现场量测结果可知，当作用在基础上的荷载总值不是很大时，基底压力分布的形状对土中应力分布的影响局限在一定深度范围内；当距离基底的深度超过基础宽度的 1.5 倍时，其影响已很不显著。因此，工程上对刚度较大基础的基底压力的分布可近似地认为按直线规律变化，采用线性简化方法计算。

1. 中心荷载下的基底压力

中心荷载下的基础，其所受荷载的合力通过基底形心。基底压力假定为均匀分布(图 3-7)，此时，相应于作用的标准组合时，基底平均压力值按下式计算：

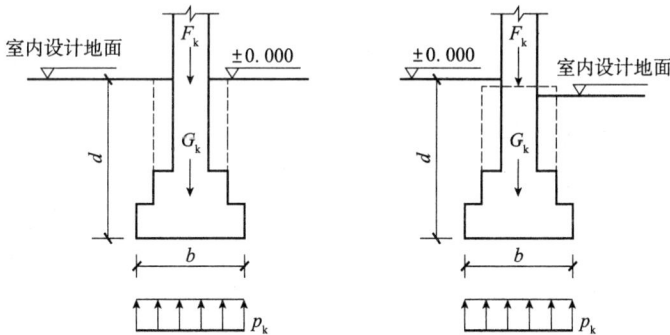

图 3-7　中心受压基础

$$p_k = \frac{F_k + G_k}{A} \tag{3-5}$$

式中　p_k——基础底面的平均压力(kPa)；

　　　F_k——相应于作用的标准组合时，上部结构传至基础顶面的竖向力(kN)；

　　　G_k——基础自重及其上的回填土重的总和(kN)，$G_k = \gamma_G A d$，其中 γ_G 为基础和回填土的平均重度，一般取 20 kN/m³，在地下水水位以下部分 G_k 应扣除浮力，

d 为基础埋深，一般从设计地面或室内外平均设计地面算起；

A——基底面积，对于矩形基底，$A=BL$。

对于基础长度大于宽度 10 倍的条形基础，则沿长度方向截取一单位长度的截条进行基底平均压力值计算，此时式（3-5）中 A 取基础宽度 b，而 F_k 及 G_k 则为基础截面内相应值。

2. 偏心荷载下的基底压力

对于单向偏心荷载下的矩形基础如图 3-8 所示。设计时，通常取基底长边方向与偏心方向一致，此时，相应于作用的标准组合时，两短边边缘最大压力值与最小压力值按材料力学短柱偏心受压公式计算：

$$p_{kmin}^{kmax}=\frac{F_k+G_k}{A}\pm\frac{M_k}{W} \tag{3-6}$$

有时也写为

$$p_{kmin}^{kmax}=\frac{F_k+G_k}{A}\left(1\pm\frac{6e}{L}\right) \tag{3-7}$$

式中 p_{kmin}^{kmax}——相应于荷载效应标准组合时，基础底面边缘的最大、最小压力值（kPa）；

M_k——相应于荷载效应标准组合时，作用在基础底面的力矩，$M_k=(F_k+G_k)e$；

W——基础底面的抵抗矩，对于矩形基底，$W=\dfrac{BL^2}{6}$（m）；

e——竖向合力的偏心距（m）。

由式（3-7）可见，当偏心距 $e<L/6$ 时，基础底面边缘的最大、最小压力均大于零，基底压力呈梯形分布；当偏心距 $e=L/6$ 时，基础底面边缘的最小压力等于零，基底压力呈三角形分布；当偏心距 $e>L/6$ 时，$p_{min}<0$，表示基底与土之间出现拉应力，此拉应力将使基底的一部分与地基脱开，基底压力重新分布，如图 3-8 所示。因此，根据偏心荷载应与基底反力相平衡的条件，荷载合力 F_k+G_k 应通过三角形反力分布图的形心，由此可得基底边缘的最大压力 p_{kmax} 为

$$p_{kmax}=\frac{2(F_k+G_k)}{3bk} \tag{3-8}$$

式中，$k=L/2-e$。

为避免因地基应力不均匀，引起过大的不均匀沉降或倾斜，工程上一般要求 $\dfrac{p_{kmax}}{p_{kmin}}\leqslant1.5\sim3.0$。对压缩性高的黏性土采用小值，而对压缩性小的无黏性土可采用大值。

3.2.3 基底附加压力

一般情况下，建筑物建造前天然土层在自重作用下的变形早已结束。因此，只有超出基底处原有自重应力的部

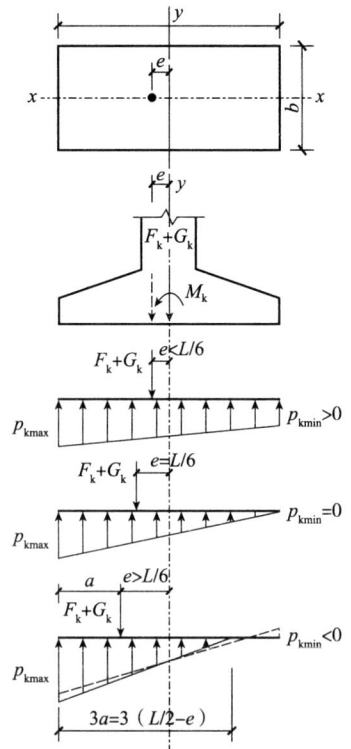

图 3-8 偏心荷载作用下基底压力分布

分才能引起地基的附加应力和变形。实际上，一般浅基础总是埋置在天然地面下一定深度，该处原有的自重力由于开挖基坑而卸除。建筑物建造后的基底压力中应扣除基底标高处原有的土中应力后，才是基底平面处新增加与地基的基底附加压力，基底平均附加压力值 p_0 按下式计算：

$$p_0 = p_k - \sigma_{cz} = p_k - \gamma_0 d \tag{3-9}$$

式中　σ_{cz}——基底处土的自重应力，$\sigma_{cz} = \gamma_0 d$；

　　　γ_0——基底标高以上天然土层的加权平均重度，$\gamma_0 = \sum \gamma_i h_i / \sum h_i$，其中地下水水位以下土层取有效重度；

　　　d——基础埋深，从天然地面起算；对于新填土场地，则应从老天然地面算起。

【例 3-2】　某矩形单向偏心受压基础，基础底面尺寸 $b = 2$ m，$L = 3$ m。其上作用荷载如图 3-9 所示，$F_k = 300$ kN，$M_k = 120$ kN·m，试计算基底压力(绘制出分布图)和基底附加压力。

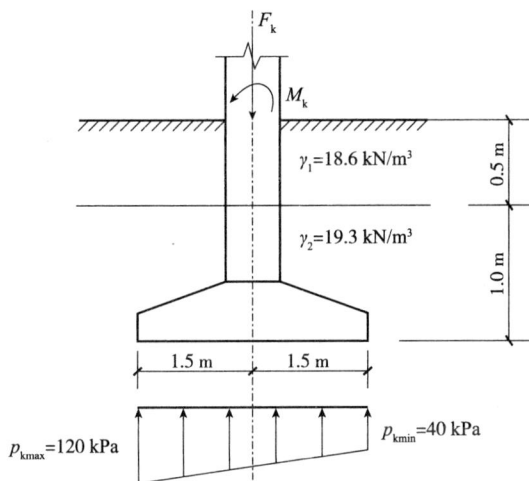

图 3-9　基底附加压力分布

解：(1)基础及其上回填土的重量。

$$G_k = 20 \times 2 \times 3 \times 1.5 = 180 \text{(kN)}$$

(2)偏心距。

$$e = \frac{M_k}{F_k + G_k} = \frac{120}{300 + 180} = 0.25 \text{(m)} < \frac{L}{6} = \frac{3}{6} = 0.5 \text{(m)}$$

(3)基底压力。

$$p_{kmin}^{kmax} = \frac{F_k + G_k}{bL} \pm \frac{M_k}{W} = \frac{F_k + G_k}{bL}\left(1 \pm \frac{6e}{L}\right)$$

$$= \frac{300 + 180}{2 \times 3}\left(1 \pm \frac{6 \times 0.25}{3}\right) = 80(1 \pm 0.5) \text{(kPa)} = \begin{cases} 120 \text{ kPa} \\ 40 \text{ kPa} \end{cases}$$

基底压力的分布图形如图 3-9 所示。

(4)基底以上土的加权平均重度。

$$\gamma_0 = \frac{\gamma_1 h_1 + \gamma_2 h_2}{h_1 + h_2} = \frac{18.6 \times 0.5 + 19.3 \times 1.0}{0.5 + 1.0} = 19.07 \text{(kN/m}^3\text{)}$$

（5）基底附加压力。

$$p_{0min}^{0max} = p_{kmin}^{kmax} - \gamma_0 d = \begin{cases} 120 - 19.07 \times 1.5 = 91.4 \, (\text{kPa}) \\ 40 - 19.07 \times 1.5 = 11.4 \, (\text{kPa}) \end{cases}$$

3.3　地基附加应力

地基中的附加应力（additional stress）是指建筑物荷载在地基内引起的应力增量。一般天然土层自重应力引起的压缩变形在地质历史上早已完成，不会再引起地基沉降，而附加应力是因为建筑物的修建而在自重力基础上新增加的应力，是地基产生变形，引起建筑物沉降的主要原因。在计算地基中的附加应力时，一般假定地基土是连续、均质、各向同性的半无限空间线弹性体，直接应用弹性力学中关于弹性半空间的理论解答。

3.3.1　竖向集中荷载作用下的地基附加应力

法国 J. 布辛涅斯克（Boussinesq，1885）运用弹性理论推出了在弹性半空间表面上作用一个竖向集中力时，半空间内任意点处所引起的应力和位移的弹性力学解答（图 3-10）。其中在建筑工程中常用到的竖向附加应力表达式为

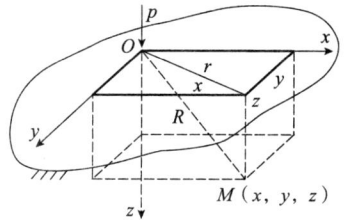

图 3-10　布辛涅斯克解的坐标系

$$\sigma_z = \frac{3p}{2\pi} \frac{z^3}{R^5} = \alpha \frac{p}{z^2} \qquad (3\text{-}10)$$

式中　α——竖向集中荷载作用下地基竖向附加应力系数，由下式计算：

$$\alpha = \frac{3}{2\pi} \frac{1}{[1 + (r/z)^2]^{5/2}} \qquad (3\text{-}11)$$

对式（3-11）进行分析，可以得到集中荷载作用下地基附加应力 σ_z 的分布特征，如图 3-11、图 3-12 所示。

（1）在荷载轴线上，$r=0$，竖向附加应力 σ_z 随着深度 z 的增加而减小；

（2）在任一水平线上，深度 z 为定值，当 $r=0$ 时，σ_z 最大，但随着 r 的增大，σ_z 逐渐减小；

（3）在 $r>0$ 的竖直线上，当 $z=0$ 时，$\sigma_z=0$，随着 z 的增大，σ_z 逐渐增大，但当 z 增大到一定深度时，σ_z 由最大值逐渐减小。

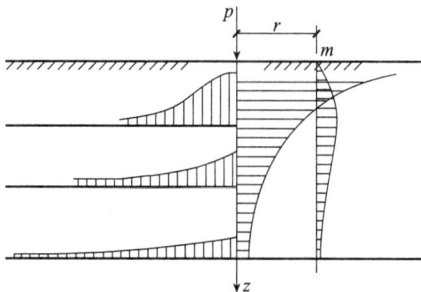

图 3-11　竖向集中荷载作用下土中附加应力分布

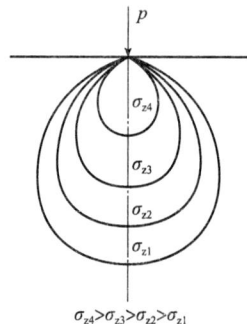

$\sigma_{z4} > \sigma_{z3} > \sigma_{z2} > \sigma_{z1}$

图 3-12　附加应力 σ_z 的等值线

对于半空间无限体表面有多个集中力 p_1，p_2，$\cdots$，p_n 作用的情况，在线弹性条件下，根据叠加原理，地基中任意点的附加应力等于各集中力引起的附加应力之和，即

$$\sigma_z = \alpha_1 \frac{p_1}{z^2} + \alpha_2 \frac{p_2}{z^2} + \cdots + \alpha_n \frac{p_n}{z^2} \qquad (3\text{-}12)$$

如果荷载作用面的形状或荷载的大小分布不规则，可将荷载面（或基础底面）分成若干形状规则且足够小的面积单元，将每个单元上的分布荷载视为作用于形心的集中力，然后进行叠加计算。

3.3.2　分布荷载作用下地基附加应力

1. 矩形面积均布荷载作用下的地基附加应力

（1）矩形均布荷载作用角点下附加应力。矩形面积在建筑工程中是常见的，如房屋建筑采用框架结构，立柱下面的独立柱基础底面通常为矩形面积。在中心荷载作用下，基底压力按均布荷载计算。此时，如图 3-13 所示，假设基础底面尺寸为 $b \times L$，则在角点下任一深度 z 的 M 点处由该集中力引起的竖向附加应力可由下式求得

$$\mathrm{d}\sigma_z = \frac{3\mathrm{d}p}{2\pi} \cdot \frac{z^3}{R^5} = \frac{3p_0}{2\pi} \cdot \frac{z^3}{(x^2+y^2+z^2)^{5/2}} \mathrm{d}x\mathrm{d}y \qquad (3\text{-}13)$$

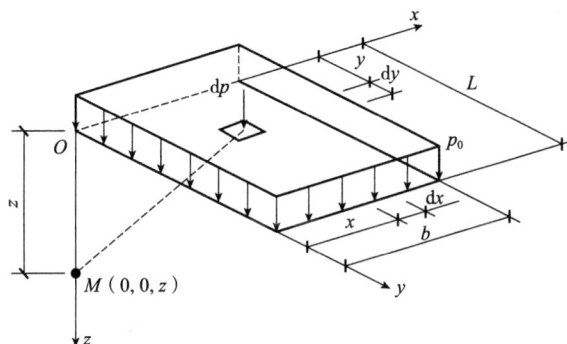

图 3-13　矩形面积均布荷载作用时角点下 M 点的附加应力

将式(3-13)在基底范围内进行积分即得

$$
\begin{aligned}
\sigma_z &= \int_0^l \int_0^b \frac{3p_0}{2\pi} \cdot \frac{z^3}{(x^2+y^2+z^2)^{5/2}} \mathrm{d}x\mathrm{d}y \\
&= \frac{p_0}{2\pi}\left[\arctan\frac{m}{n\sqrt{1+m^2+n^2}} + \frac{m \cdot n}{\sqrt{1+m^2+n^2}}\left(\frac{1}{m^2+n^2} + \frac{1}{1+n^2}\right)\right]
\end{aligned}
\qquad (3\text{-}14)
$$

式中，长宽比 $m = \dfrac{L}{b}$，深宽比 $n = \dfrac{z}{b}$，L 为矩形的长边，b 为矩形的短边。

为了计算方便，可将式(3-14)简写成

$$\sigma_z = \alpha_c \cdot p_0 \qquad (3\text{-}15)$$

α_c 称为均布矩形荷载角点下的竖向附加应力系数，简称角点应力系数，是长宽比 m 和深宽比 n 的函数。为便于工程计算使用，该分布系数的常见数值已经被计算出来，列于表 3-1。

表 3-1　矩形面积受竖直均布荷载作用时角点下的应力系数 α_c

$n=z/b$	$m=L/b$										
	1.0	1.2	1.4	1.6	1.8	2.0	3.0	4.0	5.0	6.0	10.0
0.0	0.250 0	0.250 0	0.250 0	0.250 0	0.250 0	0.250 0	0.250 0	0.250 0	0.250 0	0.250 0	0.250 0
0.2	0.248 6	0.248 9	0.249 0	0.249 1	0.249 1	0.249 1	0.249 2	0.249 2	0.249 2	0.249 2	0.249 2
0.4	0.240 1	0.242 0	0.242 9	0.243 4	0.243 7	0.243 9	0.244 2	0.244 3	0.244 3	0.244 3	0.244 3
0.6	0.222 9	0.227 5	0.230 0	0.235 1	0.232 4	0.232 9	0.233 9	0.234 1	0.234 2	0.234 2	0.234 2
0.8	0.199 9	0.207 5	0.212 0	0.214 7	0.216 5	0.217 6	0.219 6	0.220 0	0.220 2	0.220 2	0.220 2
1.0	0.175 2	0.185 1	0.191 1	0.195 5	0.198 1	0.199 9	0.203 4	0.204 2	0.204 4	0.204 5	0.204 6
1.2	0.151 6	0.162 6	0.170 5	0.175 8	0.179 3	0.181 8	0.187 0	0.188 2	0.188 5	0.188 7	0.188 8
1.4	0.130 8	0.142 3	0.150 8	0.156 9	0.161 3	0.164 4	0.171 2	0.173 0	0.173 5	0.173 8	0.174 0
1.6	0.112 3	0.124 1	0.132 9	0.143 6	0.144 5	0.148 2	0.156 7	0.159 0	0.159 8	0.160 1	0.160 4
1.8	0.096 9	0.108 3	0.117 2	0.124 1	0.129 4	0.133 4	0.143 4	0.146 3	0.147 4	0.147 8	0.148 2
2.0	0.084 0	0.094 7	0.103 4	0.110 3	0.115 8	0.120 2	0.131 4	0.135 0	0.136 3	0.136 8	0.137 4
2.2	0.073 2	0.083 2	0.091 7	0.098 4	0.103 9	0.108 4	0.120 5	0.124 8	0.126 4	0.127 1	0.127 7
2.4	0.064 2	0.073 4	0.081 2	0.087 9	0.093 4	0.097 9	0.110 8	0.115 6	0.117 5	0.118 4	0.119 2
2.6	0.056 6	0.065 1	0.072 5	0.078 8	0.084 2	0.088 7	0.102 0	0.107 3	0.109 5	0.110 6	0.111 6
2.8	0.050 2	0.058 0	0.064 9	0.070 9	0.076 1	0.080 5	0.094 2	0.099 9	0.102 4	0.103 6	0.104 8
3.0	0.044 7	0.051 9	0.058 3	0.064 0	0.069 0	0.073 2	0.087 0	0.093 1	0.095 9	0.097 3	0.098 7
3.2	0.040 1	0.046 7	0.052 6	0.058 0	0.062 7	0.066 8	0.080 6	0.087 0	0.090 0	0.091 6	0.093 3

续表

$n=z/b$	$m=L/b$										
	1.0	1.2	1.4	1.6	1.8	2.0	3.0	4.0	5.0	6.0	10.0
3.4	0.036 1	0.042 1	0.047 7	0.052 7	0.057 1	0.061 1	0.074 7	0.081 4	0.084 7	0.086 4	0.088 2
3.6	0.032 6	0.038 2	0.043 3	0.048 0	0.052 3	0.056 1	0.069 4	0.076 3	0.079 9	0.081 6	0.083 7
3.8	0.029 6	0.034 8	0.039 5	0.043 9	0.047 9	0.051 6	0.064 5	0.071 7	0.075 3	0.077 3	0.079 6
4.0	0.027 0	0.031 8	0.036 2	0.040 3	0.044 1	0.047 4	0.060 3	0.067 4	0.071 2	0.073 3	0.075 8
4.2	0.024 7	0.029 1	0.033 3	0.037 1	0.040 7	0.043 9	0.056 3	0.063 4	0.067 4	0.069 6	0.072 4
4.4	0.022 7	0.026 8	0.030 6	0.034 3	0.037 6	0.040 7	0.052 7	0.059 7	0.063 9	0.066 2	0.069 6
4.6	0.020 9	0.024 7	0.028 3	0.031 7	0.034 8	0.037 8	0.049 3	0.056 4	0.060 6	0.063 0	0.066 3
4.8	0.019 3	0.022 9	0.026 2	0.029 4	0.032 4	0.035 2	0.046 3	0.053 3	0.057 6	0.060 1	0.063 5
5.0	0.017 9	0.021 2	0.024 3	0.027 4	0.030 2	0.032 8	0.043 5	0.050 4	0.054 7	0.057 3	0.061 0
6.0	0.012 7	0.015 1	0.017 4	0.019 6	0.021 8	0.023 3	0.032 5	0.038 8	0.043 1	0.046 0	0.050 6
7.0	0.009 4	0.011 2	0.013 0	0.014 7	0.016 4	0.018 0	0.025 1	0.030 6	0.034 6	0.037 6	0.042 8
8.0	0.007 3	0.008 7	0.010 1	0.011 4	0.012 7	0.014 0	0.019 8	0.024 6	0.028 3	0.031 1	0.036 7
9.0	0.005 8	0.006 9	0.008 0	0.009 1	0.010 2	0.011 2	0.016 1	0.020 2	0.023 5	0.026 2	0.031 9
10.0	0.004 7	0.005 6	0.006 5	0.007 4	0.008 3	0.009 2	0.013 2	0.016 7	0.019 8	0.022 2	0.028 0

(2)竖向均布荷载作用任意点下的附加应力。对于计算点不位于角点下的情况，可利用式(3-15)用角点法和叠加原理求得。如图 3-14 所示，若要求解地基中任意点 o 下的附加应力，可通过 o 点将荷载面积划分为若干矩形面积，使 o 点处于划分的这若干个矩形面积的共同角点上，再按式(3-15)计算每个矩形角点下同一深度 z 处的附加应力，并求其代数和。四种情况分别如下：

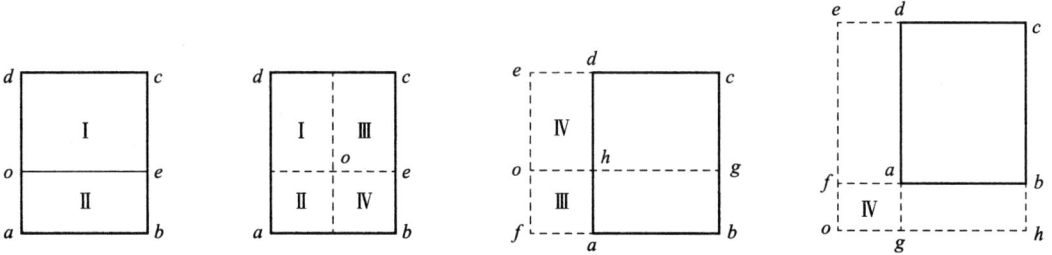

图 3-14　角点法计算均布矩形荷载下地基附加应力

1)o 点在荷载面边缘，$\sigma_z = (\alpha_{cI} + \alpha_{cII})p_0$。

2)o 点在荷载面内，$\sigma_z = (\alpha_{cI} + \alpha_{cII} + \alpha_{cIII} + \alpha_{cIV})p_0$。

3)o 点在荷载面边缘外侧，$\sigma_z = (\alpha_{cI} + \alpha_{cIII} - \alpha_{cII} - \alpha_{cIV})p_0$。

4)o 点在荷载面角点外侧，$\sigma_z = (\alpha_{cI} - \alpha_{cII} - \alpha_{cIII} + \alpha_{cIV})p_0$。

应用角点法的注意事项如下：

1)必须使角点成为所划分各矩形的公共角点；

2)划分矩形的总面积等于原有的受荷面积；

3)查表时，所有分块都是长边为 L，短边为 b。

【**例 3-3**】　今有均布荷载 $p_0 = 100$ kPa，荷载面积为 $L \times b = 2$ m $\times 1$ m，如图 3-15 所示，求荷载面积上角点 A、边点 E、中心点 O 及荷载面积外 F 点和 G 点等各点下 $z = 1$ m 深度处的附加应力，并利用计算结果说明附加应力的扩散规律。

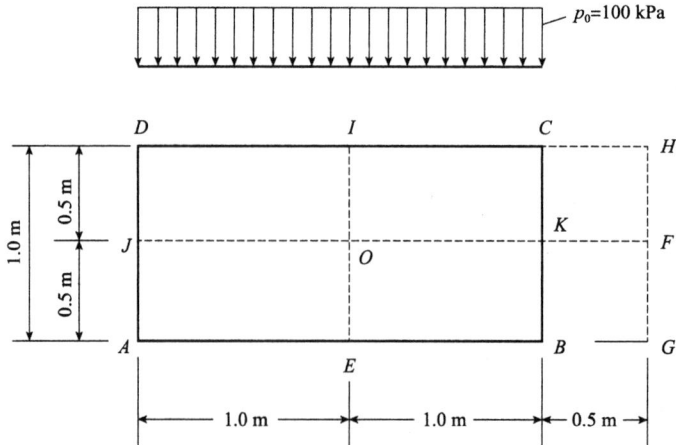

图 3-15　例 3-3 图

解： ①A 点下的附加应力。A 点是矩形 $ABCD$ 的角点，且 $m=L/b=2/1=2$；$n=z/b=1/1=1$，查表 3-1 得 $\alpha_c=0.199\,9$，故

$$\sigma_{zA}=\alpha_c \cdot p_0=0.199\,9\times100=20(\text{kPa})$$

②E 点下的附加应力。通过 E 点将矩形荷载面积划分为两个相等的矩形 $EADI$ 和 $EBCI$。求 $EADI$ 的角点应力系数 α_c：

$$m=L/b=1/1=1;\ n=z/b=1/1=1$$

查表 3-1 得 $\alpha_c=0.175\,2$，故

$$\sigma_{zE}=2\alpha_c \cdot p_0=2\times0.175\,2\times100=35(\text{kPa})$$

③O 点下的附加应力。通过 O 点将原矩形面积分为 4 个相等的矩形 $OEAJ$、$OJDI$、$OICK$ 和 $OKBE$。求 $OEAJ$ 角点的附加应力系数 α_c：

$$m=L/b=1/0.5=2;\ n=z/b=1/0.5=2$$

查表 3-1 得 $\alpha_c=0.120\,2$，故

$$\sigma_{zO}=4\alpha_c \cdot p_0=4\times0.120\,2\times100=48.1(\text{kPa})$$

④F 点下附加应力 a 过 F 点作矩形 $FGAJ$、$FJDH$、$FGBK$ 和 $FKCH$。假设 α_{cI} 为矩形 $FGAJ$ 和 $FJDH$ 的角点应力系数；α_{cII} 为矩形 $FGBK$ 和 $FKCH$ 的角点应力系数。

求 α_{cI}：$\qquad\qquad m=L/b=2.5/0.5=5$；$n=z/b=1/0.5=2$

查表 3-1 得 $\alpha_{cI}=0.136\,3$。

求 α_{cII}：$\qquad\qquad m=L/b=0.5/0.5=1$；$n=z/b=1/0.5=2$

查表 3-1 得 $\alpha_{cII}=0.084\,0$。

故 $\qquad\sigma_{zF}=2(\alpha_{cI}-\alpha_{cII})p_0=2(0.136\,3-0.084\,0)\times100=10.5(\text{kPa})$

⑤G 点下附加应力。通过 G 点作矩形 $GADH$ 和 $GBCH$ 分别求出它们的角点应力系数 α_{cI} 和 α_{cII}。

求 α_{cI}：$\qquad\qquad m=L/b=2.5/1=2.5$；$n=z/b=1/1=1$

查表 3-1 得 $\alpha_{cI}=0.201\,6$。

求 α_{cII}：$\qquad\qquad m=L/b=1/0.5=2$；$n=z/b=1/0.5=2$

查表 3-1 得 $\alpha_{cII}=0.120\,2$。

故 $\qquad\sigma_{zG}=(\alpha_{cI}-\alpha_{cII})p_0=(0.201\,6-0.120\,2)\times100=8.1(\text{kPa})$

将计算结果绘成图 3-16。从图中可以看出，在矩形面积受均布荷载作用时，不仅在受荷面积垂直下方的范围内产生附加应力，而且在荷载面积以外的地基土中（F、G 点下方）也会产生附加应力。另外，在地基中同一深度处（如 $z=1$ m），离受荷面积中线越远的点，其 σ_z 值越小，矩形面积中点处 σ_{zO} 最大。将中点 O 下和 F 点下不同深度的 σ_z 求出并绘制成曲线，如图 3-16(b)所示。本例题的计算结果证实了上面所述的地基中附加应力的扩散规律。

2. 竖向三角形分布荷载作用下角点下的附加应力

对于单向偏心受压基础，基底附加压力一般呈梯形分布，此时可将梯形分布分解为均匀分布和三角形分布的叠加进行计算。

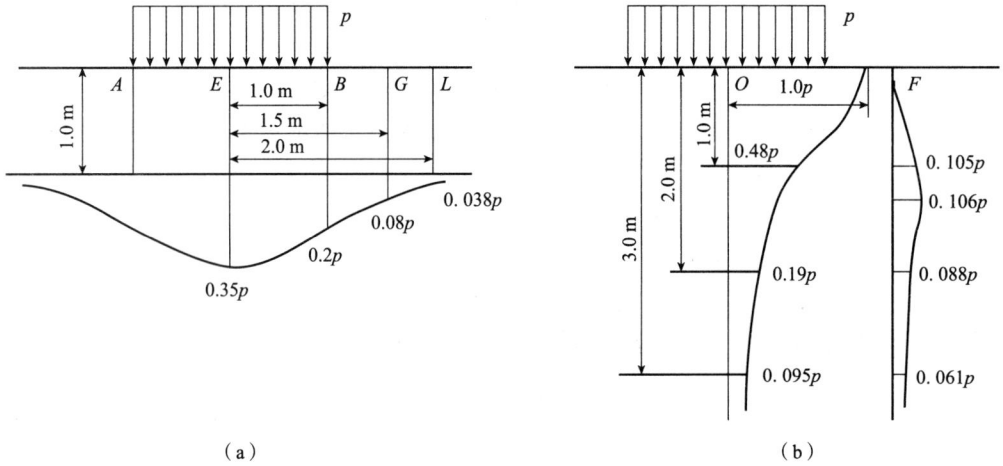

（a）   （b）

图 3-16 例 3-3 计算结果

（a）中点 O 下 σ_z；（b）F 点下 σ_z

如图 3-17 所示，将坐标原点 O 建立在荷载强度为零的一个角点上，荷载为零的角点记作 1 角点，荷载为 p_0 的角点记作 2 角点，则 1 角点下 z 深度处的竖向附加应力为

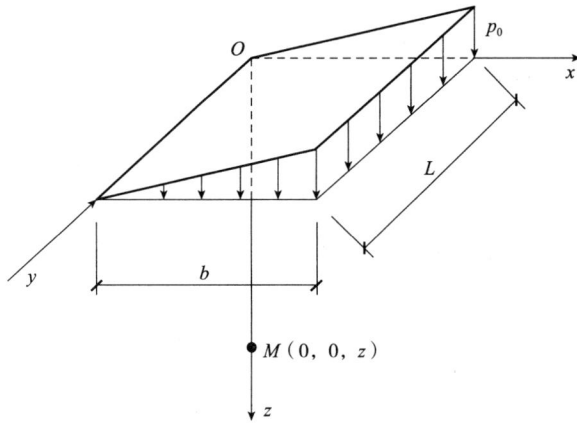

图 3-17 矩形面积上三角形分布荷载作用时角点下的附加应力计算

$$\sigma_z = \alpha_{t1} \cdot p_0 \tag{3-16}$$

式中 α_{t1}——1 角点下的竖向附加应力系数，按下式计算或由 $m = \dfrac{L}{b}$、$n = \dfrac{z}{b}$ 查表 3-2 求得（b 为沿三角形分布荷载方向的边长）：

$$\alpha_{t1} = \frac{n \cdot m}{2\pi}\left[\frac{1}{\sqrt{n^2+m^2}} - \frac{m^2}{(1+m^2)\sqrt{1+n^2+m^2}}\right] \tag{3-17}$$

同理，可求得荷载最大值边角点 2 下深度 z 处的竖向附加应力为

$$\sigma_z = (\alpha_c - \alpha_{t1}) = \alpha_{t2} \cdot p_0 \tag{3-18}$$

式中 α_{t2}——2 角点下的竖向附加应力系数。

表 3-2 矩形面积上竖直三角形分布荷载作用下的附加应力系数 α_{t1}、α_{t2}

z/b	L/b 0.2		L/b 0.4		L/b 0.6		L/b 0.8		L/b 1.0	
	1点	2点	1点	2点	1点	2点	1点	2点	1点	2点
0.0	0.000 0	0.250 0	0.000 0	0.250 0	0.000 0	0.250 0	0.000 0	0.250 0	0.000 0	0.250 0
0.2	0.022 3	0.182 1	0.028 0	0.211 5	0.029 6	0.216 5	0.030 1	0.217 8	0.030 4	0.218 2
0.4	0.026 9	0.109 4	0.042 0	0.160 4	0.048 7	0.178 1	0.051 7	0.184 4	0.053 1	0.187 0
0.6	0.025 9	0.070 0	0.044 8	0.116 5	0.056 0	0.140 5	0.062 1	0.152 0	0.065 4	0.157 5
0.8	0.023 2	0.048 0	0.042 1	0.085 3	0.055 3	0.109 3	0.063 7	0.123 2	0.068 8	0.131 1
1.0	0.020 1	0.034 6	0.037 5	0.063 8	0.050 8	0.080 5	0.060 2	0.099 6	0.066 6	0.108 6
1.2	0.017 1	0.026 0	0.032 4	0.049 1	0.045 0	0.067 3	0.054 6	0.080 7	0.061 5	0.090 1
1.4	0.014 5	0.020 2	0.027 8	0.038 6	0.039 2	0.054 0	0.048 3	0.066 1	0.055 4	0.075 1
1.6	0.012 3	0.016 0	0.023 8	0.031 0	0.033 9	0.044 0	0.042 4	0.054 7	0.049 2	0.062 8
1.8	0.010 5	0.013 0	0.020 4	0.025 4	0.029 4	0.036 3	0.037 1	0.045 7	0.043 5	0.053 4
2.0	0.009 0	0.010 8	0.017 6	0.021 1	0.025 5	0.030 4	0.032 4	0.038 7	0.038 4	0.045 6
2.5	0.006 3	0.007 2	0.012 5	0.014 0	0.018 3	0.020 5	0.023 6	0.026 5	0.028 4	0.031 8
3.0	0.004 6	0.005 1	0.009 2	0.010 0	0.013 5	0.014 8	0.017 6	0.019 2	0.021 4	0.023 3
5.0	0.001 8	0.001 9	0.003 6	0.003 8	0.005 4	0.005 6	0.007 1	0.007 4	0.008 8	0.009 1
7.0	0.000 9	0.001 0	0.001 9	0.001 9	0.002 8	0.002 9	0.003 8	0.003 8	0.004 7	0.004 7
10.0	0.000 5	0.000 4	0.000 9	0.001 0	0.001 4	0.001 4	0.001 9	0.001 9	0.002 3	0.002 4

续表

z/b	L/b 1.2		1.4		1.6		1.8		2.0	
	1点	2点	1点	2点	1点	2点	1点	2点	1点	2点
0.0	0.000 0	0.250 0	0.000 0	0.250 0	0.000 0	0.250 0	0.000 0	0.250 0	0.000 0	0.250 0
0.2	0.030 5	0.218 4	0.030 5	0.218 5	0.030 6	0.218 5	0.030 6	0.218 5	0.030 6	0.218 5
0.4	0.053 9	0.188 1	0.054 3	0.188 6	0.054 5	0.188 9	0.054 6	0.189 1	0.054 7	0.189 2
0.6	0.067 3	0.160 2	0.068 4	0.161 6	0.069 0	0.162 5	0.069 4	0.163 0	0.069 6	0.163 3
0.8	0.072 0	0.135 5	0.073 9	0.138 1	0.075 1	0.139 6	0.075 9	0.140 5	0.076 4	0.141 2
1.0	0.070 8	0.114 3	0.073 5	0.117 6	0.075 3	0.120 2	0.076 6	0.121 5	0.077 4	0.122 5
1.2	0.066 4	0.096 2	0.069 8	0.100 7	0.072 1	0.103 7	0.073 8	0.105 5	0.074 9	0.106 9
1.4	0.060 6	0.081 7	0.064 4	0.086 4	0.067 2	0.089 7	0.069 2	0.092 1	0.070 7	0.093 7
1.6	0.054 5	0.069 6	0.058 6	0.074 3	0.061 6	0.078 0	0.063 9	0.080 6	0.065 6	0.082 6
1.8	0.048 7	0.059 6	0.052 8	0.064 4	0.056 0	0.068 1	0.058 5	0.070 9	0.060 4	0.073 0
2.0	0.043 4	0.051 3	0.047 4	0.056 0	0.050 7	0.059 6	0.053 3	0.062 5	0.055 3	0.064 9
2.5	0.032 6	0.036 5	0.036 2	0.040 5	0.039 3	0.044 0	0.041 9	0.046 9	0.044 0	0.049 1
3.0	0.024 9	0.027 0	0.028 0	0.030 3	0.030 7	0.033 3	0.033 1	0.035 9	0.035 2	0.038 0
5.0	0.010 4	0.010 8	0.012 0	0.012 3	0.013 5	0.013 9	0.014 8	0.015 4	0.016 1	0.016 7
7.0	0.005 6	0.005 6	0.006 4	0.006 6	0.007 3	0.007 4	0.008 1	0.008 3	0.008 9	0.009 1
10.0	0.002 8	0.002 8	0.003 3	0.003 2	0.003 7	0.003 7	0.004 1	0.004 2	0.004 6	0.004 6

续表

z/b	L/b									
---	3.0		4.0		6.0		8.0		10.0	
	1点	2点	1点	2点	1点	2点	1点	2点	1点	2点
0.0	0.000 0	0.250 0	0.000 0	0.250 0	0.000 0	0.250 0	0.000 0	0.250 0	0.000 0	0.250 0
0.2	0.030 6	0.218 6	0.030 6	0.218 6	0.030 6	0.218 6	0.030 6	0.218 6	0.030 6	0.218 6
0.4	0.054 8	0.189 4	0.054 9	0.189 4	0.054 9	0.189 4	0.054 9	0.189 4	0.054 9	0.189 4
0.6	0.070 1	0.163 8	0.070 2	0.163 9	0.070 2	0.164 0	0.070 2	0.164 0	0.070 2	0.164 0
0.8	0.077 3	0.142 3	0.077 6	0.142 4	0.077 6	0.142 6	0.077 6	0.142 6	0.077 6	0.142 6
1.0	0.079 0	0.124 4	0.079 4	0.124 8	0.079 5	0.125 0	0.079 6	0.125 0	0.079 6	0.125 0
1.2	0.077 4	0.109 6	0.077 9	0.110 3	0.078 2	0.110 5	0.078 3	0.110 5	0.078 3	0.110 5
1.4	0.073 9	0.097 3	0.074 8	0.098 6	0.075 2	0.098 6	0.075 2	0.098 7	0.075 3	0.098 7
1.6	0.069 7	0.087 0	0.070 8	0.088 2	0.071 4	0.088 7	0.071 5	0.088 8	0.071 5	0.088 9
1.8	0.065 2	0.078 2	0.066 6	0.079 7	0.067 3	0.080 5	0.067 5	0.080 6	0.067 5	0.080 8
2.0	0.060 7	0.070 7	0.062 4	0.072 6	0.063 4	0.073 4	0.063 6	0.073 6	0.063 6	0.073 8
2.5	0.050 4	0.055 9	0.052 9	0.058 5	0.054 3	0.060 1	0.054 7	0.060 4	0.054 8	0.060 5
3.0	0.041 9	0.045 1	0.044 9	0.048 2	0.046 9	0.050 4	0.047 4	0.050 9	0.047 6	0.051 1
5.0	0.021 4	0.022 1	0.024 8	0.025 6	0.025 3	0.029 0	0.029 6	0.030 3	0.030 1	0.030 9
7.0	0.012 4	0.012 6	0.015 2	0.015 4	0.018 6	0.019 0	0.020 4	0.020 7	0.021 2	0.021 6
10.0	0.006 6	0.006 6	0.008 4	0.008 3	0.011 1	0.011 1	0.012 3	0.013 0	0.013 9	0.014 1

3. 条形基础底面受竖向荷载作用时地基中附加应力

(1)竖向均布荷载作用下的附加应力。如图 3-18 所示,条形基础基底附加压力为均布荷载 p_0,则地基中任意点 M 处的竖向附加应力为

$$\sigma_z = \alpha_{sz} \cdot p_0 \qquad (3\text{-}19)$$

式中 α_{sz}——条形均布荷载作用下的竖向附加应力系数,按下式计算或由 $m = \dfrac{L}{b}$、$n = \dfrac{z}{b}$ 查表 3-3 求得:

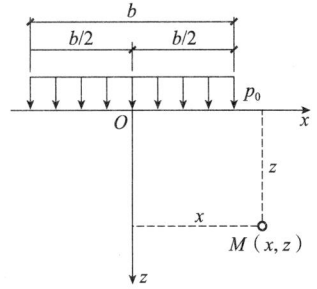

图 3-18 条形均布荷载作用下的附加应力

$$\sigma_{sz} = \frac{1}{\pi} \left[\arctan \frac{1-2n}{2m} + \arctan \frac{1+2n}{2m} - \frac{4m(4n^2-4m^2-1)}{(4n^2+4m^2-1)^2+16m^2} \right] \qquad (3\text{-}20)$$

表 3-3 竖向条形均布荷载作用下土的竖向附加应力系数 α_{sz}

$m = z/b$	$n = x/b$					
	0.00	0.25	0.50	1.00	1.50	2.00
0.00	1.00	1.00	0.50	0.00	0.00	0.00
0.25	0.96	0.90	0.50	0.02	0.00	0.00
0.50	0.82	0.74	0.48	0.08	0.02	0.00
0.75	0.67	0.61	0.45	0.15	0.04	0.02
1.00	0.55	0.51	0.41	0.19	0.07	0.03
1.25	0.46	0.44	0.37	0.20	0.10	0.04
1.50	0.40	0.38	0.33	0.21	0.11	0.06
1.75	0.35	0.34	0.30	0.21	0.13	0.07
2.00	0.31	0.31	0.28	0.20	0.14	0.08
3.00	0.21	0.21	0.20	0.17	0.13	0.10
4.00	0.16	0.16	0.15	0.14	0.12	0.10
5.00	0.13	0.13	0.12	0.12	0.11	0.09
6.00	0.11	0.10	0.10	0.10	0.10	—

(2)竖向三角形分布条形荷载作用下的附加应力。如图 3-19 所示,条形基础基底附加应力为三角形分布,若将坐标原点 O 定在条形基础底面中点,x 坐标以指向荷载增大方向为正,则地基中任意点 M 处的竖向附加应力为

$$\sigma_z = \alpha_{sz} \cdot p_0 \qquad (3\text{-}21)$$

式中 α_{sz}——三角形分布条形荷载作用下的竖向附加应力系数,由 $m = \dfrac{L}{b}$、$n = \dfrac{z}{b}$ 查表 3-4 求得。

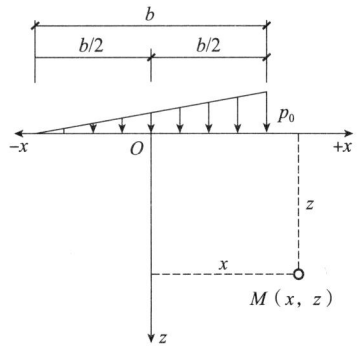

图 3-19 三角形分布条形荷载作用下的附加应力

表 3-4　三角形分布条形荷载作用下竖向附加应力系数 α_z

z/b ＼ x/b	−1.00	−0.50	0.00	0.50	1.00	1.50	2.00
0.00	0.000	0.000	0.000	0.500	0.500	0.000	0.000
0.25	0.000	0.001	0.075	0.480	0.424	0.015	0.003
0.50	0.003	0.023	0.127	0.410	0.353	0.056	0.017
0.75	0.016	0.042	0.153	0.335	0.293	0.108	0.024
1.00	0.025	0.061	0.159	0.275	0.241	0.129	0.045
1.50	0.048	0.096	0.145	0.200	0.185	0.124	0.062
2.00	0.061	0.092	0.127	0.155	0.153	0.108	0.069
3.00	0.064	0.080	0.096	0.104	0.104	0.090	0.071
4.00	0.060	0.067	0.075	0.085	0.075	0.073	0.060
5.00	0.052	0.057	0.059	0.063	0.065	0.061	0.051

本章小结

　　土体属于一种特殊的建筑材料，在受到外力的影响时，其内部的应力状态会发生变化，容易造成土体的变形甚至失稳。为了对建筑物地基基础的承载力、沉降以及稳定性进行分析，必须在建筑之前和建筑之后，对土体当中的应力状态及其分布及其他的变化趋势进行了解。

　　学习本章的目的，是掌握土中的应力状态，能进行土的强度、变形和稳定性验算。一般来说，地基土的体量和自重比较大，自重荷载引起的应力较大，不能忽略；由外部荷载和外部作用引起的应力状态变化，可能导致土体的变形和破坏，从而导致土体的变形和破坏，从而导致地基失稳、建筑倒塌、滑坡等事故。因此，获知不同荷载下地基的应力状态，是力学特性和工程性能分析的基础，是后续章节学习的基础。

　　所以，本章应掌握地基自重应力的概念、分布和计算方法；掌握基底压力、基底附加压力的概念及计算；掌握有效应力原理的概念；掌握地基附加应力的概念及分布规律；熟悉各种荷载条件下的地基附加应力计算；了解等代荷载法原理及应用；掌握角点法的原理及应用。

课后习题

1. 单选题

(1)地下水水位下降会引起自重应力（　　　　）。

A. 增大　　　　　　　　　　　　　　　B. 减小

C. 不变　　　　　　　　　　　　　　　D. 不能确定

(2)计算土中自重应力时，地下水水位以下的土层应采用(　　)。

A. 湿重度　　　　　　　　　　　　B. 饱和重度

C. 浮重度　　　　　　　　　　　　D. 天然重度

(3)计算地基附加应力采用的外荷载为(　　)。

A. 基底压力　　　　　　　　　　　B. 基底附加压力

C. 地基压力　　　　　　　　　　　D. 地基净反力

(4)条形均布荷载下深度一定时，随着离基底中轴线距离的增大，地基中竖向附加应力(　　)。

A. 增大　　　　　　　　　　　　　B. 减小

C. 不变　　　　　　　　　　　　　D. 先减小后增大

(5)在单向偏心荷载作用下，若基底反力呈梯形分布，则偏心距与矩形基础长度的关系为(　　)。

A. $e>L/3$　　　　　　　　　　　B. $e=L/6$

C. $e<L/6$　　　　　　　　　　　D. $e>L/6$

2. 计算题

(1)某建筑场地的底层分布均匀，第一层杂填土厚为 1.5 m，$\gamma=17$ kN/m³；第二层粉质黏土厚为 4 m，$\gamma=19$ kN/m³，$d_s=2.73$，$w=31\%$，地下水水位在地面下 2 m 处；第三层淤泥质黏土厚为 8 m，$\gamma=18.3$ kN/m³，$d_s=2.74$，$w=41\%$；第四层粉土厚为 3 m，$\gamma=19.5$ kN/m³，$d_s=2.72$，$w=27\%$；第五层为砂岩。试计算各层交界面处的竖向自重应力 σ_z，并绘制出 σ_z 沿深度分布图。

(2)如图 3-20 所示，已知基础底面宽度 $b=4$ m，长度 $L=10$ m。作用在基础底面中心处的竖直荷载 $F=4\,200$ kN，弯矩 $M=1\,800$ kN·m，试计算基础底面的压力分布。

(3)如图 3-21 所示，矩形面积 ABCD 的宽度为 5 m，长度为 10 m，其上作用均布荷载 $p=150$ kPa，试用角点法计算 G 点下深度为 6 m 处 M 点的竖向应力 σ_z 值。

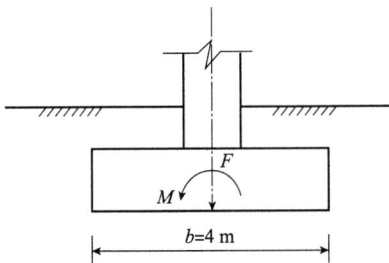

图 3-20　计算题(2)附图　　　　　图 3-21　计算题(3)附图

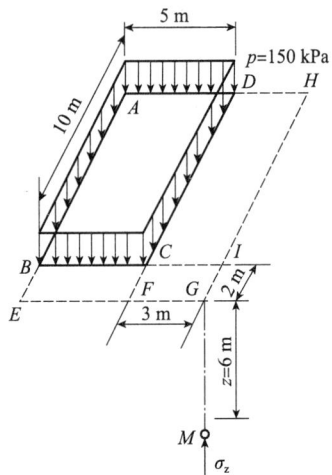

(4)有相邻两个基础,它们的尺寸和相对位置及基底压力分布如图 3-22 所示。试求基础 O 点下 2 m 深度处的竖向附加应力。

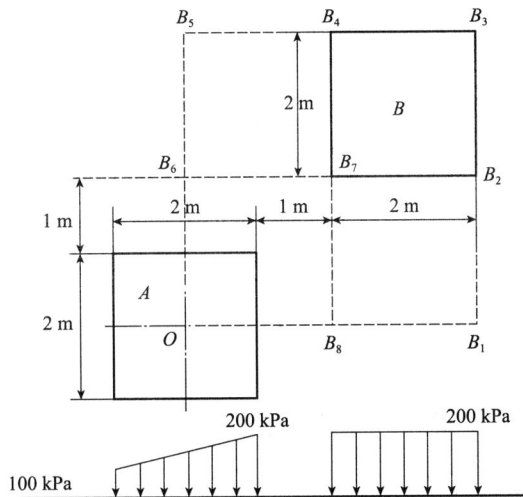

图 3-22 计算题(4)附图

趣闻杂谈 \\\

　　有的同学认为土力学中充斥着经验公式与经验系数,将土力学视为"伪科学"。但是,土力学及土工问题是不能要求其像其他力学那样精确的,所以,土力学是一门很"土"的力学。这主要是指土的性质复杂,分布难以确知,无论是多么美好的理论模型,其参数的不确定、不确知使我们难以精确地预知和精准地计算。但它既然是一门"力学",就要遵循力学的游戏规则,不能随意规定和破坏规则,正负号也是如此。谈到土力学上的正负号不禁令人想起《镜花缘》中的女儿国和君子国。秀才唐敖考场失意,意随妻兄林之洋出海做生意。先是来到女儿国,此地女儿穿靴戴帽,男人穿裙带花,女主外而男主内。林之洋被差役扭至皇宫,女皇见其貌美,欲纳其为贵妃;唐敖一行三人狼狈不堪,匆匆逃离。然后做生意到了君子国,当地民风淳朴,好让不易。见到街上在做买卖,一个兵丁买货说:"老兄如此高货,却讨这般低价,教小弟买去,如何能安!务求讲价加增,方好遵教。若再过谦,那是有意不肯赏光交易了。"卖货人答:"既承照顾,敢不仰体!但适才妄讨大价,已觉厚颜,不意老兄反说货高价廉,岂不更教小弟惭愧?"这种反向砍价的现象使人感觉角色错位。如果将土力学与经典力学的正负号搞混,就像去了一趟女儿国和君子国后就会角色错误一样。

　　《易传》中有"地势坤,君子以厚德载物"的名句,就是讲大地生发万物,承载万物,"厚德"即表明具有厚重的自重应力,"载物"就是说有它承载世间万物的附加压力。山川河谷、广袤平原,其中的岩土中都承载着自重应力和附加应力。土力学中狭义的自重应力与附加压力主要是指建筑物的地基中的两种应力,通常是指半无限空间中的竖向自重应力。但土工构造物、地下工程与崎岖山丘同样也存在复杂的自重应力与附加应力的问题。

　　土体附加应力不能简单地定义为由建筑物荷载引起的,基坑开挖(负的附加应力)、人工降水(正的附加应力)、地基土的干湿和温度变化、地震等外部作用也会引起地基中的附加应力。举两个关于自重应力和附加应力的例子。颐和园的万寿山是由开挖昆明湖的土填筑的，但是万寿山已经形成了几百年了，沉降早已稳定，目前也难分辨原位土与填筑土了，应当算是自重应力，甚至万寿山的山体也成为天然地貌的一部分，它的自重也构成了山体的自重应力。国家奥林匹克森林公园，也是挖池堆山，但是这里的填土产生的孔隙水压力恐怕还没有完全消散，沉降也没有稳定，不应算自重应力，应按附加应力考虑，以便预测其沉降与变形。

土的压缩性及地基沉降计算

1. 工程概况

某市一商住楼长为 65 m，宽为 11.9 m，层数为六层。房屋总高度为 22 m，底层为商店，二层以上为住宅，共四个单元，总建筑面积为 4 495 m²。基础形式按照荷载的不可而将它分为钢筋混凝土独立基础和刚性条形基础两种类型。刚性条形基础处设置地圈梁。基础埋深为 3.8 m。主体为砖混结构。楼盖和屋盖均为 120 mm 厚现浇板(图 4-1)。

图 4-1 某商住楼

2. 事故回放

该工程验收的过程中检测出来三单元楼体外墙有一条垂直的细小裂缝，相关的人员被要求对其加强观察，质监部门立即暂缓核定该工程质量等级。在之后的几个月时间里该裂缝没有显著的扩展状况出现，因此，批准了用户搬进去开始居住。然而一年之后裂缝部位开始恶化，开始不断地扩展，涉及建筑物的多个部位，如圈梁、墙体、楼面、屋顶、女儿墙等。鉴于工程裂缝继续加快加剧的情况，在第二年的年底由住建局及有关技术人员组成了裂缝事故小组，要求用户迅速搬离。同时，邀请省、市两级质监部门对该楼进行技术鉴定。沉降如下：

（1）地圈梁和底层连系梁多处裂缝，裂缝大部分是垂直裂缝，一小部分区段出现有斜裂缝。地圈梁裂缝宽度的范围是 0.1～10 mm，大多数贯穿地圈梁截面。连系梁裂缝宽度的范围是 0.15～10 mm，大部分已伸到梁高的 2/3 以上。

（2）内外墙裂缝比较多，各种形状的都有，如倒"八"字、垂直、斜向等，宽度范围为 0.5～10 mm。楼面面层起壳、楼板缝间开裂情况比较常见。

（3）因该楼室外回填土厚度达 3 m 左右，与此同时，楼房完成之后，其周遭的路段都被改造了，所以沉降观察点被重置了好几次，沉降观测数据只能是阶段性的非系统数据，导致其监测结果只能作为参考，不能作为依据来使用。

在分析了处在各个阶段的监测结果之后，发现这样的情况：建筑房屋两边沉降量较大，中间沉降量较小，南端沉降量较大点与中间沉降量较小点之间的沉降量差值为 200 mm 左右。

沉降影响的结构损坏如图 4-2 所示。

图 4-2 沉降影响的结构损坏

3. 原因分析

（1）勘察方面。设计和施工需要按照实际情况来进行，所以，工程地质勘察报告的作用就比较大。有了这样的报告才能对地基、土层性质、地下水和土工试验情况了解清楚，才能够使设计和实际更加吻合并符合设计要求。对该楼地基平面做分析之后发现，该平面上有三个厚度小于 20 m 的溶洞，洞中软黏土分布不均匀。做好岩溶地区的工程地质勘察，务必要了解有关溶洞的深度和分布区域，与此同时，检测出洞内土质的物理化学指标并探明地下水所处的状况。但是在这个楼房的地基压缩层内，以上的这些勘察要求都不能满足。根据现在具备的数据可以发现，较稳定的地基上覆层仅 2.5～4.8 m，下卧层为高压缩性软黏土，厚度大小不一，而且有些部分已经缺失，勘察没有准确地检测出溶洞边界线及软黏土的相关物理力学指标，为设计取值带来了不利因素。但是造成该建筑产生不均匀沉降的主要因素是厚薄不匀的软黏土的压缩沉降。

(2)设计方面。设计过程之中要是没有充分研究勘察资料，就无法准确地验算出建筑物地基下存在的软弱下卧层变形。设计方面的主要问题表现在：建筑物结构选型不够合理，建筑物纵向刚度没有达到相应的要求，以及在地基不均匀的状况下没有实时采取措施处理不均匀沉降。

(3)施工方面。为了避免出现地面堆载导致建筑物产生附加沉降的情况出现，要注意的是不要在小、轻型建筑物旁边放置很多像建筑材料、土方等重物。

(4)环境方面。在楼房竣工半年后，距离楼房南侧 6 m 因河道改造开挖了一条截面尺寸为 5.5 m×6 m 的小河，该河床底标高低于基础底标高 1.5 m 左右，河水位低于地下水水位。平时有地基中细小颗粒被水带走的现象，致使该楼在河道改建后短期内不均匀沉降现象迅速加剧，除此之外，建筑物竣工半年之后，由于周围的道路被改修，其四周被回填了 3 m 左右高度的填土，这样不仅加大基础的附加应力，而且还加快了地基的变形速度。

4. 事故总结

地基不均匀沉降而引起的房屋开裂现象是不容忽视的。这些裂缝不仅影响建筑物的美观，甚至给结构安全造成危害。如何准确地预测沉降量，并能够尽早采取相应的措施，显得尤为必要。

★理论知识

4.1　概　述

土的压缩性与地基沉降计算是土力学的重要内容之一。因为不少土工建筑物工程事故都是由于土的压缩性高或压缩性不均匀引起地基严重沉降或不均匀沉降造成的。

荷载通过基础、填方路基(路堤)或填方坝基(水坝)传递给地基，使天然土层原有的应力状态发生变化，基底压力的作用下使地基土产生了附加应力和竖向、侧向(或剪切)变形，导致建筑物或堤坝及其周边环境沉降和位移。沉降包括地基表面沉降(基础、路基或坝基的沉降)、基坑回弹、地基土分层沉降和周边场地沉降等；位移包括建筑物主体倾斜、堤坝的垂直和水平位移、基坑支护倾斜和周边场地滑坡等。在建筑物或堤坝修建时，天然地基早已存在着土体自重产生的自重应力。通常人们认为，地质年代长久的土体，其自身的变形已经完成。但对于第四纪全新世近期沉积的土(天然地基)、近期人工填土和换土垫层人工地基,还应考虑土中自重应力产生的地基变形。

一般情况下,地基土在其自重应力下已经压缩稳定。但是,当土工建筑物通过其基础将荷载传递给地基之后,将在地基中产生附加应力,这种附加应力会导致地基土体的变形,从而引起基础的沉降。如果地基土各部分的竖向变形不相同,则在基础的不同部位将会产生沉降差,使基础发生不均匀沉降。基础的沉降量或沉降差过大,常常影响土工建筑物的正常使用,甚至危及其安全。例如,2005年浙江省萧甬铁路牟山段近150 m长的铁轨路基突然整体下沉,形成一道近8 m深的裂谷,导致上海与宁波之间的铁路运输线暂时中断,近10趟上海前往宁波的列车受影响。又如,2009年杭州文晖路半道红桥的桥面路段,由于路基不均匀沉降导致自来水管错位,造成某所中学8间教室被淹,周边180多户居民停水7个多小时,并引发了21世纪以来杭州最大的堵车。

因此,研究地基土的压缩性和地基沉降,对于保证土工建筑物的正常使用、安全稳定、经济合理和环境保护都具有很大的意义。为了保证土工建筑物的安全和正常使用。基础的沉降量必须限制在保证土工建筑物安全的允许范围之内。这就要求在设计时,必须预先估计基础可能产生的最大沉降量和沉降差。如果此沉降量和沉降差在容许值范围之内,那么该建筑物或构筑物的安全和正常使用一般是有保证的;否则,必须采用相应的工程措施,如地基处理或修改设计,以确保土工建筑物的安全和正常使用。

4.2　土的压缩性及压缩性指标

4.2.1　土的压缩性

土体积的缩小,从土的组成来看,无外乎表现在以下三个方面:一是土颗粒的压缩变形;二是土体孔隙中的水和气的压缩变形;三是土孔隙中的水和气排出,导致土体孔隙的体积减小。试验研究表明,在一般压力荷载(100~600 kPa)作用下,土粒和水的压缩与总的压缩量之比很微小;而土孔隙中气体的压缩变形,只有在土的饱和度很高,气体以封闭的气泡形式出现时才会发生,但其变形量也很小,其压缩量一般忽略不计。这样完全可以将土的压缩看成土中孔隙体积的减少,即孔隙中的水和气体在压力作用下排出。与此同时,土粒调整位置、重新排列,土颗粒相互挤紧。因而,在研究和计算土在压力荷载作用下的压缩变形量时,可从孔隙体积随压力荷载的变化分析。由于土粒体积不变,孔隙比的改变就反映了孔隙体积的变化。所以,土的压缩性研究的是土孔隙比随荷载的变化情况。土体这种在荷载作用下体积缩小的特性称为土的压缩性。

地基产生变形是因为土体具有可压缩的性能,因此计算地基变形,首先要研究土的压缩性及通过压缩试验确定沉降计算所需的压缩性指标。

4.2.2　土的侧限压缩试验

1. 试验仪器

主要试验仪器为侧限压缩仪(固结仪),如图4-3所示。

2. 试验步骤

(1)用环刀切取原状土样,用天平称质量。

(2)将土样依次装入侧限压缩仪的容器:先装入下透水石再将试样装入侧限铜环(护环),形成侧限条件;然后加上透水石和加压板,安装测微计并调零。

(3)加上杠杆,粉籍施加竖向压力 p_i。一般工程压力等级可为 25 kPa、50 kPa、100 kPa、200 kPa、400 kPa、800 kPa。

(4)用测微计(百分表)按一定时间间隔测记每级荷载施加后的读数。

(5)计算每级压力稳定后试验的孔隙比 e_i。

3. 试验结果

若试验前试样的横截面面积为 A,土样的原始

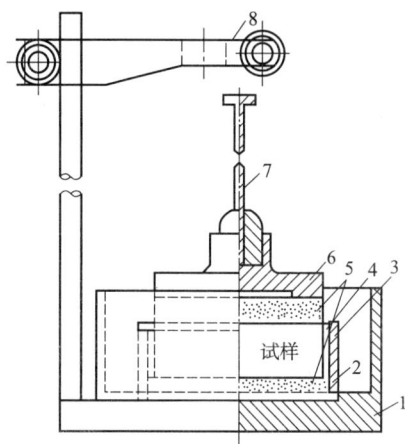

图 4-3　侧限压缩仪

1—水槽;2—护环;3—坚固圈;4—环刀;
5—透水石;6—加压上盖;7—量表导杆;
8—量表架

高度为 H_0,原始孔隙比为 e_0,在荷载 p_i 作用下,土样的压缩量为 ΔH_i,土样高度由 H_0 减至 $H_i = H_0 - \Delta H_i$,相应的孔隙比由 e_0 减至 e_i,如图 4-4 所示。

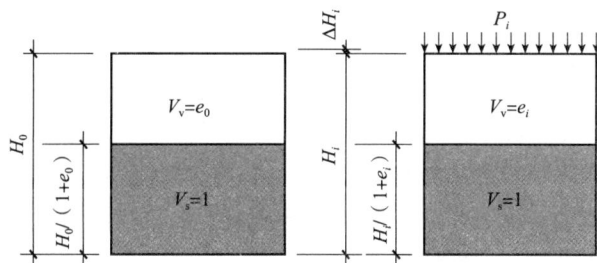

图 4-4　侧限条件下土样孔隙比的变化

由于土样压缩时不可能发生侧向膨胀,故压缩前后土样的横截面面积不变。压缩过程中土粒体积也是不变的,因此,加压前土粒体积 $\dfrac{AH_0}{1+e_0}$ 等于加压后土粒体积 $\dfrac{AH_i}{1+e_i}$,即

$$\frac{AH_0}{1+e_0} = \frac{A(H_0 - \Delta H_i)}{1+e_i} \tag{4-1a}$$

整理得

$$\frac{\Delta H_i}{H_0} = \frac{e_0 - e_i}{1+e_0} \tag{4-1b}$$

从而

$$\Delta H_i = \frac{e_0 - e_i}{1+e_0} H_0 \tag{4-1c}$$

或

$$e_i = e_0 - \frac{\Delta H_i}{H_0}(1+e_0) \tag{4-2}$$

式中，e_0 与 H_0 值已知，ΔH_i 可由百分表测得，求得各级压力下的孔隙比后(一般为 3～5 级荷载)，以纵坐标表示孔隙比，以横坐标表示压力，便可根据压缩试验成果绘制孔隙比与压力的关系曲线，称为压缩曲线，如图 4-5 所示。

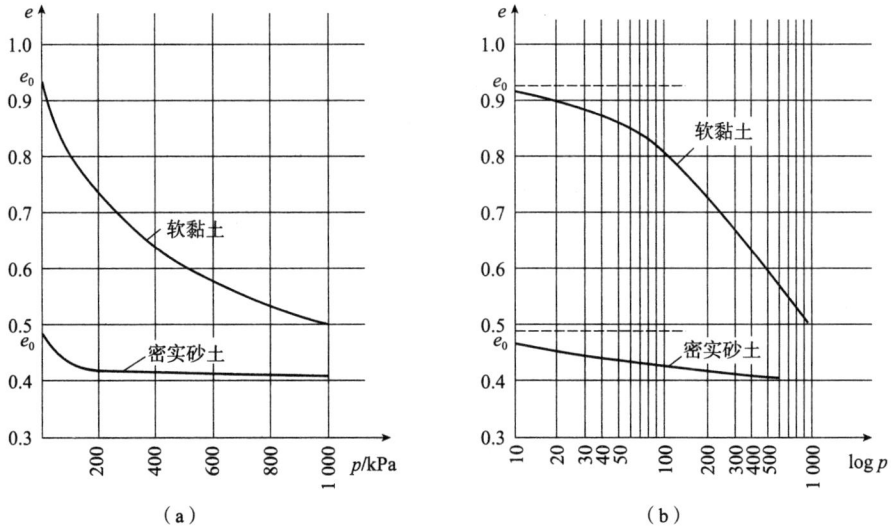

（a） （b）

图 4-5　土的压缩曲线

(a)e-p 曲线；(b)e-log$p$ 曲线

从压缩曲线的形状可以看出，压力较小时曲线较陡；随压力逐渐增加，曲线逐渐变缓。这说明土在压力增量不变情况下进行压缩时，压缩变形的增量是递减的。这是因为在侧限条件下，开始加压时接触不稳定的土粒首先发生位移，孔隙体积减小得很快，因而曲线的斜率比较大。随着压力的增加，进一步的压缩主要是孔隙中水与气体的挤出，当水与气体不再被挤出时，土的压缩就逐渐停止，曲线逐渐趋于平缓。

4.2.3　侧限压缩性指标

通过室内侧限压缩试验得到的侧限压缩性指标有压缩系数、压缩指数、压缩模量等，用于分析土的压缩性和计算地基的变形。

1. 压缩系数

由图 4-6 可见，在压缩曲线上，当压力的变化范围不大时，可将压缩曲线上相应的一小段 M_1M_2 近似地用直线来代替。若 M_1 点的压力为 p_1，相应孔隙比为 e_1，M_2 点的压力为 p_2，相应孔隙比为 e_2，则 M_1M_2 段的负斜率 a 可用下式表示：

$$a=-\frac{\mathrm{d}e}{\mathrm{d}p}=\frac{\Delta e}{\Delta p}=\frac{e_1-e_2}{p_2-p_1} \tag{4-3}$$

式(4-3)是土的力学性质的基本定律之一，称为压缩定律。负斜率 a 称为压缩系数，常用的单位为 MPa^{-1}。

压缩系数是表示土的压缩性大小的主要指标，a 值越大，表明在某压力变化范围内孔隙比减少得越多，压缩性就越高。但由图 4-6 中可以看出，同一种土的压缩系数并不是常数，而是随所取压力变化范围的不同而改变。因此，评价不同类型和状态的土的压缩性大小时，必须以同一压力变化范围来比较。在工程实践中，通常采用 $p_1=0.1$ MPa、$p_2=0.2$ MPa 时相应的压缩系数作为判断土的压缩性的标准，记为 a_{1-2}。

低压缩性土：$a_{1-2}<0.1$ MPa^{-1}。

中等压缩性土：0.1 MPa$^{-1}\leqslant a_{1-2}<0.5$ MPa^{-1}。

高压缩性土：$a_{1-2}\geqslant 0.5$ MPa^{-1}。

2. 压缩指数

目前还常用压缩指数 C_c 评价土的压缩性和计算地基变形。它是通过压缩试验求得不同压力下的孔隙比 e 值，将压缩曲线的横坐标用对数坐标表示，纵坐标轴不变(图 4-7)，在 e-$\log p$ 曲线中，它的后段接近直线，用直线段的斜率作为土的压缩指数 C_c，即

$$C_c=\frac{e_1-e_2}{\log p_2-\log p_1} \tag{4-4}$$

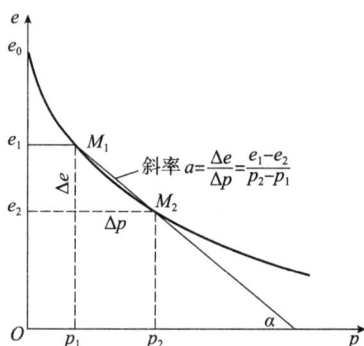

图 4-6　根据 e-p 曲线确定压缩系数 a　　　图 4-7　根据 e-$\log p$ 曲线确定压缩指数 C_c

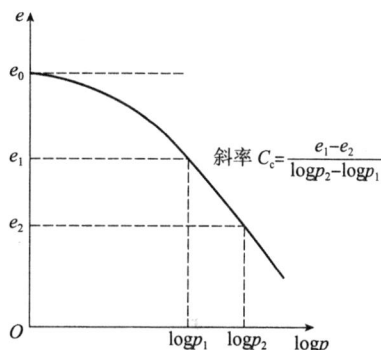

试验证明，e-$\log p$ 曲线在很大范围内是一条直线，故压缩指数 C_c 值是比较稳定的数值，不像压缩系数 a 是随压力变化范围而变化的，一般黏性土的 C_c 值多数为 $0.1\sim1.0$，C_c 值越大，土的压缩性越高。一般认为 $C_c<0.2$ 时，为低压缩性土；$C_c=0.2\sim0.4$ 时，属中压缩性土；$C_c>0.4$ 时，属高压缩性土。国内外广泛采用 e-$\log p$ 曲线来分析应力对土的压缩性的影响。

对于正常固结的黏性土，压缩系数和压缩指数之间，存在如下关系：

$$C_c=\frac{a(p_2-p_1)}{\log p_2-\log p_1} \quad 或 \quad a=\frac{C_c}{p_2-p_1}\log\frac{p_2}{p_1}$$

3. 压缩模量

压缩试验除求得压缩系数 a 和压缩指数 C_c 外，还可求得另一个常用的压缩性指标——压缩模量 E_s。E_s 是指土在完全侧限条件下，竖向附加应力 σ_z 与相应的应变 ε_z 之间的比值，即

$$E_s=\frac{\sigma_z}{\varepsilon_z} \tag{4-5}$$

如图 4-8 所示，土样在侧限条件下压力从 p_1 增加到 p_2，所以

$$\sigma_z=p_2-p_1$$

$$\varepsilon_z = \frac{\Delta H}{H_1} = \frac{e_1 - e_2}{1 + e_1}$$

故压缩模量 E_s 为

$$E_s = \frac{p_2 - p_1}{e_1 - e_2}(1 + e_1)$$

压缩模量 E_s 与压缩系数 a 之关系为

$$E_s = \frac{1 + e_1}{a} \tag{4-6}$$

式中　a——压力从 p_1 增加至 p_2 时的压缩系数；

　　　e_1——压力为 p_1 时对应的孔隙比。

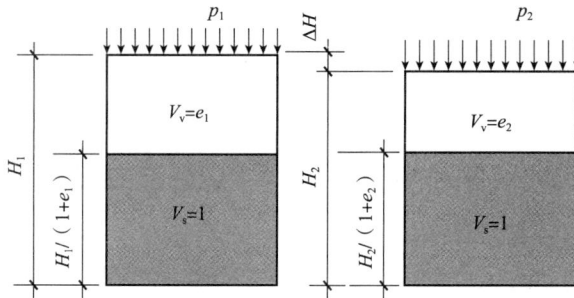

图 4-8　侧限条件下土样高度变化与孔隙比变化的关系

土的压缩模量是反映土的特性的一个重要指标。压缩模量 E_s 越大，土的压缩性越小；反之，土的压缩性越高。参照压缩系数评价土的压缩性的高低，一般认为，$E_{s,1-2} < 4$ MPa 时为高压缩性土，$E_{s,1-2} > 16$ MPa 时为低压缩性土，4 MPa$\leqslant E_{s,1-2} \leqslant 16$ MPa 为中压缩性土。

4.3　地基最终沉降量计算

计算地基最终沉降量的目的是在建筑设计中预估其建成后将产生的最终沉降量、沉降差、倾斜和局部倾斜，以判断地基变形值是否超过上部结构的允许范围，以便在建筑物设计时，为采取相应的工程措施提供科学依据，保证建筑物的安全。

产生基础沉降的主要原因有两个方面：一是结构主体荷载在地基中产生的附加应力；二是土的压缩特性。无论是复杂的或是简单的计算方法，最关键的是必须正确掌握土的应力—应变特性和它的变形指标。土是一种十分复杂的材料，土的应力—应变关系受到多种因素的制约，包括以下几个：

（1）土本身成因复杂，不是一种理想的弹性材料，在成分和结构上呈现不均匀性，即使同一种土也会有很大的差异；

（2）取样试验等人为因素产生扰动；

（3）地基土受力情况复杂，它不像上部结构梁、板、柱的荷载传递那样清楚；

（4）地基中的边界条件很模糊，有限的钻探勘察资料不可能把地质情况全部查明。

最终沉降量是指地基在荷载作用下沉降完全稳定后地基表面的沉降量。达到这一沉降量的时间取决于地基排水的条件。对于砂土，施工结束后就可以完成；对于黏性土，少则十几年，多则几十年乃至更长的时间。

4.3.1　分层总和法计算地基最终沉降量

基础的最终沉降量采用分层总和法计算时，将地基变形计算深度范围内划分为若干分层，分别求出分层的附加应力，然后用土的应力－应变关系式求出各分层的变形量，然后求其总和作为地基的最终沉降量。

计算中采用如下基本假定：

(1)地基土的每个分层为均匀、连续、各向同性弹性半空间的一部分，可应用弹性理论方法计算地基中的附加应力。

(2)采用基础中心点下的附加应力计算地基的变形量。

(3)地基土的变形条件假定为完全侧限条件，即在建筑物的荷载作用下，地基土层只产生竖向压缩变形，不产生侧向膨胀变形，因而，在沉降计算中，可应用实验室测定的完全侧限条件下压缩试验指标。

(4)沉降计算深度，理论上应计算至无限深。因扩散效应附加应力随深度而减小，工程上只要计算至某一深度(称为沉降计算深度或地基压缩层厚度)即可。受压层以下的土层附加应力很小，所产生的沉降量可忽略不计。若地基压缩层以下尚有软弱土层时，则应计算至软弱土层底部。

1. 计算原理

分层总和法计算基础的最终沉降量，是先将地基压缩层深度范围内的土分为若干水平土层，各土层厚度分别为 h_1，h_2，h_3，$\cdots$，h_n。计算每层土的压缩量 s_1，s_2，s_3，$\cdots$，s_n。然后求其总和，即

$$s = s_1 + s_2 + s_3 + \cdots + s_n = \sum_{i=1}^{n} s_i \tag{4-7}$$

式中　n——计算深度范围内土的分层数。

地基压缩层深度，是指自基础底面向下需要计算变形所达到的深度，该深度以下土层的变形值可忽略不计，也称地基变形计算深度。

若在基底中心下取一截面为 A 的小土柱，土柱上作用有自重应力和附加应力。假定第 i 层土柱在 p_{1i}(该位置处的自重应力)作用下，压缩稳定后的孔隙比为 e_{1i}，土柱高度为 h_i；当压力增大到 p_{2i}(自重应力与附加应力之和)时，压缩稳定后的孔隙比为 e_{2i}。按式(4-1c)可求得该土柱的压缩变形量 Δs_i 为

$$\Delta s_i = \frac{e_{1i} - e_{2i}}{1 + e_{1i}} h_i \tag{4-8}$$

根据土的压缩指标，公式可以转化为

$$\Delta s_i = \frac{a_i (p_{2i} - p_{1i})}{1 + e_{1i}} h_i \tag{4-9}$$

或

$$\Delta s_i = \frac{\bar{\sigma}_{zi}}{E_{si}} h_i \tag{4-10}$$

求得各土层的变形后，叠加可得到地基最终沉降量 s 为

$$s = \sum_{i=1}^{n} \Delta s_i \tag{4-11}$$

式(4-8)~式(4-10)都是分层总和法的常用计算公式。

式中　p_{1i}——作用在第 i 层土上的平均自重应力 $\bar{\sigma}_{ci}$(kPa)；

p_{2i}——作用在第 i 层土上的平均自重应力 $\bar{\sigma}_{ci}$ 与平均附加应力 $\bar{\sigma}_{zi}$ 之和(kPa)；

$\bar{\sigma}_{zi}$——作用在第 i 层土上的平均附加应力；

a_i——第 i 层土的压缩系数(kPa^{-1})；

E_{si}——第 i 层土的压缩模量(kPa 或 MPa)；

h_i——第 i 层土的厚度(m)。

2. 计算步骤

(1)选择沉降计算剖面，在每个剖面上选择若干计算点。在计算基底压力和地基中附加应力时，根据基础的尺寸及所受荷载的性质(中心受压、偏心或倾斜等)，求出基底压力的大小和分布；再结合地基土层的性状，选择沉降计算点的位置。

(2)将地基分层。在分层时，天然土层的交界面和地下水水位面应为分层面，同时，在同一类土层中分层的厚度不宜过大。一般取分层厚 $h_i \leqslant 0.4b$ 或 $h_i = 1 \sim 2$ m，b 为基础宽度。

(3)求出计算点垂线上各分层层面处的竖向自重应力 σ_{cz}(应从地面算起)，并绘制出它的分布曲线，如图4-9所示。

(4)求出计算点垂线上各分层层面处的竖向附加应力 σ_z，并绘制出其分布曲线，取 $\sigma_z = 0.2\sigma_{cz}$(中、低压缩性土)或 $\sigma_z = 0.1\sigma_{cz}$(高压缩性土)处土层深度为沉降计算的土层深度。

(5)求出各分层的平均自重应力 σ_{czi} 和平均附加应力 σ_{zi}。

(6)计算各分层土的压缩量 s_i。认为各分层土都在侧限压缩条件下压力从 $p_1 = \sigma_{czi}$ 增加到

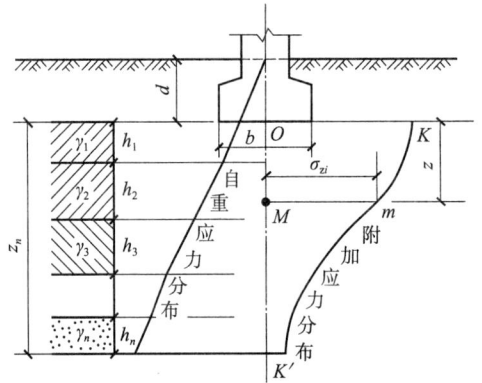

图4-9　分层总和法计算地基沉降

$p_2 = \sigma_{czi} + \sigma_{zi}$ 所产生的变形量 s_i，可由式(4-8)~式(4-10)中任一式计算。

(7)按式(4-11)计算地基最终沉降量。基础中心点沉降量可视为基础平均沉降量，根据基础角点沉降差，可推算出基础的倾斜。

【例4-1】 某厂房为框架结构，柱下基础底面为正方形，边长 $l = b = 4.0$ m，基础埋置深度 $d = 1.0$ m。上部结构传至基础顶面荷重 $F = 1\,440$ kN。地基为粉质黏土，土的天然重度 $\gamma = 16.0$ kN/m^3，土的天然孔隙比 $e = 0.97$。地下水水位埋深为 3.4 m，地下水水位以下土的饱和重度 $\gamma_{sat} = 17.2$ kN/m^3，土的压缩系数：地下水水位以上 $a_1 = 0.3$ MPa^{-1}，地下水水位以下 $a_2 = 0.25$ MPa^{-1}。用分层总和法计算基础的最终沉降量。

解：(1)计算深度确定。

1)分层。土层截面分层，每层厚度 $h_i < 0.4b = 1.6$ m，地下水水位到基底分两层，各 1.2 m，地下水水位以下按 1.6 m 分层，如图4-10所示。

2)计算地基土自重应力。自重应力从天然底面起算，z 的取值从基底面起算。自重应力如图 4-11 所示并见表 4-1。

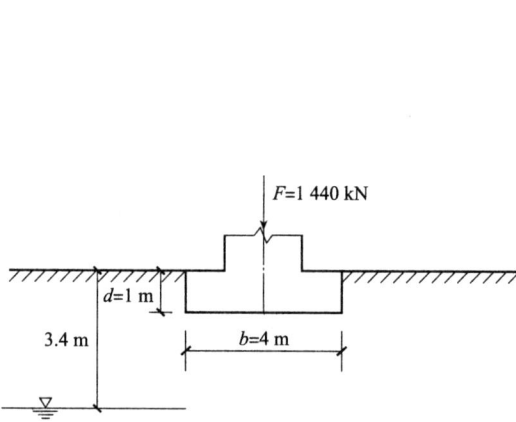

图 4-10　基础尺寸、土层和荷载

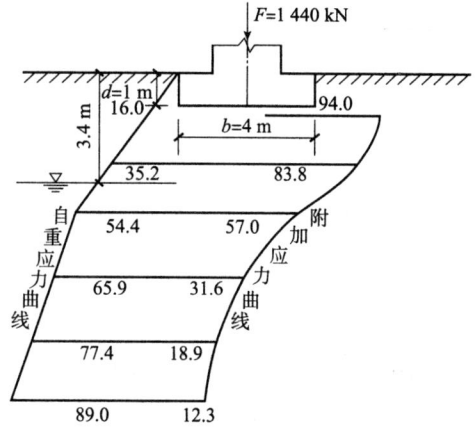

图 4-11　地基应力分布

表 4-1　土层自重应力

z/m	0	1.2	2.4	4.0	5.6	7.2
σ_{cz}/kPa	16	35.2	54.4	65.9	77.4	89.0

3)计算不同深度处附加应力。

$$p_0 = p - \gamma d = \frac{F+G}{A} - \gamma d = \frac{1\,440 + 20 \times 4 \times 4 \times 1}{4 \times 4} - 16 \times 1 = 94(\text{kPa})$$

用角点法计算：将荷载面分成四等份，根据 $l/2 = 2\ m$，$b/2 = 2\ m$，查表 3-1 确定 α_c，由 $\sigma_z = 4\alpha_c p_0$，得到基础中心点下地基土附加应力，如图 4-11 所示并见表 4-2。

表 4-2　基础重点下地基土附加应力

z/m	z/b	α_c	σ_z/kPa	σ_{cz}/kPa	σ_z/σ_{cz}	z_n/m
0	0	0.250 0	94.0	16		
1.2	0.6	0.222 9	83.8	35.2		
2.4	1.2	0.151 6	57.0	54.4		
4.0	2.0	0.084 0	31.6	65.9		
5.6	2.8	0.050 2	18.9	77.4	0.24	
7.2	3.6	0.032 6	12.3	89.0	0.14	7.2

4)确定沉降计算深度 z_n。根据 $\sigma_z = 0.2\sigma_{cz}$ 的确定原则，由计算结果，取 $z_n = 7.2\ m$。

(2)每层沉降量的计算。因已知压缩系数 a 和初始孔隙比 e_1，故采用公式 $s_i = \frac{a_i \overline{\sigma}_{zi}}{1+e_{1i}} h_i$ 计算各层的沉降量。计算过程见表 4-3。

表 4-3　沉降量的计算

土层编号	土层厚度 h_i/m	土的压缩系数 a/MPa^{-1}	孔隙比 e_1	平均附加应力/kPa	沉降量 s_i/mm
1	1.20	0.30	0.97	88.9	16.3
2	1.20	0.30	0.97	70.4	12.9
3	1.60	0.25	0.97	44.3	9.0
4	1.60	0.25	0.97	25.3	5.1
5	1.60	0.25	0.97	15.6	3.2

(3)最终沉降量计算。

$$s = \sum s_i = 46.5 \text{ mm}$$

【例 4-2】　某厂房为框架结构，柱下基础底面为正方形，边长 $l=b=4.0$ m，基础埋置深度 $d=1.0$ m。上部结构传至基础顶面荷重 $F=1\,440$ kN。地基为粉质黏土，土的天然重度 $\gamma=16.0$ kN/m³，土的天然孔隙比 $e=0.97$。地下水水位埋深为 3.4 m，地下水水位以下土的饱和重度 $\gamma_{sat}=17.2$ kN/m³，土的压缩试验结果 e-p 曲线，如图 4-12 所示，用分层总和法计算柱基中点的沉降量。

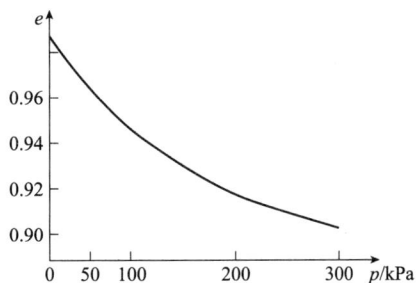

图 4-12　e-p 曲线

解：(1)计算步骤同例 4-1 第(1)步。

(2)各层沉降量计算。根据 e-p 曲线，计算各层沉降量，见表 4-4。

表 4-4　土层各层沉降量(分层总和法)

z/m	σ_{cz}/kPa	σ_z/kPa	h/mm	$\bar{\sigma}_{ci}$/kPa	$\bar{\sigma}_{zi}$/kPa	$\bar{\sigma}_{ci}+\bar{\sigma}_{zi}$/kPa	e_{1i}	e_{2i}	$\dfrac{e_{1i}-e_{2i}}{1+e_{1i}}$	s_i/mm
0.0	16.0	94.0	1 200	25.6	88.9	114.5	0.970	0.937	0.0168	20.2
1.2	35.2	83.8	1200	44.8	70.4	115.2	0.960	0.936	0.012 2	14.6
2.4	54.4	57.0	1 600	60.2	44.3	104.5	0.954	0.939	0.007 7	11.5
4.0	65.9	31.6	1 600	71.7	25.3	97.0	0.948	0.942	0.003 1	5.0
5.6	77.4	18.9								
7.2	89.0	12.3	1 600	83.2	15.6	98.8	0.945	0.939	0.002 1	3.4

(3)分层沉降量累加，得基础最终沉降量 $s = \sum s_i = 54.7$ mm。

3. 问题讨论

分层总和法计算沉降的优点是概念明晰，计算过程及变形指标的选取比较简便，易于掌握，适用不同地基土层的情况。虽然通常情况下只计算基础中心点的沉降代替基础的平均沉降，但对基础形状并无限制条件，计算点平面位置也可不限于基础中心。例如，计算荷载面积以外点的沉降可用角点法计算应力；计算基础倾斜时，只要分别求出基础两边缘角点的不同沉降值，以其沉降差值除以基础宽度即可得到倾斜角；在旧桥加宽时，为考虑加宽部分对原有墩台的附加影响，也可用角点法来确定附加应力，这些优点使得分层总和法在工程设计中得到广泛应用。

但分层总和法尚存在如下几个方面的问题：

（1）分层总和法是采用弹性理论计算地基中的竖向附加应力 σ_z，通过侧限压缩试验的压缩曲线求变形，这些前提假定都与实际地基受力情况有出入。

（2）压缩变形指标的选取，直接影响到沉降量的计算结果。室内试验的土样与实际地基中土的压缩指标可能存在差异。

（3）压缩层厚度的确定方法没有严格的理论依据，是半经验性的方法，其正确性只能从工程实测数据中得到验证。研究表明，上述不同的确定压缩层厚度的方法，计算结果相差 10% 左右。

以上这些问题导致沉降的计算值与工程中实测值不完全相符。多年来，改进分层总和法的研究结果表明，单纯从理论上去解决这些问题是有困难的。更令人接受的方法是对比大量工程对象的实测资料与理论计算值，获得合理的经验修正系数，通过对计算结果进行修正以满足工程上的精度要求。经过大量调查研究发现，沉降计算值和实测值虽然有出入，但两者的差值和土质的关系有一定的规律：

1）对于坚实地基，理论计算的沉降量远大于实测的沉降量，最多竟相差 5 倍，即 $s_{计算} \gg s_{实测}$；

2）对于软弱地基，计算的沉降量小于实测沉降量，有时可相差达 40%，即 $s_{计算} < s_{实测}$；

3）对于中等地基，计算沉降量与实际沉降量相近，即 $s_{计算} \approx s_{实测}$。

因此，一些地基基础设计规范提出了经验修正系数。

4.3.2 《建筑地基基础设计规范》(GB 50007—2011)推荐的沉降计算法

采用上述分层总和法进行建筑物地基沉降计算，并与大量建筑物的沉降观测进行比较，发现其具有下列规律：中等地基，计算沉降量与实测沉降量相近，即 $s_{计算} \approx s_{实测}$；软弱地基，计算沉降量小于实测沉降量，即 $s_{计算} < s_{实测}$；坚实地基，计算沉降量远大于实测沉降量，即 $s_{计算} \gg s_{实测}$。

地基沉降量计算值与实测值不一致的原因主要有：分层总和法计算所做的几点假定与实际情况不完全符合；土的压缩性指标试样的代表性、取原状土的技术及试验的准确度都存在问题；在地基沉降计算中，未考虑地基、基础与上部结构的共同作用。

为了使地基沉降量的计算值与实测沉降值相吻合，在总结大量实践经验的基础上，《建筑地基基础设计规范》(GB 50007—2011)引入了沉降计算修正系数 ψ_s，对分层总和法地基沉降计算结果做必要的修正。《建筑地基基础设计规范》(GB 50007—2011)还对分层总和法的计算步骤进行了简化。

1. 分层总和法计算地基最终沉降量的实质

《建筑地基基础设计规范》(GB 50007—2011)所推荐的地基最终变形量(基础最终沉降量)计算公式是分层总和法单向压缩的修正公式。它也采用侧限条件 e-p 曲线的压缩性指标，但运用了地基平均附加应力系数 $\bar{\alpha}$ 的新参数，并规定了地基变形计算深度(地基压缩层深度)

的新标准，还提出了沉降计算经验系数 ψ_s，使得计算成果接近实测值。

2. 分层总和法计算地基最终沉降量的公式

$$s = \psi_s s' = \psi_s \sum_{i=1}^{n} \frac{p_0}{E_{si}} (z_i \bar{\alpha}_i - z_{i-1} \bar{\alpha}_{i-1}) \qquad (4\text{-}12)$$

式中　s——地基最终变形量（基础最终沉降量）（mm）；

　　　s'——按分层总和法计算的地基变形量（即基础沉降量）（mm）；

　　　ψ_s——沉降计算经验系数，综合考虑了沉降计算公式中所不能反映的一些因素，如土的工程地质类型不同、选用的压缩模量与实际的出入、土层的非均质性对应力分布的影响、荷载性质的不同与上部结构对荷载分布的调整作用等因素，根据地区沉降观测资料及经验确定，也可采用表 4-5 规定的数值；

表 4-5　沉降计算经验系数 ψ_s

基底附加压力 p_0/kPa	压缩模量 $\bar{E}_s$/MPa				
	2.5	4.0	7.0	15.0	20.0
$p_0 \geqslant f_{ak}$	1.4	1.3	1.0	0.4	0.2
$p \leqslant 0.75 f_{ak}$	1.1	1.0	0.7	0.4	0.2

注：①表列数值可内插，f_{ak} 为地基承载力特征值；

②当变形计算深度范围内有多层土时，$\bar{E}_s$ 为沉降计算深度范围内压缩模量的当量值，即 $\bar{E}_s = \dfrac{\sum A_i}{\sum \left(\dfrac{A_i}{E_{si}} \right)}$，式中

A_i 为第 i 层土附加应力沿土层厚度的积分值，$A_i = p_0 (z_i \bar{\alpha}_i - z_{i-1} \bar{\alpha}_{i-1})$。

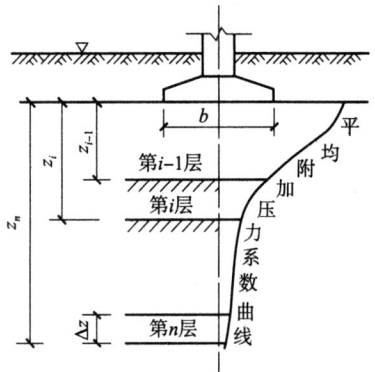

　　　n——地基变形计算深度范围内所划分的土层数，层面和地下水水位面是当然的分层面，如图 4-13 所示；

　　　p_0——对应于荷载标准值的基底附加压力（kPa）；

　　　E_{si}——基础底面下第 i 层土的压缩模量，按实际应力段范围取值（MPa）；

　　z_i、z_{i-1}——基础底面至第 i 层土、第 $i-1$ 层土底面的距离（m）；

　　$\bar{\alpha}_i$，$\bar{\alpha}_{i-1}$——基础底面的计算点至第 i 层土、第 $i-1$ 层土底面范围内平均附加应力系数，可按表 4-6、表 4-7 查用。

图 4-13　规范法沉降计算分层

当地基为一均匀土层时，用此土层的压缩模量 E_s 值，直接查表 4-4，即可得 ψ_s 值，可用内插法计算 ψ_s。若地基为多层土，E_s 为不同数值，则先计算 E_s 的当量值 $\bar{E}_s$ 来查表 4-5，即 E_s 按附加应力面积 A 的加权平均值查表 4-5。

平均附加应力系数 $\bar{\alpha}_i$ 是指基础底面计算点至第 i 层土底面范围全部土层的附加应力系数平均值，而非地基中第 i 层本身的附加应力系数。

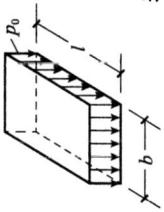

表 4-6　矩形面积上均布荷载作用下角点的平均附加应力系数 $\bar{\alpha}_i$

z/b	l/b												
	1.0	1.2	1.4	1.6	1.8	2.0	2.4	2.8	3.2	3.6	4.0	5.0	10.0
0.0	0.250 0	0.250 0	0.250 0	0.250 0	0.250 0	0.250 0	0.250 0	0.250 0	0.250 0	0.250 0	0.250 0	0.250 0	0.250 0
0.2	0.249 6	0.249 7	0.249 7	0.249 8	0.249 8	0.249 8	0.249 8	0.249 8	0.249 8	0.249 8	0.249 8	0.249 8	0.249 8
0.4	0.247 4	0.247 9	0.248 1	0.248 3	0.248 3	0.248 4	0.248 5	0.248 5	0.248 5	0.248 5	0.248 5	0.248 5	0.248 5
0.6	0.242 3	0.243 7	0.244 4	0.245 1	0.245 1	0.245 2	0.245 4	0.245 5	0.245 5	0.245 5	0.245 5	0.245 5	0.245 6
0.8	0.234 6	0.237 2	0.238 7	0.240 0	0.240 0	0.240 3	0.240 7	0.240 8	0.240 9	0.240 9	0.241 0	0.241 0	0.241 0
1.0	0.225 2	0.229 1	0.231 3	0.235 5	0.233 5	0.234 0	0.234 6	0.234 9	0.235 1	0.235 2	0.235 2	0.235 3	0.235 3
1.2	0.214 9	0.219 9	0.222 9	0.226 0	0.226 0	0.226 8	0.227 8	0.228 2	0.228 5	0.228 6	0.228 7	0.228 8	0.228 9
1.4	0.204 3	0.210 2	0.214 0	0.219 0	0.219 0	0.219 1	0.220 4	0.221 1	0.221 5	0.221 7	0.221 8	0.222 0	0.222 1
1.6	0.193 9	0.200 6	0.204 9	0.209 9	0.209 9	0.211 3	0.213 0	0.213 8	0.214 3	0.214 6	0.214 8	0.215 0	0.215 2
1.8	0.184 0	0.191 2	0.196 0	0.201 8	0.201 8	0.203 4	0.205 5	0.206 6	0.207 3	0.207 7	0.207 9	0.208 2	0.208 4
2.0	0.174 6	0.182 2	0.187 5	0.191 2	0.193 8	0.195 8	0.198 2	0.199 6	0.200 4	0.200 9	0.201 2	0.201 5	0.201 8
2.2	0.165 9	0.173 7	0.179 3	0.183 3	0.186 2	0.188 3	0.191 1	0.192 7	0.193 7	0.194 3	0.194 7	0.195 2	0.195 5
2.4	0.157 8	0.165 7	0.171 5	0.175 7	0.178 9	0.181 2	0.184 3	0.186 2	0.187 3	0.188 0	0.188 5	0.189 0	0.189 5
2.6	0.150 3	0.158 3	0.164 2	0.168 6	0.171 9	0.174 5	0.177 9	0.179 9	0.181 2	0.182 0	0.182 5	0.183 2	0.183 8
2.8	0.143 3	0.151 4	0.157 4	0.161 9	0.165 4	0.168 0	0.171 7	0.173 9	0.175 3	0.176 3	0.176 9	0.177 7	0.178 4
3.0	0.136 9	0.144 9	0.151 0	0.155 6	0.159 2	0.161 9	0.165 8	0.168 2	0.169 8	0.170 8	0.171 5	0.172 5	0.173 3
3.2	0.131 0	0.139 0	0.145 0	0.149 7	0.153 3	0.156 2	0.160 2	0.162 8	0.164 5	0.165 7	0.166 4	0.167 5	0.168 5
3.4	0.125 6	0.133 4	0.139 4	0.144 1	0.147 8	0.150 8	0.155 0	0.157 7	0.159 5	0.160 7	0.161 6	0.162 8	0.163 9
3.6	0.120 5	0.128 2	0.134 2	0.138 9	0.142 7	0.145 6	0.150 0	0.152 8	0.154 8	0.156 1	0.157 0	0.158 3	0.159 5

续表

z/b	l/b												
	1.0	1.2	1.4	1.6	1.8	2.0	2.4	2.8	3.2	3.6	4.0	5.0	10.0
3.8	0.115 8	0.123 4	0.129 3	0.134 0	0.137 8	0.140 8	0.145 2	0.148 2	0.150 2	0.151 6	0.152 6	0.154 1	0.155 4
4.0	0.111 4	0.118 9	0.124 8	0.129 8	0.133 2	0.136 2	0.140 8	0.143 8	0.145 9	0.147 4	0.148 5	0.150 0	0.151 6
4.2	0.107 3	0.114 7	0.120 5	0.125 1	0.128 9	0.131 9	0.136 5	0.139 6	0.141 8	0.143 4	0.144 5	0.146 2	0.147 9
4.4	0.103 5	0.110 7	0.116 4	0.121 0	0.124 8	0.127 9	0.132 5	0.135 7	0.137 9	0.139 6	0.140 7	0.142 5	0.144 4
4.6	0.100 0	0.107 0	0.112 7	0.117 2	0.120 9	0.124 0	0.128 7	0.131 9	0.134 2	0.135 9	0.137 1	0.139 0	0.141 0
4.8	0.096 7	0.103 6	0.109 1	0.113 6	0.117 3	0.120 4	0.125 0	0.128 3	0.130 7	0.132 4	0.133 7	0.135 7	0.137 9
5.0	0.093 5	0.100 3	0.105 7	0.110 2	0.113 9	0.116 9	0.121 6	0.124 9	0.127 3	0.129 1	0.130 4	0.132 5	0.134 8
5.2	0.090 6	0.097 2	0.102 6	0.107 0	0.110 6	0.113 6	0.118 3	0.121 7	0.124 1	0.125 9	0.127 3	0.129 5	0.132 0
5.4	0.087 8	0.094 3	0.099 6	0.103 9	0.107 5	0.110 5	0.115 2	0.118 6	0.121 1	0.122 9	0.124 3	0.126 5	0.129 2
5.6	0.085 2	0.091 6	0.096 8	0.101 0	0.104 6	0.107 6	0.112 2	0.115 6	0.118 1	0.120 0	0.121 5	0.123 8	0.126 6
5.8	0.082 8	0.089 0	0.094 1	0.098 3	0.101 8	0.104 7	0.109 4	0.112 8	0.115 3	0.117 2	0.118 7	0.121 1	0.124 0
6.0	0.080 5	0.086 6	0.091 6	0.095 7	0.099 1	0.102 1	0.106 7	0.110 1	0.112 6	0.114 6	0.116 1	0.118 5	0.121 6
6.2	0.078 3	0.084 2	0.089 1	0.093 2	0.096 6	0.099 5	0.104 1	0.107 5	0.110 1	0.112 0	0.113 6	0.116 1	0.119 3
6.4	0.076 2	0.082 0	0.086 9	0.090 6	0.094 2	0.097 1	0.101 6	0.105 0	0.107 6	0.109 6	0.111 1	0.113 7	0.117 1
6.6	0.074 2	0.079 9	0.084 7	0.088 6	0.091 9	0.094 8	0.099 3	0.102 7	0.105 3	0.107 3	0.108 8	0.111 4	0.114 9
6.8	0.072 3	0.077 9	0.082 6	0.086 5	0.089 8	0.092 6	0.097 0	0.100 4	0.103 0	0.105 0	0.106 6	0.109 2	0.112 9
7.0	0.070 5	0.076 1	0.080 6	0.084 4	0.087 7	0.090 4	0.094 9	0.098 2	0.100 8	0.102 8	0.104 4	0.107 1	0.110 9
7.2	0.068 8	0.074 2	0.078 7	0.082 5	0.085 7	0.088 4	0.092 8	0.096 2	0.098 7	0.100 8	0.102 3	0.105 1	0.109 0
7.4	0.067 2	0.072 5	0.076 9	0.080 6	0.083 8	0.086 5	0.090 8	0.094 2	0.096 7	0.098 8	0.100 4	0.103 1	0.107 1
7.6	0.065 6	0.070 9	0.075 2	0.078 9	0.082 0	0.084 6	0.088 9	0.092 2	0.094 8	0.096 8	0.098 4	0.101 2	0.105 4
7.8	0.064 2	0.069 3	0.073 6	0.077 1	0.080 2	0.082 8	0.087 1	0.090 4	0.092 9	0.095 0	0.096 6	0.099 4	0.103 6
8.0	0.062 7	0.067 8	0.072 0	0.075 5	0.078 5	0.081 1	0.085 3	0.088 6	0.091 2	0.093 2	0.094 8	0.097 6	0.102 0

续表

z/b	1.0	1.2	1.4	1.6	1.8	2.0	2.4	2.8	3.2	3.6	4.0	5.0	10.0
						l/b							
8.2	0.061 4	0.066 3	0.070 5	0.073 9	0.076 9	0.079 5	0.083 7	0.086 9	0.089 4	0.091 4	0.093 1	0.095 9	0.100 4
8.4	0.060 1	0.064 9	0.069 0	0.072 4	0.075 4	0.077 9	0.082 0	0.085 2	0.087 8	0.098 9	0.091 4	0.094 3	0.098 8
8.6	0.058 8	0.063 6	0.067 6	0.071 0	0.073 9	0.076 4	0.080 5	0.083 6	0.086 2	0.088 2	0.089 8	0.092 7	0.097 3
8.8	0.057 6	0.062 3	0.066 3	0.069 6	0.072 4	0.074 9	0.079 0	0.082 1	0.084 6	0.086 6	0.088 2	0.091 2	0.095 9
9.2	0.055 4	0.059 9	0.063 7	0.065 7	0.072 1	0.076 1	0.079 2	0.081 7	0.083 7	0.085 3	0.088 2	0.081 3	0.093 1
9.6	0.053 3	0.057 7	0.061 4	0.067 2	0.069 6	0.073 4	0.076 5	0.078 9	0.080 9	0.082 5	0.085 5	0.073 8	0.090 5
10.0	0.051 4	0.055 6	0.059 2	0.064 9	0.067 2	0.071 0	0.073 9	0.076 3	0.078 3	0.079 9	0.082 9	0.071 9	0.088 0
10.4	0.049 6	0.053 7	0.057 2	0.062 7	0.064 9	0.068 6	0.071 6	0.073 9	0.075 9	0.077 5	0.080 4	0.068 2	0.085 7
10.8	0.047 9	0.051 9	0.055 3	0.060 6	0.062 8	0.066 4	0.069 3	0.071 7	0.073 6	0.075 1	0.078 1	0.064 9	0.083 4
11.2	0.046 3	0.050 2	0.053 5	0.056 3	0.058 7	0.060 9	0.064 4	0.067 2	0.069 5	0.071 4	0.073 0	0.075 9	0.081 3
11.6	0.044 8	0.048 6	0.051 8	0.054 5	0.056 9	0.059 0	0.062 5	0.065 2	0.067 5	0.069 9	0.070 9	0.073 8	0.079 3
12.0	0.043 5	0.047 1	0.050 2	0.052 9	0.055 2	0.057 3	0.060 6	0.063 4	0.065 7	0.067 7	0.069 0	0.071 9	0.077 4
12.8	0.040 9	0.044 4	0.047 4	0.049 9	0.052 1	0.054 1	0.057 3	0.059 9	0.062 1	0.063 9	0.065 4	0.068 2	0.073 9
13.6	0.038 7	0.042 0	0.044 8	0.047 2	0.049 3	0.051 2	0.054 3	0.056 8	0.058 9	0.060 7	0.062 1	0.064 9	0.070 7
14.4	0.036 7	0.039 8	0.042 5	0.044 8	0.046 8	0.048 6	0.051 6	0.054 0	0.056 1	0.057 7	0.059 2	0.061 9	0.067 7
15.2	0.034 9	0.037 9	0.040 4	0.042 6	0.044 6	0.046 3	0.049 2	0.051 5	0.053 5	0.055 1	0.056 5	0.059 2	0.065 0
16.0	0.332	0.036 1	0.038 5	0.040 7	0.042 5	0.044 2	0.046 9	0.049 2	0.051 1	0.052 7	0.054 0	0.056 7	0.062 5
18.0	0.029 7	0.032 3	0.034 5	0.036 4	0.038 1	0.039 6	0.042 2	0.044 2	0.046 0	0.047 5	0.048 7	0.051 2	0.057 0
20.0	0.026 9	0.029 3	0.031 2	0.033 0	0.034 5	0.035 9	0.038 3	0.040	0.041 8	0.043 2	0.044 4	0.046 8	0.052 4

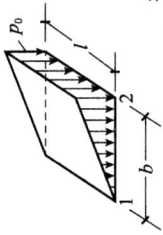

表 4-7　三角形分布的矩形荷载作用下角点土的平均竖向附加应力系数

z/b	l/b=0.2 角点1	l/b=0.2 角点2	l/b=0.4 角点1	l/b=0.4 角点2	l/b=0.6 角点1	l/b=0.6 角点2	l/b=0.8 角点1	l/b=0.8 角点2	l/b=1.0 角点1	l/b=1.0 角点2
0.0	0.000 0	0.250 0	0.000 0	0.250 0	0.000 0	0.250 0	0.000 0	0.250 0	0.000 0	0.250 0
0.2	0.011 2	0.216 1	0.014 0	0.230 8	0.014 8	0.233 3	0.015 1	0.233 9	0.015 2	0.234 1
0.4	0.017 9	0.181 0	0.024 5	0.208 4	0.027 0	0.215 3	0.028 0	0.217 5	0.028 5	0.218 4
0.6	0.020 7	0.150 5	0.030 8	0.185 1	0.035 5	0.196 6	0.037 6	0.201 1	0.038 8	0.203 0
0.8	0.021 7	0.127 7	0.034 0	0.164 0	0.040 5	0.178 7	0.044 0	0.185 2	0.045 9	0.188 3
1	0.021 7	0.110 4	0.035 1	0.146 1	0.043 0	0.162 4	0.047 6	0.170 4	0.050 2	0.174 6
1.2	0.021 2	0.097 0	0.035 1	0.131 2	0.043 9	0.14 0	0.049 2	0.157 1	0.052 5	0.162 1
1.4	0.020 4	0.086 5	0.034 4	0.118 7	0.043 6	0.135 6	0.049 5	0.145 1	0.053 4	0.150 7
1.6	0.019 5	0.077 9	0.033 3	0.108 2	0.042 7	0.124 7	0.049 0	0.134 5	0.053 3	0.140 5
1.8	0.018 6	0.070 9	0.032 1	0.099 3	0.041 5	0.115 3	0.048 0	0.125 2	0.052 5	0.131 3
2.0	0.017 8	0.065 0	0.030 8	0.091 7	0.040 1	0.107 1	0.046 7	0.116 9	0.051 3	0.123 2
2.5	0.015 7	0.053 8	0.027 6	0.076 9	0.036 5	0.090 8	0.042 9	0.100 0	0.047 8	0.106 3
3.0	0.014 0	0.045 8	0.024 8	0.066 1	0.033 0	0.078 6	0.039 2	0.087 1	0.043 9	0.093 1
5.0	0.009 7	0.028 9	0.017 5	0.042 4	0.023 6	0.047 6	0.028 5	0.057 6	0.032 4	0.062 4
7.0	0.007 3	0.021 1	0.013 3	0.031 1	0.018 0	0.035 2	0.021 9	0.042 7	0.025 1	0.046 5
10.0	0.005 3	0.015 0	0.009 7	0.022 2	0.013 3	0.025 3	0.016 2	0.030 8	0.018 6	0.033 6

续表

z/b	$l/b=1.2$		$l/b=1.4$		$l/b=1.6$		$l/b=1.8$		$l/b=2.0$	
	角点 1	角点 2	角点 1	角点 2	角点 1	角点 2	角点 1	角点 2	角点 1	角点 2
0.0	0.000 0	0.250 0	0.000 0	0.250 0	0.000 0	0.250 0	0.000 0	0.250 0	0.000 0	0.250 0
0.2	0.015 3	0.234 2	0.015 3	0.234 3	0.015 3	0.234 3	0.015 3	0.234 3	0.015 3	0.234 3
0.4	0.028 8	0.218 7	0.028 9	0.218 9	0.029 0	0.219 0	0.029 0	0.219 0	0.029 0	0.219 1
0.6	0.039 4	0.203 9	0.039 7	0.204 3	0.039 9	0.204 6	0.040 0	0.204 7	0.040 1	0.204 8
0.8	0.047 0	0.189 9	0.047 6	0.190 7	0.048 0	0.191 2	0.048 2	0.191 5	0.048 3	0.191 7
1.0	0.051 8	0.176 9	0.052 8	0.178 1	0.053 4	0.178 9	0.053 8	0.179 4	0.054 0	0.179 7
1.2	0.054 6	0.164 9	0.056 0	0.166 6	0.056 8	0.167 8	0.057 4	0.168 4	0.057 7	0.168 9
1.4	0.055 9	0.154 1	0.057 5	0.156 2	0.058 6	0.157 6	0.059 4	0.158 5	0.059 9	0.159 1
1.6	0.056 1	0.144 3	0.058 0	0.146 7	0.059 4	0.148 4	0.060 3	0.149 4	0.060 9	0.150 2
1.8	0.055 6	0.135 4	0.057 8	0.138 1	0.059 3	0.140 0	0.060 4	0.141 3	0.061 1	0.142 2
2.0	0.054 7	0.127 4	0.057 0	0.130 3	0.058 7	0.132 4	0.059 9	0.133 8	0.060 8	0.134 8
2.5	0.051 3	0.110 7	0.054 0	0.113 9	0.056 0	0.116 3	0.057 5	0.118 0	0.058 6	0.119 3
3.0	0.047 6	0.097 6	0.050 3	0.100 8	0.052 5	0.103 3	0.054 1	0.105 2	0.055 4	0.106 7
5.0	0.035 6	0.066 1	0.038 2	0.069 0	0.040 3	0.071 4	0.042 1	0.073 4	0.043 5	0.074 9
7.0	0.027 7	0.049 6	0.029 9	0.052 0	0.031 8	0.054 1	0.033 3	0.055 8	0.034 7	0.057 2
10.0	0.020 7	0.035 9	0.022 4	0.037 9	0.023 9	0.039 5	0.025 2	0.040 9	0.026 3	0.040 3

z/b	l/b=3.0		l/b=4.0		l/b=6.0		l/b=8.0		l/b=10.0	
	角点1	角点2	角点1	角点2	角点1	角点2	角点1	角点2	角点1	角点2
0.0	0.000 0	0.250 0	0.000 0	0.250 0	0.000 0	0.250 0	0.000 0	0.250 0	0.000 0	0.250 0
0.2	0.015 3	0.234 3	0.015 3	0.234 3	0.015 3	0.234 3	0.015 3	0.234 3	0.015 3	0.234 3
0.4	0.029 0	0.219 2	0.029 1	0.219 2	0.029 1	0.219 2	0.029 1	0.219 2	0.029 1	0.219 2
0.6	0.040 2	0.205 0	0.040 2	0.205 0	0.040 2	0.205 0	0.040 2	0.205 0	0.040 2	0.205 0
0.8	0.043 6	0.192 0	0.048 7	0.192 0	0.043 7	0.192 1	0.048 7	0.192 1	0.048 7	0.192 1
1.0	0.054 5	0.180 3	0.054 6	0.180 3	0.054 6	0.180 4	0.054 6	0.180 4	0.054 6	0.180 4
1.2	0.058 4	0.169 7	0.058 6	0.169 9	0.058 7	0.170 0	0.058 7	0.170 0	0.058 7	0.170 0
1.4	0.060 9	0.160 3	0.061 2	0.160 5	0.061 3	0.160 6	0.061 3	0.160 6	0.061 3	0.160 6
1.6	0.062 3	0.151 7	0.062 6	0.152 1	0.062 8	0.152 3	0.062 6	0.152 3	0.062 8	0.152 2
1.8	0.062 8	0.144 1	0.063 3	0.144 5	0.063 5	0.144 7	0.063 5	0.144 8	0.063 5	0.144 8
2.0	0.062 9	0.137 1	0.063 4	0.137 7	0.063 7	0.138 0	0.063 8	0.138 0	0.063 8	0.138 0
2.5	0.061 4	0.122 3	0.062 3	0.123 3	0.062 7	0.123 7	0.062 8	0.123 8	0.062 8	0.123 9
3.0	0.058 9	0.110 4	0.060 0	0.111 6	0.060 7	0.112 3	0.060 9	0.112 4	0.060 9	0.112 5
5.0	0.048 0	0.079 7	0.050 0	0.081 7	0.051 5	0.083 3	0.051 9	0.083 7	0.052 1	0.083 9
7.0	0.039 1	0.001 9	0.041 4	0.064 2	0.043 5	0.066 3	0.044 2	0.067 1	0.044 5	0.067 4
10.0	0.030 2	0.040 2	0.032 5	0.048 5	0.034 9	0.050 9	0.035 9	0.052 0	0.036 4	0.052 6

3. 地基沉降计算深度 z_n

一般情况下，应满足下式要求：

$$\Delta s_n' \leqslant 0.025 \sum_{i=1}^{n} \Delta s_i' \tag{4-13}$$

式中　$\Delta s_n'$——在深度 z_n 处，向上取计算厚度为 Δz 土层的计算沉降值（mm），Δz 查表 4-8；

　　　$\Delta s_i'$——在深度 z_n 范围内，第 i 层土的计算变形量。

表 4-8　Δz 取值

基础宽度 b/m	$b \leqslant 2$	$2 < b \leqslant 4$	$4 < b \leqslant 8$	$8 < b \leqslant 15$	$15 < b \leqslant 30$	$b > 30$
Δz/m	0.3	0.6	0.8	1.0	1.2	1.5

在地基变形计算深度范围内存在基岩时，z_n 可取至基岩表面，当存在较厚的坚硬黏性土层，其孔隙比小于 0.5、压缩模量大于 50 MPa，或存在较厚的密实砂卵石层，其压缩模量大于 80 MPa 时，z_n 可取至该土层表面。

按式 (4-13) 确定的 z_n 下仍有软弱土层时，应继续向下计算，直至软弱土层中所取规定厚度 Δz 的计算沉降量满足式 (4-13) 为止。

当无相邻荷载影响，基础宽度在 $1 \sim 30$ m 范围内时，基础中点的地基沉降计算深度 z_n 也可按简化的经验公式确定，即

$$z_n = b(2.5 - 0.4\ln b) \tag{4-14}$$

式中，b 为基础宽度，单位是 m，$\ln b$ 为 b 的自然对数。

【例 4-3】　如图 4-14 所示，某厂房为框架结构，柱下基础底面为正方形，边长 $l = b = 4.0$ m，基础埋置深度 $d = 1.0$ m。上部结构传至基础顶面荷重 $F = 1\,440$ kN。地基为粉质黏土，土的天然重度 $\gamma = 16.0$ kN/m³，土的天然孔隙比 $e = 0.97$。地下水水位埋深为 3.4 m，地下水水位以下土的饱和重度 $\gamma_{sat} = 17.2$ kN/m³，土的压缩模量：地下水水位以上 $E_s = 5\,292$ kPa，地下水水位以下 $E_s = 5\,771$ kPa。试用规范法[《建筑地基基础设计规范》（GB 50007—2011）]计算基础最终沉降量（已知 $f_{ak} = 94$ kPa）。

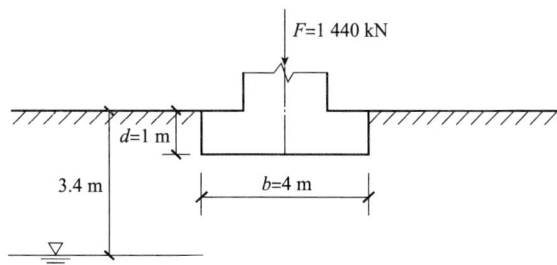

图 4-14　基础尺寸、土层和荷载

解：（1）计算深度的确定。

$$z_n = b(2.5 - 0.4\ln b) = 7.8 \text{ m}$$

（2）分层、确定各层 E_{si}。依据天然土层界面、地下水水位界面分层，因只有一种土，故按照地下水水位分层。

因沉降计算深度验算要求，故 7.8 m 处往上取 0.6 m 土进行沉降计算深度验算。0.6 m 根据公式或查表 4-8 得到。土的分层情况如图 4-15 所示。

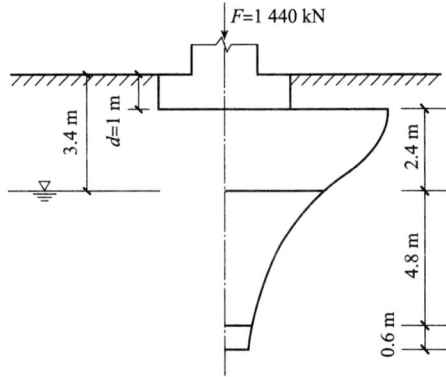

图 4-15　规范法土层分层情况

$$E_{s1}=5\ 292\ kPa，E_{s2}=E_{s3}=5\ 771\ kPa$$

（3）计算各层沉降量。采用规范法[《建筑地基基础设计规范》(GB 50007—2011)]计算各层沉降量，结果见表 4-9。

表 4-9　土层各层沉降量(规范法)

z/m	l/b	z/b	$\bar{\alpha}$	$\bar{\alpha}_z$	$z_i\bar{\alpha}_i-z_{i-1}\bar{\alpha}_{i-1}$	E_{si}/kPa	Δs_i $=\dfrac{4p_0}{E_{si}}(z_i\bar{\alpha}_i-z_{i-1}\bar{\alpha}_{i-1})$	s'/mm
0	1	0	0.250 0	0	0.515 8	5 292	36.65	
2.4	1	1.2	0.214 9	0.515 8	0.351 8	5 771	22.92	59.57
7.2	1	3.6	0.120 5	0.867 6				
7.8	1	3.9	0.113 6	0.886 1	0.018 5	5 771	1.205	60.78

（4）计算深度的验算。

$$\Delta z=0.6\ m，\Delta s_n'=1.205\ mm<0.025\sum\Delta s_i'=1.52\ mm$$

故计算深度满足规范要求。

（5）最终沉降量计算。分层沉降量累加，乘以修正系数，得到最终沉降量。其中，修正系数通过土层的当量压缩模量查表求得。具体过程如下：

$$\overline{E}_s=\frac{\sum A_i}{\sum\left(\dfrac{A_i}{E_{si}}\right)}=\frac{0.886\ 1}{\dfrac{0.515\ 8}{5\ 292}+\dfrac{0.370\ 3}{5\ 771}}=5\ 482(kPa)=5.48\ MPa$$

查表得到 $\psi_s=1.152$，$s=\psi_s s'=70.02\ mm$。

4.4　地基沉降与时间的关系

饱和土体的压缩完全是由于孔隙中的水逐渐向外排出，孔隙体积缩小引起的。排水速率将影响土体压缩稳定所需的时间。而排水速率又直接与土的渗透性有关，透水性越强，排水越快，完成压缩所需的时间越短；反之，排水越慢，完成压缩所需的时间越长。因此，土体在外荷作用下的压缩过程与时间有关。在工程设计中，不仅需要预估建筑物基础可能产生的最终沉降量，而且还常常需要预估建筑物基础达到某一沉降量所需的时间，或者预估建筑物完工以后经过一段时间可能产生的沉降量。这些问题都需要土体的固结理论来解决。

石土和砂土的透水性好，其变形所经历的时间很短，可以认为在外荷载施加完毕（如建筑物竣工）时，其变形已稳定；对于黏性土，完成固结所需的时间就比较长，在厚层的饱和软黏土中，其固结变形需要经过几年甚至几十年时间才能完成。所以，下面只讨论饱和土的变形与时间关系。

4.4.1　单向固结模型

饱和土在压力作用下，孔隙水将随时间的发展而逐渐被排出，同时孔隙体积也随之缩小，这一过程称为饱和土的渗透固结。如果孔隙水只沿一个方向排出，土的压缩也只在一个方向发生（一般指竖直方向），那么，这种固结称为单向固结。渗透固结所需时间的长短与土的渗透性和土层厚度有关，土的渗透性越小、土层越厚，孔隙水被挤出所需的时间就越长。下面将利用土的单向固结模型来说明土体固结的力学机理。

饱和土的渗透固结可借助图 4-16 所示的弹簧-活塞模型来说明。在一个充满水，但侧壁和底部均不能透水的圆筒中，安装一个带有弹簧的活塞，弹簧表示土的颗粒骨架，圆筒内的水表示土中的自由水，带孔的活塞则表征土的透水性。由于模型中只有固、液两相介质，则对于外力 σ_z 的作用只能是水与弹簧两者来共同承担。设其中的弹簧承担的压力为有效应力 σ'，圆筒中的水承担的压力为孔隙水压力 u，按照静力平衡条件，按下式计算：

$$\sigma_z = u + \sigma' \tag{4-15}$$

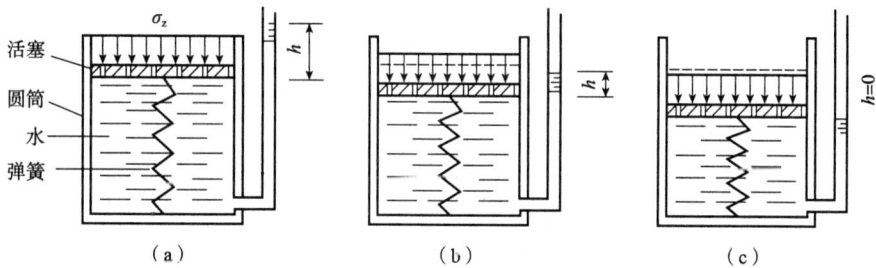

图 4-16　饱和土的单向渗透固结模型

(a)$t=0$，$u=\sigma_z$，$\sigma'=0$；(b)$0<t<+\infty$，$u<\sigma_z$，$\sigma'>0$；(c)$t=\infty$，$\sigma_z=\sigma'$，$u=0$

式(4-15)的物理意义是土的孔隙水压力 u 与有效应力 σ'，对外力 σ_z 的分担作用，它与时间有关。

(1)当 $t=0$ 时，即活塞顶面骤然受到压力 σ_z 作用的瞬间，水来不及排出[图 4-16(a)]，弹簧没有变形和受力，附加应力 σ_z 全部由水来承担，即 $u=\sigma_z$，$\sigma'=0$。

(2)当 $t>0$ 时，随着荷载作用时间的增加，水受到压力后开始从活塞排水孔中排出[图 4-16(b)]，活塞下降，弹簧开始承受压力 σ'，并逐渐增长；而相应地 u 则逐渐减小。过程中 $u+\sigma'=\sigma_z$，而 $u<\sigma_z$，$\sigma'>0$。

(3)当 $t=\infty$ 时(代表"最终"时间)，水从排水孔中充分排出[图 4-16(c)]，孔隙水压力完全消散($u=0$)，活塞最终下降到 σ_z 全部由弹簧承担，饱和土的渗透固结完成，即 $\sigma_z=\sigma'$，$u=0$。

可见，饱和土的渗透固结也就是孔隙水压力逐渐消散和有效应力相应增长的过程。因此，关于求解地基沉降与时间关系的问题，实际上就变成求解在附加应力作用下，地基中各点的超孔隙水应力随时间变化的问题。因为一旦某时刻的超孔隙水应力确定，附加有效应力就可根据有效应力原理求得，从而，根据 4.3 节的理论，求得该时刻土的压缩量。

本节后面提到附加应力引起的孔隙水和有效应力，都是指超孔隙水应力和附加有效应力而言的。它们所表示的是土层中孔隙水应力和有效应力的增量，它们只与附加应力有关，而土层中实际作用着的孔隙水应力和有效应力则应包含原有孔隙水应力与有效应力。

4.4.2 太沙基单向固结理论

为了求得饱和土层在渗透固结过程中某一时间的变形，通常采用太沙基提出的一维固结理论进行计算。由于这一理论十分方便，目前在土木工程中应用很广泛。

1. 单向固结理论的基本假设

(1)土均质、各向同性、完全饱和；

(2)孔隙水和土粒是不可压缩的，土的孔隙完全由孔隙体积的减小引起；

(3)土的压缩和固结仅在竖直方向发生；

(4)土中水的渗流符合达西定律；

(5)在渗透固结过程中，土的渗透系数 k 和压缩系数 a 为常数；

(6)连续均布外荷载一次骤然施加，且沿土深度 z 呈均匀分布。

2. 单向固结微分方程

设厚度为 H 的饱和黏土层(图 4-17)，顶面是透水层，底面是不透水和不可压缩层，假设该饱和土层在自重应力作用下的固结已经完成，现在顶面受到一次骤然施加的无限均布荷载 p 作用。由于土层厚度远小于荷载面积，故土中附加应力图形可近似地取矩形分布，即附加应力不随深度变化。但是孔隙压力 u (另一方面也是有效应力 σ')是坐标 z 和时间 t 的函数。

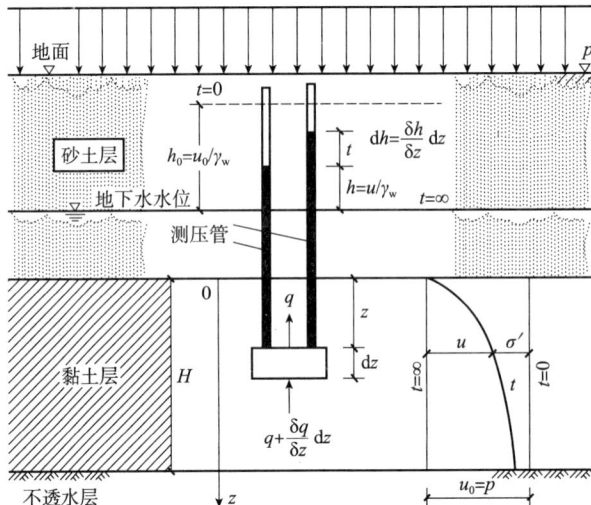

图 4-17 饱和黏土固结过程

通过一系列的推导(省略推导过程),可得到单向固结微分方程为

$$C_v \frac{\partial^2 u}{\partial z^2} = \frac{\partial u}{\partial t} \tag{4-16}$$

式中 C_v——竖向固结系数(cm^2/s)。

$$C_v = \frac{k(1+e_0)}{a\gamma_w} \tag{4-17}$$

式(4-16)称为饱和土的一维固结微分方程,反映的是土中超静孔隙水压力 u 随时间与深度 z 的变化关系,为抛物线型微分方程,可以根据不同的起始条件和边界条件求得它的特解。对于图 4-17 所示的情况,其初始条件和边界条件如下:

当 $t=0$ 和 $0 \leqslant z \leqslant H$ 时,$u = \sigma_z = p$;

$0 < t < \infty$ 和 $z=0$(透水面)时,$u=0$;

$0 < t < \infty$ 和 $z=H$(不透水面)时,$q=0$,从而 $\frac{\partial u}{\partial z} = 0$;

$t=\infty$ 和 $0 \leqslant z \leqslant H$ 时,$u=0$。

应用傅立叶级数,可求得满足上述边界条件的方程(4-16)的解,深度 z 处某时刻 t 的超静孔隙水压力为

$$u = \frac{4p_0}{\pi} \sum_{m=1}^{m=\infty} \frac{1}{m} \sin\left(\frac{m\pi z}{2H}\right) e^{-m^2 \frac{\pi^2}{4} T_v} \tag{4-18}$$

式中 m——正奇整数(1,3,5,…);

T_v——竖向固结时间因数(无量纲),按下式计算:

$$T_v = \frac{C_v}{H^2} t \tag{4-19}$$

式中,H 为排水最大距离,当土层为单面排水时,H 等于土层厚度;当土层上下双面排水时,H 采用一半土层厚度。

式(4-18)表示图 4-17 所示的土层和受荷情况在单向固结条件下,土体中孔隙水应力随时间、深度而变化的表达式。可见,孔隙水应力是时间和深度的函数。也就是说,任一点的孔隙水应力可由式(4-18)求得。

但是这样求解会比较复杂,下面将引入固结度的概念,使问题得到简化。

4.4.3 固结度及其应用

固结度,是指某一附加应力下,经过某一时间 t 后,土体发生固结或孔隙水应力消散的程度。某一深度 z 处土层经过时间 t 后,该点的固结度可按下式计算:

$$U_z = \frac{u_0 - u}{u_0} = 1 - \frac{u}{u_0} \tag{4-20}$$

平均固结度,是指地基在荷载作用下,在任一时间 t 的固结沉降量 s_t 与其最终沉降量 s 之比:

$$U_t = \frac{s_t}{s} \tag{4-21}$$

式中 s_t——经过时间 t 后的基础沉降量;

s——基础的最终沉降量。

式中的 s_t 可参照分层总和法计算。当荷载不大时,近似取应力应变呈线性关系,即 a 及

E_s 均为常量。因此有

$$U_t = \frac{\frac{1}{E_s}\int_0^H \sigma'(z,t)dz}{\frac{1}{E_s}\int_0^H \sigma_z dz} = \frac{\int_0^H \sigma_z dz - \int_0^H u(z,t)dz}{\int_0^H \sigma_z dz} = 1 - \frac{\int_0^H u(z,t)dz}{\int_0^H \sigma_z dz} \qquad (4\text{-}22)$$

式(4-22)适用任意 σ_z 分布和地基排水条件的情况，它表明土层的固结度也就是土中孔隙水压力向有效应力转化过程的完成程度。显然，固结度随固结过程逐渐增大，由 $t=0$ 时为零至 $t=\infty$ 时为 1.0。

考虑实用的目的，将式(4-22)进行适当的积分简化并取第一项，可得式(4-23)：

$$U_t = 1 - \frac{8}{\pi^2}e^{-\frac{\pi^2}{4}T_v} \qquad (4\text{-}23)$$

由式(4-23)可知，土层的平均固结度 U_t 是时间因数 T_v 的单值函数，它与所加的附加应力的大小无关。

在实际工程中，作用于饱和土层中的起始超静水压力(另一方面也是有效应力 σ')分布情况比较复杂，但实用上可以足够准确地把实际上可能遇到的起始超静水压力近似地分为下面五种情况处理，如图 4-18 所示。

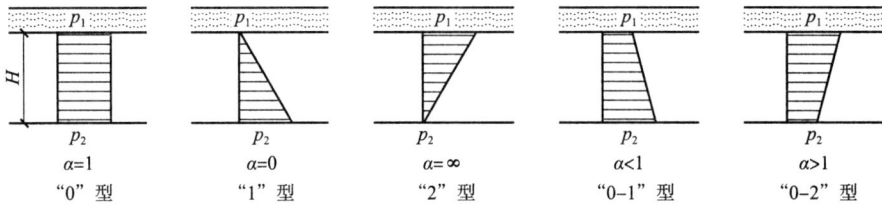

图 4-18 典型直线型附加应力分布

情况 1："0 型"，$\alpha=1$，应力图形为矩形，适用土层已在自重应力作用下固结，基础底面面积较大而压缩层较薄的情况。

情况 2："1"型，$\alpha=0$，应力图形为三角形。这相当于大面积新填土层(饱和时)由于本土层自重应力引起的固结；或者土层由于地下水大幅度下降，在地下水变化范围内，自重应力随深度增加的情况。

情况 3："2"型，$\alpha=\infty$，基底面积小，土层较厚，土层底面附加应力已接近 0 的情况。

情况 4："0-1"型，$\alpha<1$，适用土层在自重应力作用下尚未固结，又在其上修建建筑物基础的情况。

情况 5："0-2"型，$\alpha>1$，土层厚度 $h_s > b/2$(b 为基础宽度)，附加应力随深度增加而减少，但深度 h_s 处的附加应力大于 0。

为了使用的方便，已将各种附加应力呈直线分布(不同 α 值)情况下土层的平均固结度与时间因数之间的关系绘制成曲线，如图 4-19 所示。

利用图 4-19 和式(4-21)，可以解决下列两类问题：

(1)已知土层的最终沉降量 s，求某一固结历时 t 的沉降 s_t。首先根据土层的 k、α、e_1、H 和给定的 t，计算出土层平均固结系数 C_v 和时间因数 T_v，利用图 4-19 中的曲线查出相应的固结度 U_t，再由式(4-21)求得 s_t。

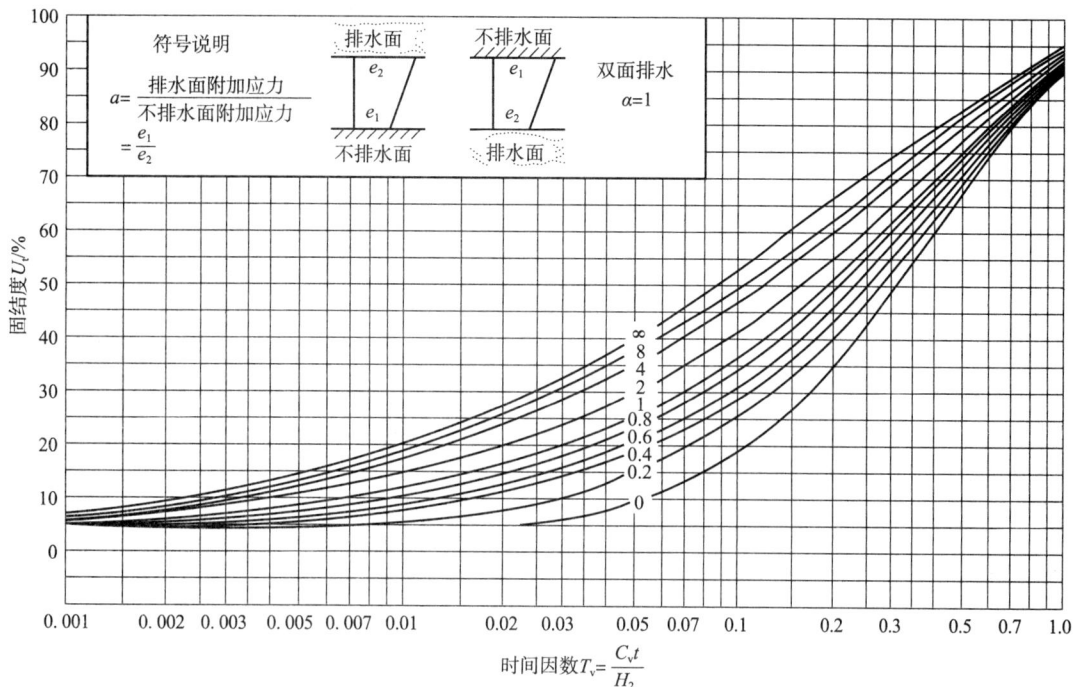

图 4-19　平均固结度 U_t 与时间因数 T_v 关系曲线

（2）已知土层的最终沉降量 s，求土层产生某一沉降量 s_t 所需的时间 t。首先求出土层平均固结度 $U_t = s_t / s$，然后从图 4-14 中的曲线查得相应的时间因数 T_v，再按式 $t = H^2 T_v / C_v$ 求出所需的时间。

以上情况都是单面排水，若是双面排水，则无论附加应力分布如何，只要是线性分布，均按情况 1 计算，但在时间因数的式子中以 $H/2$ 代替 H 即可。

【例 4-4】 某饱和黏土层的厚度为 10 m，在大面积（20 m×20 m）荷载 $p_0 = 120$ kPa 作用下，土层的初始孔隙比 $e = 1.0$，压缩系数 $a = 0.3$ MPa^{-1}，渗透系数 $k = 18$ mm/y。按黏土层在单面或双面排水条件下分别求：（1）加荷一年时的沉降量；（2）沉降量达 140 mm 所需的时间。

解：（1）求 $t = 1$ y 时沉降量。大面积荷载，黏土层中附加应力沿深度均匀分布，即 $\sigma_z = p_0 = 120$ kPa。

黏土层最终沉降量

$$s = \frac{a}{1 + e_0} \sigma_z H = \frac{3 \times 10^{-4}}{1 + 1} \times 120 \times 10^3 \times 10 = 180 (\text{mm})$$

竖向固结系数

$$C_v = \frac{k(1 + e_0)}{a \gamma_w} = \frac{1.8 \times 10^{-2} \times (1 + 1)}{3 \times 10^{-4} \times 10} = 12 (\text{m}^2 / \text{y})$$

单面排水，时间因数

$$T_v = \frac{C_v}{H^2} t = \frac{12 \times 1}{10^2} = 0.12$$

由图 4-18 的情况 1，查图 4-18 中所示的曲线 $\alpha=1$，得相应的固结度 $U_t=40\%$；那么 $t=1$ y 时的沉降量为

$$s_t=0.4\times180=72(\text{mm})$$

如果是双面排水，时间因数

$$T_v=\frac{C_v}{(H/2)^2}t=\frac{12\times1}{(10/2)^2}=0.48$$

同理，由图 4-19 中查得 $U_t=75\%$，一年的沉降量为

$$s_t=0.75\times180=135(\text{mm})$$

(2) 求沉降量达 140 mm 时所需时间。

由固结度定义得

$$U_t=s_t/s=140/180=0.78$$

由图 4-14 仍按 $\alpha=1$ 查得 $T_v=0.53$，所需的时间为

在单面排水条件下

$$t=\frac{T_vH^2}{C_v}=\frac{0.53\times10^2}{12}=4.4(\text{y})$$

在双面排水条件下

$$t=\frac{T_v(H/2)^2}{C_v}=\frac{0.53\times(10/2)^2}{12}=1.1(\text{y})$$

可见，达同一固结度时，双面排水所需时间为单面排水的 1/4。

4.5　应力历史对地基沉降的影响

在刚刚沉积或堆填的饱和黏性土中，孔隙水还没有排出。内部任意位置处的上覆土重加载到孔隙水上，土骨架没有承担上覆压力。随着时间的推移，上覆土重逐渐转移到土骨架上，同时，土在自重作用下逐渐固结下沉，直到所有上覆土压力全部转移到土骨架上。这种在土固结压缩完成后全部由土骨架承担的应力称为固结压力。对于大多数经历了长期地质作用形成的沉积土层而言，自重固结过程早已完成。土在历史上承担过的最大固结压力称为先期固结压力，土力学中常用 p_c 表示先期固结压力。

一般情况下，土中一点的先期固结压力 p_c 与其上现有覆盖土重 γh 相同，如图 4-20(a) 所示，这种土称为正常固结土。但有些情况下，土的先期固结压力 p_c 与现有覆盖土重 γh 并不相等。例如，某土层上在历史上相当长的一段时间里存在很高的上覆土层，先期固结压力 p_c 很大。后来的地质作用剥蚀掉部分覆盖土层形成现在的地面，使现有覆盖土重 γh 小于先期固结压力 p_c，如图 4-20(b) 所示，虚线表示当时沉积层的地表，后来由于流水或冰川等的剥蚀作用而形成地表，这种土称为超固结土。如新近沉积黏土、人工填土等，由于沉积后经历年代时间不久，在其自重作用下的固结还没有完成，则这种土称为欠固结土，如图 4-20(c) 所示，虚线表示将来固结完毕后的地表。欠固结土的自重还没有完全转移到土骨架上，部分自重由孔隙水承担。由土骨架承担的部分压力是迄今为止的历史上的最大固结应力，即先期固结压力 p_c。它只是现有覆盖土重 γh 的一部分，所以欠固结土的 $p_c<\gamma h$。

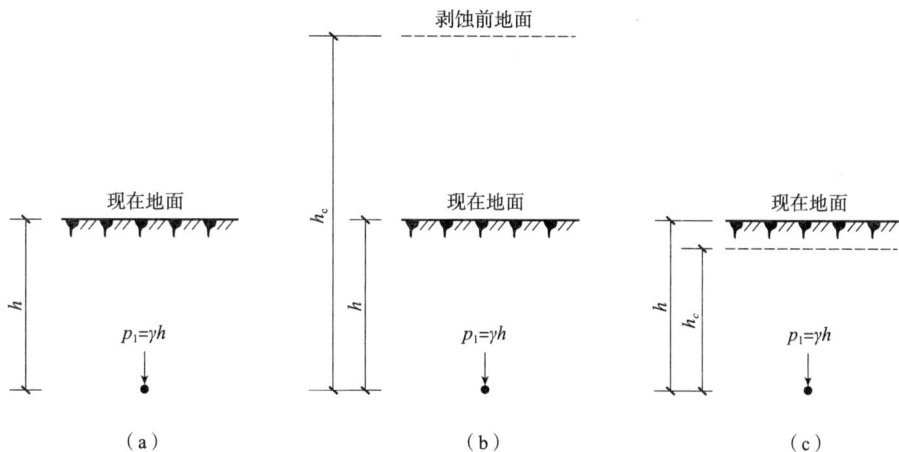

图 4-20　沉积土层按先期固结压力 p_c 分类

(a)A 类土层 $p_c > p_1$；(b)B 类土层 $p_c > p_1$；(c)C 类土层 $p_c > p_1$

在研究黏性土层的应力历史时，常使用一个称为超固结比的定量指标，即

$$OCR = p_c / p_1 \tag{4-24}$$

式中，p_1 表示现有覆盖土重，$p_1 = \gamma h$。显然，正常固结土 $OCR = 1$，超固结土 $OCR > 1$，欠固结土 $OCR < 1$。OCR 越大，表示超固结作用越强烈。

本章小结

建筑物自身质量及所受荷载作用于地基，地基产生变形，建筑物发生沉降。

沉降将对建筑物带来危害，轻者影响其正常使用，重则导致建筑物破坏。因此，为了保证建筑物的安全和正常使用，对于会造成地基较大变形的建筑物，尤其是重要建筑物，设计时必须计算其可能产生的最大沉降量和沉降差，必须了解施工和使用过程中不同时期的沉降量，将其控制在允许范围之内。

学习本章的目的是从试验出发，研究土的压缩性，利用第 3 章学习的方法计算土中的应力，然后根据应力计算地基最终变形，利用有效应力原理和固结理论研究地基变形与实践的关系，计算某时刻地基的变形。

课后习题

1. 选择题

(1)土体压缩是(　　　)。

　　A. 土中孔隙体积减小，土粒体积不变

　　B. 孔隙体积和土粒体积明显减少

　　C. 土粒和水本身的压缩量均较大

　　D. 孔隙体积不变

（2）根据室内压缩试验的结果绘制 e-p 曲线，该曲线越平缓，则表明（　　）。

  A. 土的压缩性越高

  B. 土的压缩性越低

  C. 土的压缩系数越大

  D. 土的压缩模量越小

（3）室内压缩试验中，压缩仪（固结仪）中的土样在压缩过程中（　　）。

  A. 只发生侧向变形

  B. 只发生竖向变形

  C. 同时发生竖向变形和侧向变形

  D. 竖向变形和侧向变形都不发生

（4）土的压缩系数 a_{1-2} 是（　　）。

  A. e-p 曲线上压力 p 为 $100\ kPa$ 和 $200\ kPa$ 对应的割线的斜率

  B. e-p 曲线上任意两点的割线的斜率

  C. e-p 曲线上 1 和 2 点对应的割线的斜率

  D. e-$\log p$ 曲线上的直线段的斜率

（5）（2018 年注册岩土工程师真题）某建筑场地，原始地貌地表标高为 $24\ m$，建筑物建成后，室外地坪标高为 $22\ m$，室内地面标高为 $23\ m$，基础底面标高为 $20\ m$，计算该建筑基础沉降时，基底附加压力公式 $p_0 = p - \gamma d$ 中，d 应取下列何值？（　　）

  A. $2\ m$

  B. $2.5\ m$

  C. $3\ m$

  D. $4\ m$

（6）相同固结度时，单面排水的时间是双面排水时间的（　　）。

  A. $1/2$

  B. $1/4$

  C. 2 倍

  D. 4 倍

（7）某场地地表挖去 $5\ m$，则该场地土层为（　　）。

  A. 非固结土

  B. 超固结土

  C. 正常固结土

  D. 欠固结土

（8）（2018 年注册岩土工程师真题）下列关于土的变形模量和压缩模量的试验条件的描述，哪个选项是正确的？（　　）

  A. 变形模量是在侧向无限变形条件下试验得出的

  B. 压缩模量是在单向应力条件下试验得出的

  C. 变形模量是在单向应变条件下试验得出的

  D. 压缩模量是在侧向变形等于零的条件下试验得出的

(9)(多选)(2018 年注册岩土工程师真题)在其他条件不变的情况下，下列关于软土地基固结系数的说法中正确的是哪些选项？（　　）

A. 地基土的灵敏度越大，固结系数越大

B. 地基土的压缩模量越大，固结系数越大

C. 地基土的孔隙比越小，固结系数越大

D. 地基土的渗透系数越大，固结系数越大

(10)(2010 年注册岩土工程师真题)关于土的压缩系数 a、压缩模量 E_s、压缩指数 C_c 的下列论述中哪些选项是正确的？（　　）

A. 压缩系数 a 值的大小随选取的压力段不同而变化

B. 压缩模量 E_s 值的大小和压缩系数 a 的变化成反比

C. 压缩指数 C_c 只有土性有关，不随压力变化

D. 压缩指数 C_c 越小，土的压缩性越高

(11)(2021 年注册岩土工程师真题)按《建筑地基基础设计规范》(GB 50007—2011)规定进行地基最终沉降量计算时，以下地基和基础条件中，影响地基沉降计算值的选项是哪些？（　　）

A. 基础的埋置深度

B. 基础底面以上土的重度

C. 土层的渗透系数

D. 基础底面的形状

2. 填空题

(1)地基沉降计算深度下限，一般可取 $\sigma_z =$ ＿＿＿＿＿＿ σ_{cz}；软土为 $\sigma_z =$ ＿＿＿＿＿＿ σ_{cz}。

(2)分层总和法的缺点是精度相差较大，对于坚硬地基，分层总和法比实测值明显＿＿＿＿＿＿＿＿；对于软弱地基，计算值比实测值明显＿＿＿＿＿＿＿＿。

(3)有一 10 m 厚的饱和黏土层，上下两面均可排水，现将黏土层中心取得的土样切取厚度为 2 cm 的试样做固结试验。该试样在某级压力下达到 80％ 的固结度需 10 min，问该黏土层在同样固结压力作用下达到 80％ 的固结度需要＿＿＿＿＿＿年(保留小数点后两位)。若黏土层改为单面排水，所需时间为＿＿＿＿＿＿年。

3. 计算题

(1)某场地第一层为黏性土层，厚度为 4 m，其下为基岩，经试验测得黏性土层的平均孔隙比 $e = 0.700$，平均压缩系数 $a = 0.5\ \text{MPa}^{-1}$。求该黏性土的平均压缩模量 E_s。现在黏性土层表面增加大面积荷载 $p = 100\ \text{kPa}$，求在该大面积荷载作用下黏性土层顶面的最终固结沉降量。

(2)厚度为 10 m 的黏土层，上覆透水层，下卧不透水层，由于基底上作用着竖向均布荷载，在土层中引起的附加应力的大小和分布如图 4-21 所示。若土层的初始孔隙比 e_0 为 0.8，压缩系数 $a = 2.5 \times 10^{-4}\ \text{kPa}^{-1}$，渗透系数 $k = 0.02\ \text{m/y}$，试问：①加载一年后，基础中心点的沉降量为多少？②地基固结度达到 0.75 需要多少时间？③若将此黏土层下部改为透水层，则地基固结度达到 0.75 需要多少时间？(已知：$T_v = 1.44$，$\alpha = 1.5$ 时，$U_t = 0.45$；$U_t =$

$0.75，\alpha=1.5$ 时，$T_v=0.47$)

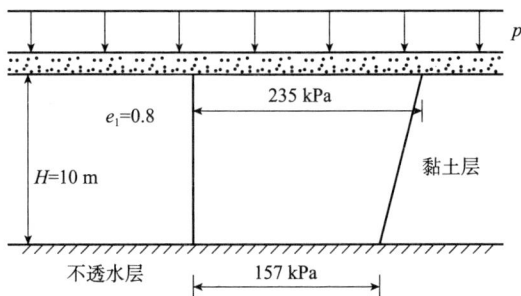

图 4-21　计算题(2)附图

趣闻杂谈

如果沙发和教室的椅子让你选择，你会选择坐在哪里？毫无疑问会选择沙发，因为舒服。那为什么坐沙发比坐一般的椅子舒服呢？是由于它柔软，可变形，人体的受力面积就大，接触应力减小，且应力均匀，不会发生应力集中，使皮肉舒展、血脉畅通。沙发一般是由一系列弹簧固定在底座上，充填一些毛、麻、棉纱柔软之物，外裹以美观、柔软、坚韧的皮革或麻布等面料。人坐上去，柔韧的面料下陷，部分荷载作用于内部孔隙气体上，产生超静孔压；由于空气可压缩变形，部分荷载可直接作用于弹簧上，即为有效应力。由于压缩空气与弹簧的共同作用，面料将荷载分布到较大面积上，受力面积大，没有明显的应力集中，人就感到舒适。对于皮革面料，其对空气的渗透系数较小，在超静孔压的驱动下，空气的排出需要一段时间。随着时间的延续，空气逐渐排出，孔压消散，弹簧与柔软的填料承受的有效应力加大，受力面积进一步加大，面料的变形逐渐与臀部的轮廓协调一致，形成美妙的曲面，应力进一步均匀，人也越来越舒适了。

太沙基的饱和土体一维渗流固结理论是土力学学科中少见的、标志性的理论，它对于土力学学科的形成具有重要的意义。太沙基有可能就是坐了沙发以后受到启发，才发现和提出了饱和土体的渗流固结理论。图 4-17 就是太沙基的渗流固结理论的示意，这简直就是沙发工作原理图。只不过沙发中的弹簧更多，表面也不是一个刚性活塞，而是柔软的、可变形的皮面。

其实所谓的"舒适"就在于和谐。一个好的沙发首先其弹簧的刚度要合适，过硬了就像椅子，太软了又像漏水的水床。整个系统不能完全封闭，否则一个肥胖人可能会压爆；也不能完全开放，没有渗流固结过程，就难以调节与均衡压力。面料的软硬、强弱，弹簧上的衬垫的设置等，要求能使其变形后形成符合人体的曲线。可以对比坐在气球上和坐在沙发上的感觉，体会到调节释放压力与渗流固结过程的可贵。

一个社会与国家也应如沙发一样和谐与均衡，这就需要有适当的调节机构，释放过大的压力，减少基尼系数，使分担更均衡、更合理。很多年前，似乎地球上发生了一次严重自然灾害，因而才有女娲补天(据说是天被撞漏了，暴雨不停)、后羿射日(几个太阳连续暴晒而酷热难挨)和大禹治水(洪水成灾)等传说。据说一开始是让共工与鲧负责治水，采用"壅防百川"的方略，也即单纯的"防"与"堵"，筑堤侵占河道，壅高洪水，未能适度退让，给水以足够的出路以缓解压力，结果治水失败。后来大禹改变策略，采用湮、导、蓄相结合，"开九州，通九道，陂九泽，度九山"，也即给水流以出路，适度地蓄洪以缓解压力，结果治水成功，并建立了夏王朝。

第 5 章

土的抗剪强度及指标测定

1. 工程概况

加拿大特朗斯康(Transcona)谷仓(图 5-1),南北长 59.44 m,东西宽 23.47 m,高 31.00 m。基础为钢筋混凝土筏形基础,厚 61 cm,埋深为 3.66 m。谷仓 1911 年动工,1913 年秋完成。谷仓自重为 20 000 t,相当于装满谷物后总质量的 42.5%。

图 5-1 加拿大特朗斯康谷仓

2. 事故回放

1913 年 9 月谷仓开始装谷物,装至 31 833 m³ 时,发现谷仓 1 h 内沉降达到 30.5 cm,并向西倾斜,24 h 后倾倒,西侧下陷 7.32 m,东侧抬高 1.52 m,倾斜 27°。地基虽破坏,但钢筋混凝土筒仓安然无恙,后用 388 个 50 t 千斤顶纠正后继续使用,但标高较原先下降 4 m(图 5-2)。

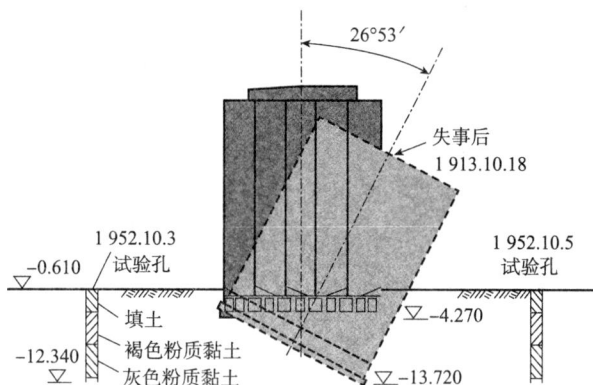

图 5-2　谷仓破坏示意

3. 原因分析

(1)对谷仓地基土层事先未做勘察、试验与研究，采用的设计荷载超过地基土的抗剪强度，导致这一严重事故的发生。1952 年从不扰动的黏土试样测得：黏土层的平均含水率随深度而增加，从 40% 增加到 60%；无侧限抗压强度 q_u 从 118.4 kPa 减少至 70.7 kPa。平均为 100.0 kPa；平均液限为 105%，塑限为 35%，塑性指数 I_P＝70。试验表明，这层黏土是高胶体、高塑性的。

(2)谷仓发生地基滑动强度破坏是事故的主要原因。由于谷仓整体刚度较大，地基破坏后，筒仓仍保持完整，无明显裂缝，只是地基发生强度破坏而整体失稳。

4. 事故总结

为修复筒仓，在基础下设置了 70 多个支撑于深为 16 m 基岩上的混凝土墩，使用了 388 只 50 t 的千斤顶，逐渐将倾斜的筒仓纠正。补救工作在倾斜谷仓底部水平巷道中进行，新的基础在地表下深 10.36 m。经过纠倾处理后，谷仓于 1916 年起恢复使用。修复后，谷仓标高比原来降低了 4 m。

理论知识

5.1　概　述

在工程实践中，与土的抗剪强度有关的工程问题主要有以下三类，如图 5-3 所示。第一类是土质边坡，如土坝、路堤等填方边坡及天然土坡等的稳定性问题[图 5-3(a)]。当某一个面上的剪应力超过土的抗剪强度时，边坡就会沿着这个面产生向下的滑动，从而导致边坡失去稳定性而坍塌。第二类是土对工程构筑物的侧向压力，即土压力问题，如挡土墙、地下结构等所受的土压力，它受土强度的影响，当挡土结构物后的土体产生剪切破坏时，将造成过大的对墙体的侧向土压力，这些过大的侧向土压力将有可能导致挡土结构物发生滑动、倾覆等工程事故[图 5-3(b)]。第三类是建筑物地基的承载力问题。当建筑物荷载达到某一值时，地基中某些点的剪应力达到土的抗剪强度，这些点即为强度破坏点。随着建筑物荷载的增加，这些强度破坏点将越来越多，最终将连接成为一个连续的剪切滑动面，此时整个地基就失去稳定性而发生破坏，从而导致上部结构破坏或影响其正常使用[图 5-3(c)]。所以，研究土的抗剪强度规律对于工程设计、施工和管理都具有非常重要的理论和实际意义。

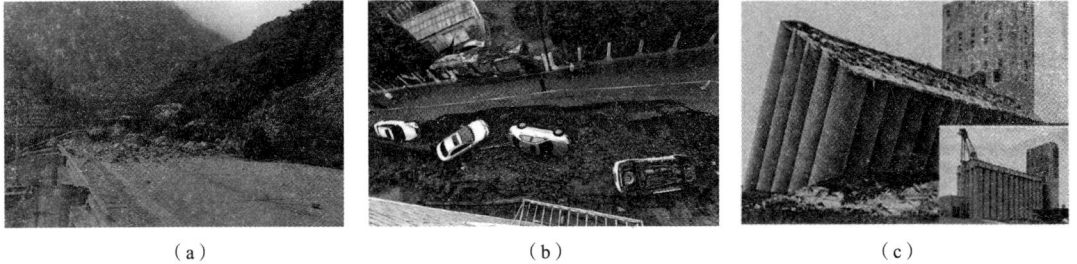

（a）　　　　　　　　　　　　　（b）　　　　　　　　　　　　　（c）

图 5-3　工程中土的强度问题

(a)土质边坡；(b)侧压力；(c)地基承载力

5.2　土的抗剪强度

土的抗剪强度是指土体抵抗剪切破坏的能力，其数值等于土产生剪切破坏时滑动面上的剪应力。当土体受到荷载作用后，土中各点将产生剪应力。若某点的剪应力达到其抗剪强度，在剪切面两侧的土将产生相对位移而产生滑动破坏，该剪切面也称为滑动面或破坏面。

抗剪强度是土的主要力学性质之一，也是土力学的重要组成部分。土是否达到剪切破坏状态，除取决于其本身的性质外，还与它所受到的应力组合密切相关，不同的应力组合会使土产生不同的力学性质。土破坏时的应力组合关系称为土的破坏准则。本章主要介绍被生产实践所广泛采用的土破坏准则，即莫尔－库仑破坏准则。

5.2.1　库仑强度公式

库仑于 1776 年根据砂土剪切试验，提出砂土抗剪强度的表达式为

$$\tau_f = \sigma \tan\varphi \tag{5-1}$$

式中　τ_f——土的抗剪强度(kPa)；

　　　σ——作用在剪切面上的法向应力(kPa)；

　　　φ——砂土的内摩擦角(°)。

通过试验提出适合黏性土的抗剪强度表达式为

$$\tau_f = \sigma \tan\varphi + c \tag{5-2}$$

式中　c——土的黏聚力。

式(5-1)与式(5-2)一起统称为库仑公式，可分别用图 5-4(a)、(b)表示。从式(5-1)可以看出，无黏性土(如砂土)的 $c=0$，因而，式(5-1)是式(5-2)的一个特例，其抗剪强度与作用在剪切面上的法向应力成正比。当 $\sigma=0$ 时，$\tau_f=0$，这表明无黏性土的 τ_f 由剪切面上土粒之间的摩阻力形成。粒状的无黏性土的土粒之间摩阻力包括滑动摩擦和由土粒之间相互咬合所提供的附加阻力，其大小取决于土颗粒的粒度大小、颗粒级配、密实度和土粒表面的粗糙度等因素。从式(5-2)可知，黏性土的 τ_f 包括摩阻力 $\sigma\tan\varphi$ 和黏聚力 c 两个组成部分。

黏聚力是土粒之间的胶结作用和各种物理、化学引力作用的结果，其大小与土的矿物组成和压密程度有关。当 $\sigma=0$ 时，c 值即为抗剪强度线在纵坐标轴上的截距。

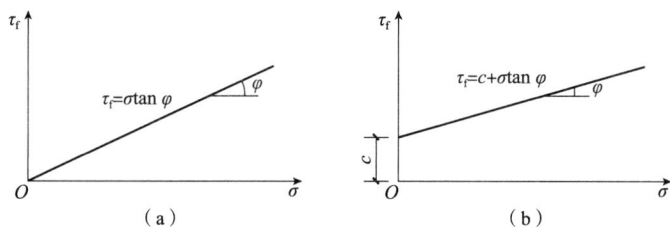

图 5-4　抗剪强度与法向压应力之间的关系
（a）无黏性土；（b）黏性土

1925 年，太沙基提出饱和土的有效应力概念。随着固结理论的发展，人们逐渐认识到土的抗剪强度并不仅取决于剪切面上的总法向应力，而且取决于该面上的有效法向应力，土的抗剪强度应表示为剪切面上有效应力的函数。因此，对应于库仑公式，土的有效应力强度表达式可写为

对于无黏性土：$\qquad\qquad \tau_f=(\sigma-u)\tan\varphi'=\sigma'\tan\varphi'$

对于黏性土：$\qquad\qquad \tau_f=c'+(\sigma-u)\tan\varphi=c'+\sigma'\tan\varphi'$

式中　c'——土的有效黏聚力；

$\qquad\varphi'$——土的有效内摩擦角；

$\qquad\sigma'$——作用在剪切面上的有效法向应力；

$\qquad u$——孔隙水压。

土的 c 和 φ 统称为土的总应力强度指标，直接应用这些指标所进行的土体稳定分析就称为总应力法；而 c' 和 φ' 统称为土的有效应力强度指标，应用这些指标所进行的土体稳定分析就称为有效应力法。由于有效法向应力才是影响土粒之间摩擦阻力的决定因素，为求得有效法向应力，需增加测求孔隙水压力的工作量，但由于在实际工程中的孔隙水压力很难准确计算和量测，因而有许多工程问题仍采用总应力法分析计算。因为难以准确反映孔隙水压力的存在对抗剪强度产生的影响，工程中往往选用最接近实际条件的试验方法取得总应力强度指标。

土的 c 和 φ 应理解为只是表达 σ 和 τ_f 关系试验成果的两个数学参数，因为即使是同一种土，其 c 和 φ 也并非是常数值，它们均因试验方法和土样的试验条件（如固结和排水条件）等的不同而异。

需要注意的是，许多土类的抗剪强度线并非都呈直线状，而是随着应力水平有所变化。

5.2.2　莫尔应力圆

在土体中取一单元体[图 5-5（a）]，设作用在该单元体上的大、小主应力分别为 σ_1 和 σ_3，在单元体内与大主应力 σ_1 作用面成任意角 α 的 mn 面上的法向应力和剪应力分别为 σ、τ。为了建立 σ、τ 与 σ_1、σ_3 之间的关系，截取楔形脱离体 abc[图 5-5（b）]，将各力分别在水平和竖直方向进行分解，根据静力平衡条件可得

水平向：$\sigma_3 ds\sin\alpha-\sigma ds\sin\alpha+\tau ds\cos\alpha=0$

$$\text{竖直向：} \sigma_1 ds\cos\alpha - \sigma ds\cos\alpha - \tau ds\sin\alpha = 0$$

联立求解以上方程可以得到斜截面 mn 上的法向应力 σ 和剪应力 τ 为

$$\sigma = \frac{1}{2}(\sigma_1 + \sigma_3) + \frac{1}{2}(\sigma_1 - \sigma_3)\cos2\alpha \tag{5-3a}$$

$$\tau = \frac{1}{2}(\sigma_1 - \sigma_3)\sin2\alpha \tag{5-3b}$$

这是一个以 σ 和 τ 为变量，以 α 为参数的参数方程，表示 (σ, τ) 坐标系中的一个圆。这个圆即为著名的莫尔应力圆（简称莫尔圆），如图 5-5(c) 所示。其圆周上任意一点表达一个平面及该面上的应力：

（1）圆心角（过该点的半径与横坐标轴的夹角）的一半表示该平面与大主应力作用面的夹角；

（2）纵坐标表示该面上的剪应力；

（3）横坐标表示该面上的正应力。

由圆心角与圆周角的倍半关系可知，该点与 $(\sigma_3, 0)$ 点的连线 [图 5-5(c) 中的虚线] 倾角等于 α，因此可以用这条连线表示所研究斜面的方向。莫尔圆与横坐标的两个交点，一个点 $(\sigma_1, 0)$ 表示大主应力作用面，另一个点 $(\sigma_3, 0)$ 为小主应力作用面。圆周上纵坐标最大的点为 $\left(\dfrac{\sigma_1 + \sigma_3}{2}, \dfrac{\sigma_1 - \sigma_3}{2}\right)$，说明剪应力最大值等于圆的半径 $\dfrac{\sigma_1 - \sigma_3}{2}$，作用面与大主应力作用面的夹角为 $45°$。

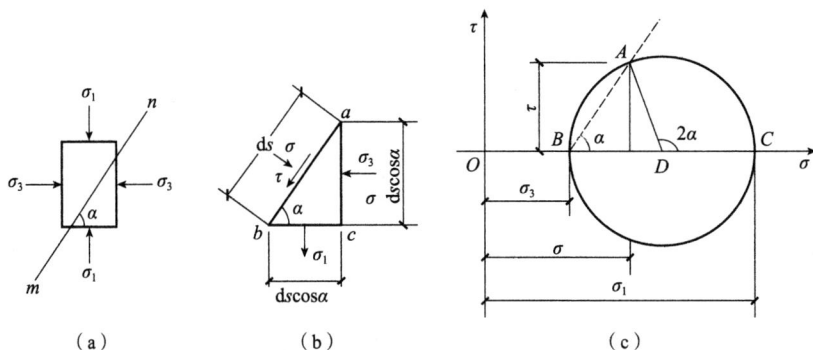

图 5-5 土体中任意点的应力
(a) 微单元体上的应力；(b) 隔离体 abc 上的应力；(c) 莫尔应力圆

【**例 5-1**】 已知土体中某点大主应力 $\sigma_1 = 500 \text{ kN/m}^2$，小主应力 $\sigma_3 = 200 \text{ kN/m}^2$。试计算与大主应力 σ_1 作用平面成 $30°$ 的平面上的正应力 σ 和剪应力 τ。

解： 由式 (5-3a)、式 (5-3b) 得

$$\sigma = \frac{1}{2}(\sigma_1 + \sigma_3) + \frac{1}{2}(\sigma_1 - \sigma_3)\cos2\alpha$$

$$= \frac{1}{2} \times (500 + 200) + \frac{1}{2} \times (500 - 200)\cos(2 \times 30°) = 425(\text{kPa})$$

$$\tau = \frac{1}{2}(\sigma_1 - \sigma_3)\sin2\alpha = \frac{1}{2} \times (500 - 200)\sin(2 \times 30°) = 130(\text{kPa})$$

5.2.3 莫尔一库仑强度破坏准则

为判别某点土是否破坏,可将土的抗剪强度包线和表示该点应力状态的莫尔圆绘制于同一坐标上(图 5-6),并做相对位置的比较,它们之间存在以下三种情况:

(1)若莫尔圆位于抗剪强度曲线以下(如圆Ⅰ所示),表示该点任一平面上的剪应力都小于土的抗剪强度,即 $\tau < \tau_f$,该点处于弹性平衡状态,因此该点不会发生剪切破坏。

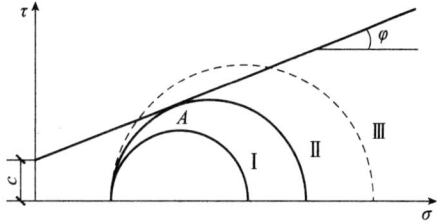

(2)若抗剪强度曲线与莫尔圆相切(如圆Ⅰ所示),表示切点所代表的平面上的剪应力等于土的抗剪强度,即 $\tau = \tau_f$,土中该点处于极限平衡状态,圆Ⅱ称为极限应力圆。

图 5-6 莫尔圆与抗剪强度之间的关系

(3)若抗剪强度曲线为莫尔圆的割线(如圆Ⅲ所示),割线以上莫尔圆上的点所代表的平面上的剪应力,均超过各自面上的抗剪强度,即 $\tau > \tau_f$。实际上这种应力状态不可能存在,因为在此之前土中该点早已沿某一平面剪坏了,剪应力不可能超过土的抗剪强度。

当土中某点任一平面上的剪应力等于土的抗剪强度时,将该点即濒于破坏的临界状态,这个临界状态称为极限平衡状态。极限平衡状态下的各种应力之间的关系称为极限平衡条件。该条件即为莫尔一库仑强度理论。极限平衡条件的数学表达式称为极限平衡方程。

根据极限莫尔应力圆与库仑强度线相切的几何关系,可推导土的极限平衡方程。

如图 5-7 所示,$\sin\varphi = AD/RD$,而 $AD = (\sigma_1 - \sigma_3)/2$,$RD = c \cdot \cot\varphi + (\sigma_1 + \sigma_3)/2$,所以

$$\sin\varphi = \frac{\frac{1}{2}(\sigma_1 - \sigma_3)}{c \cdot \cot\varphi + \frac{1}{2}(\sigma_1 + \sigma_3)} \tag{5-4}$$

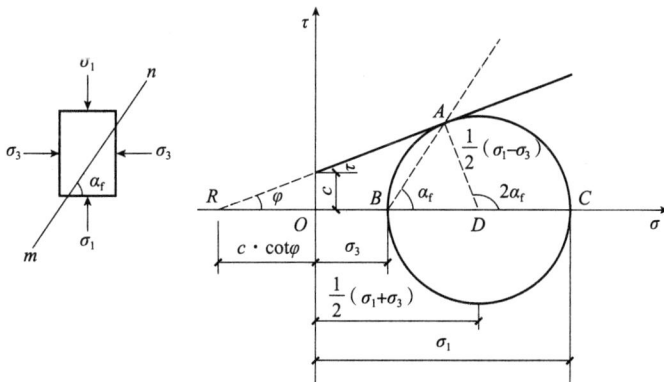

图 5-7 土体中一点达到极限平衡时的莫尔圆

利用三角公式转换,可得

$$\sigma_1 = \sigma_3 \tan^2\left(45° + \frac{\varphi}{2}\right) + 2c \cdot \tan\left(45° + \frac{\varphi}{2}\right) \tag{5-5a}$$

或

$$\sigma_3 = \sigma_1 \tan^2\left(45° - \frac{\varphi}{2}\right) - 2c \cdot \tan\left(45° - \frac{\varphi}{2}\right) \qquad (5\text{-}5\text{b})$$

式(5-5)即为极限平衡方程。

由图5-7中的几何关系，可得破坏面与大主应力作用面之间的夹角为

$$\alpha_f = 45° + \frac{\varphi}{2} \qquad (5\text{-}6)$$

【例5-2】 地基中某一点的大主应力为430 kPa，小主应力为200 kPa。通过试验测得土的抗剪强度指标 $c = 15$ kPa，$\varphi = 20°$。试问该点土处于何种状态？

解： 已知 $\sigma_1 = 430$ kPa，$\sigma_3 = 200$ kPa，$c = 15$ kPa，$\varphi = 20°$。

(1)用 σ_{1f} 与 σ_1 的比较进行判断。

由式(5-5a)得 $\sigma_{1f} = \sigma_3 \tan^2\left(45° + \dfrac{\varphi}{2}\right) + 2c\tan\left(45° + \dfrac{\varphi}{2}\right) = 450.8$(kPa)

计算结果表明：$\sigma_{1f} > \sigma_1$，实际应力圆半径小于极限应力圆半径，所以，该点处于弹性平衡状态。

(2)用 σ_{3f} 与 σ_3 的比较进行判断。

由式(5-5b)得 $\sigma_{3f} = \sigma_1 \tan^2\left(45° - \dfrac{\varphi}{2}\right) - 2c\tan\left(45° - \dfrac{\varphi}{2}\right) = 189.8$(kPa)

计算结果表明：$\sigma_{3f} < \sigma_3$，实际应力圆半径小于极限应力圆半径，所以，该点处于弹性平衡状态。

(3)按破裂面上的剪应力 τ 和抗剪强度 τ_f 的对比判断。

土达到极限平衡状态时，破裂角 $\alpha_f = \dfrac{1}{2}(90° + \varphi) = 45° + \dfrac{\varphi}{2} = 55°$

由式(5-3a)和式(5-3b)得破裂面上的正应力 $\sigma = \dfrac{1}{2}(\sigma_1 + \sigma_3) + \dfrac{1}{2}(\sigma_1 - \sigma_3)\cos(2\alpha_f) = 275.7$(kPa)

剪应力 $\tau = \dfrac{1}{2}(\sigma_1 - \sigma_3)\sin(2\alpha_f) = 108.1$(kPa)

对应于该面上正应力的抗剪强度 $\tau_f = \sigma\tan\varphi + c = 275.7 \times \tan20° + 15 = 115.3$(kPa)

由于 $\tau < \tau_f$，所以该点处于弹性平衡状态，不会发生剪切破坏。

5.3　土的抗剪强度指标的测定

前面提到，土的抗剪强度公式中抗剪强度指标 c 和 φ 会随试验方法与土样的试验条件等的不同而不同。

土的抗剪强度指标可由多种方法测定，包括室内试验和原位测试。室内试验有直接剪切试验、三轴压缩试验及无侧限抗压强度试验等；原位测试有十字板剪切试验等。

影响土的抗剪强度的因素很多，如土的密度、含水率、初始应力状态、应力历史及固结程度和试验中的排水条件等。因此，为了求得可供设计或计算分析用的土的强度指标，在试验室中测定土的抗剪强度时，应采取具有代表性的土样而且还必须采用一种能够模拟现场条

件的试验方法来进行。根据现有的测试设备和技术条件，要完全模拟现场条件仍有困难，只是尽可能地做近似模拟。

对于砂土和砾石，测定其抗剪强度时可采用扰动试样进行试验，对于黏性土，由于扰动对其强度影响很大，因而必须采用原状试样进行抗剪强度的测定。但研究土的剪切性状时，只能用重塑土进行。土的抗剪强度与土固结程度和排水条件有关，对于同一种土，即使在剪切面上具有相同的法向总应力，由于土在剪切前后的固结程度和排水条件不同，它的抗剪强度也不同。下面介绍常用的剪切试验仪器、试验原理和测定抗剪强度的试验方法。

5.3.1　直接剪切试验

采用直接剪切仪（简称直剪仪）来测定土的抗剪强度的试验称为直接剪切试验。直接剪切试验是测定预定剪破面上的抗剪强度的最简便和最常用的方法。直剪仪可分为应变控制式和应力控制式两种。前者以等应变速率使试样产生剪切位移直至破坏；后者是分级施加水平剪应力并测定相应的剪切位移。目前，我国使用较多的是应变控制式直剪仪（图 5-8）。其主要由剪切盒、垂直加荷设备、剪切传动装置、测力计、位移量测系统组成。环刀内径为 61.8 mm（面积为 30.0 cm²），高度为 20 mm。位移量测设备为百分表或位移传感器。百分表量程应为 10 mm，分度值为 0.01 mm；位移传感器的精度应为零级。

图 5-8　应变控制式直剪仪

1. 直接剪切试验的分类

为了近似模拟土体在现场剪切时的排水条件，直接剪切试验可分为以下几项：

（1）快剪试验：对试样施加竖向压力 σ 后，立即快速施加水平剪应力使试样剪切破坏；

（2）固结快剪试验：对试样施加竖向压力 σ 后，允许试样在竖向应力作用下充分排水固结，然后快速施加水平剪应力使试样剪切破坏；

（3）慢剪试验：允许试样在竖向应力作用下充分排水固结，然后以缓慢速率施加水平剪切应力，使试样剪切破坏。

2. 直接剪切试验的优、缺点

直接剪切试验仪器的优点为构造简单、操作方便；而其存在的主要缺点如下：

（1）剪切面是由人为限制的，因此，试样破坏时不一定是发生在最软弱的面上；

（2）剪切面上的水平剪应力分布不均匀，土样剪切时先从边缘开始，因而，在边缘处发生应力集中现象；

（3）在剪切过程中，试样的剪切面积是逐渐减小的，而在计算抗剪强度时是按照试样的原截面面积计算的；

（4）剪切试验时不能严格控制排水条件，不能量测孔隙水压力，在进行不排水剪切试验时，试样有可能排水，因此，对于抗剪强度受排水条件影响显著的黏性土，其试验结果不够理想。

5.3.2 三轴压缩试验

1. 三轴压缩仪、试验步骤及其原理

三轴压缩试验直接量测的是试样在不同恒定周围压力下的抗压强度，然后利用莫尔一库仑破坏理论间接推求土的抗剪强度。三轴压缩试验是目前测定土的抗剪强度指标较为完善的试验方法，它能较为严格地控制土样的排水、测试剪切前后和剪切过程中的土样中的孔隙水压力。

应变控制式三轴压缩仪由压力室、周围压力系统、轴向加压系统、孔隙水压力系统、反压力系统和其他附属设备包括切土器、切土盘、分样器、饱和器、击实器、承膜筒和对开圆模等组成。三轴压缩仪如图 5-9 所示；压力室构造如图 5-10 所示。

压力室是三轴压缩仪的主要组成部分。它是一个由金属上盖、底座和透明有机玻璃圆筒组成的密闭容器。试样为圆柱形，高度与直径之比按《土工试验方法标准》(GB/T 50123—2019)采用 2～2.5。试样安装在压力室中，外用柔性橡胶膜包裹，橡胶膜扎紧在试样帽和底座上，不使压力室中的水

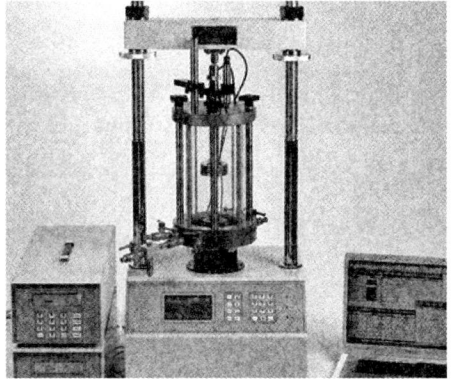

图 5-9 三轴压缩仪

进入试样。试样上下两端可根据试验要求放置透水石或不透水板。试验时，试样的排水由与顶部连通的排水阀来控制。试样底部与孔隙水压力量测系统相连接，必要时用以量测试验过程中试样内的孔隙水压力变化。

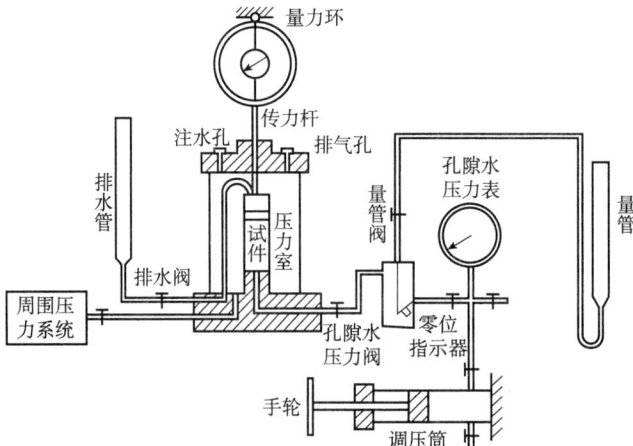

图 5-10 压力室构造

2. 三种试验方法

三轴压缩试验的加载分为两个阶段：第一个阶段施加三项均等的周围压力；第二个阶段保持围压不变，增加竖向压力直至试件破坏。第一个阶段各向压力均等，应力圆只是一个点，试件的任何方向都不存在剪应力；第二个阶段中土的竖向应力为大主应力 σ_1，横向应力为小主应力 σ_3，形成了剪应力。破坏时的大小主应力差 $\sigma_1 - \sigma_3$ 也称为偏应力。

根据三轴试验过程中试样的固结与排水条件，可分为不固结不排水剪（Unconsolidated-undrained，UU）、固结不排水剪（Consolidated-undrained，CU）和固结排水剪（Consolidated-drained，CD）三种试验方法。

(1)不固结不排水剪。不固结不排水剪又称三轴快剪。在施加围压和增加轴压直至破坏过程中均不允许试样排水。通过不固结不排水剪试验可以获得总的抗剪强度指标 c_u、φ_u。它适用土层厚度大、渗透系数较小、施工快速的工程及快速破坏的天然土坡稳定性的验算。

(2)固结不排水剪。固结不排水剪又称三轴固结快剪。先在围压下排水固结，然后在保持不排水的条件下增加轴压直至试样破坏。通过该试验方法可以测定总的抗剪强度指标 c_{cu}、φ_{cu} 和有效抗剪强度指标 c'、φ'。固结不排水剪可以模拟地基在自重或正常荷载下已达到充分固结，然后遇有施加突然荷载的情况。如一般建筑物地基的稳定性验算及预计建筑物施工期间能够排水固结，但在竣工后将施加大量荷载或可能有突加荷载等情况。

(3)固结排水剪。固结排水剪又称三轴慢剪。先在围压下排水固结，然后在允许试样充分排水的情况下增加轴压直至试样破坏。通过该试验方法可以测定有效抗剪强度指标 c_d、φ_d。该指标适用土层厚度小、渗透系数大及施工速度慢的工程。对于先加竖向荷载，长时期后加水平向荷载的挡土墙、水闸等地基也可考虑采用固结排水剪得到的指标。

3. 三轴压缩试验的特点

三轴压缩试验可供在复杂应力条件下研究土的抗剪强度特性之用。其突出优点如下：

(1)试验中能严格控制试样的排水条件，准确测定试样在剪切过程中孔隙水压力变化，从而可定量获得土中有效应力的变化情况；

(2)相对于直剪试验，试样中的应力状态较为明确和均匀，不硬性指定破裂面位置；

(3)除抗剪强度指标外，还可测定如土的灵敏度、侧压力系数、孔隙水压力系数等力学指标。

但三轴压缩试验也存在试样制备和试验操作比较复杂，试样中的应力与应变仍然不够均匀的缺点。由于试样上、下端的侧向变形分别受到刚性试样帽和底座的限制，而在试样的中间部分不受约束，因此，当试样接近破坏时，试样常被挤压成鼓形。此外，目前的"三轴试验"，一般都是在轴对称的应力应变条件下进行的。许多研究报告表明，土的抗剪强度受到应力状态的影响。在实际工程中，油罐和圆形建筑物地基的应力分布属于轴对称应力状态，而路堤、土坝和长条形建筑物地基的应力分布属于平面应变状态（$\varepsilon_2 = 0$），一般方形和矩形建筑物地基的应力分布则属三向应力状态（$\sigma_1 \neq \sigma_2 \neq \sigma_3$）。有人曾利用特制的仪器进行三种不同应力状态下的强度试验，发现同种土在不同应力状态下的强度指标并不相同。如对砂土所进行的许多对比试验表明，平面应变的砂土的 φ 值较轴对称应力状态下高出 $3°$左右。因而，三轴压缩试验结果不能全面反映中主应力（σ_2）的影响。若想获得更合理的抗剪强度参数，须采用真三轴仪，其试样可在三个互不相同的主应力($\sigma_1 \neq \sigma_2 \neq \sigma_3$)作用下进行试验。

5.3.3 无侧限抗压强度试验

无侧限抗压强度试验如同三轴压缩试验中 $\sigma_3 = 0$ 时的特殊情况。试验时，将圆柱形试样置于图 5-11 所示的无侧限压缩仪中。由于试样在试验过程中侧向不受任何限制，故称无侧限抗压强度试验，又称单轴压缩试验。试验时在不加任何侧向压力的条件下施加轴向压力，直到试样发生剪切破坏为止，破坏时试样所能承受的最大轴向压力 q_u 称为无侧限抗压强度。由于无黏性土在无侧限条件下试样难以成型，故该试验主要用于黏性土，尤其适用饱和软黏性土。

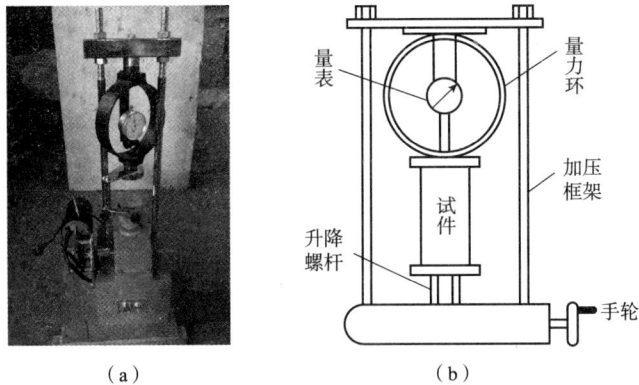

图 5-11　无侧限压缩仪

(a)实物图；(b)构造

根据试验结果，只能做出一个极限应力圆，对于一般黏土难以做出破坏包线。而对于饱和软黏土，该试验相当于三轴试验时的不固结不排水试验（UU 试验），此时试样的破坏包线近似一条水平线(图 5-12)，则有 $\varphi_u = 0$，$\tau_f = c_u = q_u / 2$。

根据极限平衡方程，无侧限抗压强度 $q_u = 2c\tan(45° + \varphi/2)$。

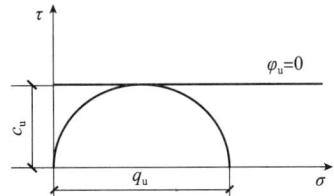

图 5-12　无侧限抗压强度试验结果

5.3.4 十字板剪切试验

十字板剪切试验是一种测定饱和软黏土强度的原位测试方法，采用该方法测试土的抗剪强度时，能够保证试验时土的排水条件、受力状态与其天然状态基本一致，避免了取样、保存、运送过程中对土的扰动，因而，特别适用难以取样和高灵敏度的饱和软黏土抗剪强度的测试。

十字板剪切仪的构造如图 5-13 所示。试验时，先将套管打到预定的试验深度，并将套管内的土体清除，然后利用套管将装在钻杆端部的十字板压入土中约 750 mm。最后，由地面上的扭力设备对钻杆施加扭矩，带动埋在土中的十字板扭转，在土中强制形成圆柱形剪切破坏面。

假定圆柱体破坏面的上下底面及侧面上的抗剪强度相等，由此计算出土的抗剪强度。剪切破坏时，其抗扭力矩由圆柱体侧面和上、下表面土的抗剪强度产生的抗扭力矩两部分构成：

（1）圆柱体侧面上的抗扭力矩 M_1 为

$$M_1 = \pi D H \tau_f \times \frac{D}{2}$$

式中　τ_f——圆柱体侧面及上下面的土体抗剪强度（kPa）；

　　　H——十字板的高度（m）；

　　　D——十字板的直径（m）。

（2）圆柱体上、下表面上的抗扭力矩 M_2 为

$$M_2 = 2\int_0^{D/2} r \cdot \tau_f \cdot 2\pi r \cdot \mathrm{d}r = \frac{\pi}{6} D^3 \tau_f$$

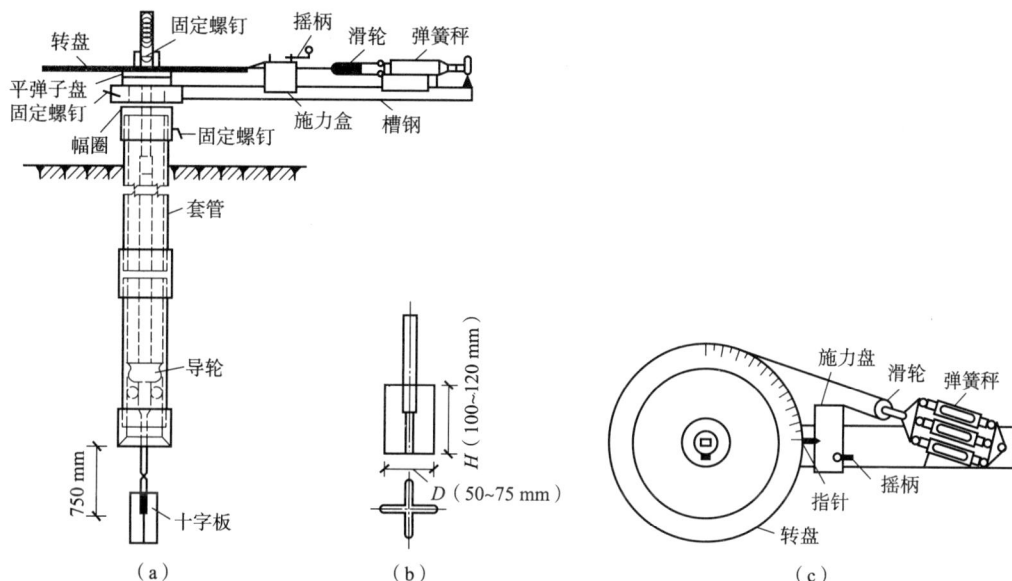

图 5-13　十字板剪力仪

（a）剖面图；（b）十字板；（c）扭力设备

设剪切破坏时所施加的扭矩为 M，则它应该与土体发生圆柱形剪切破坏时，破坏面上土的抗剪力对十字板中心所产生的抵抗力矩相等，即

$$M = M_1 + M_2 = \frac{1}{2}\pi D^2 \left(H + \frac{D}{3}\right)\tau_f$$

于是，由十字板剪切试验测定的土体抗剪强度为

$$\tau_f = \frac{2M}{\pi D^2 \left(H + \frac{D}{3}\right)} \tag{5-7}$$

由十字板在现场测定的土的抗剪强度，属于不排水剪切的试验条件，因此其结果一般与无侧限抗压强度试验结果接近，即 $\tau_f \approx q_u/2$。

十字板剪切试验适用饱和软黏土，特别适用难于取样或试样在自重应力作用下不能保持原有形状的软黏土。该试验设备的优点是构造简单，操作方便，试验时对土体的结构扰动较小；缺点是应力条件不易掌握。

5.3.5 抗剪强度指标与剪切试验的选用

试验和工程实践都表明，土的抗剪强度随土体受力后的排水固结状况的不同而变化。不同性质的土层和加载速率，引起的土体排水固结状态不同，如软土地基上快速修建建筑物，由于加载速度快，土的渗透性差，则这种情况下土的强度和稳定性问题分析是基于不排水条件进行的；再如地基为粉土和粉质黏土薄层，上下都存在透水层（如砂土层），形成两面排水，在此条件下若施工周期较长，地基土能充分排水固结，则这种情况下的强度和稳定性问题分析是基于排水条件进行的。因此，在确定土的抗剪强度指标时，要求室内的试验条件能模拟在实际工程中土体的排水固结状况。为了模拟土体在现场受剪时的排水固结条件，三轴压缩试验和直接剪切试验分别有三种不同的试验方法，而且在理论上它们是两两相对应的。如在黏土层较厚、渗透性能较差、施工速度较快的工程施工期和竣工期可采用不固结不排水剪试验（或快剪试验）的强度指标；如在黏土层较薄、渗透性较大、施工速度较慢的工程施工期可采用固结排水剪试验（或固结快剪试验）的强度指标等。需要强调的是，直剪试验中的"快"与"慢"仅是"不排水"与"排水"的等义词，是为了通过快和慢的剪切速率来解决土样的排水条件问题，而并不是解决剪切速率对强度的影响。

采用有效应力法及相应指标进行工程设计与计算，概念明确，指标稳定。该法是一种比较合理的方法。当采用有效应力法进行工程设计时，应选用有效强度指标。有效强度指标可采用直剪试验的慢剪、三轴压缩试验的固结排水剪和固结不排水剪等方法来测定。

由于前述直剪和三轴压缩试验的优缺点，在实际工程中，直剪试验通常应用于一般工程，而三轴压缩试验大多在重要工程中应用。

土的抗剪强度指标的实际应用。A. 辛格（Singh，1976）对一些工程问题需要采用的抗剪强度指标及其测定方法列于表 5-1，可供参考。该表具体应用时，仍需结合工程的实际条件，不能照搬。

表 5-1 工程问题和强度指标的选用

工程类别	需要解决问题	强度指标	试验方法	备注
1. 位于饱和黏土上的结构或填方的基础	1. 短期稳定性	c_u，$\varphi_u = 0$	不排水三轴或无侧限抗压试验；现场十字板试验，排水或固结不排水试验	长期安全因数高于短期安全因数
	2. 长期稳定性	c'，φ'		
2. 位于部分饱和砂土和粉质砂土上的基础	短期和长期稳定性	c'，φ'	用饱和试样进行排水或固结不排水试验	可假定 $c' = 0$，最不利的条件，室内在无荷载下将试样饱和
3. 无支撑开挖地下水水位以下的紧密黏土	1. 快速开挖时的稳定性	c_u，$\varphi_u = 0$	不排水试验	除非有专用的排水设备降低地下水水位，否则长期安全因数是最小的
	2. 长期稳定性	c'，φ'	排水或固结不排水试验	

续表

工程类别	需要解决问题	强度指标	试验方法	备注
4. 开挖坚硬的裂缝土和风化黏土	1. 短期稳定性	c_u, $\varphi_u=0$	不排水试验	试样应在无荷载下膨胀，现场的 c' 比室内的要低，假定 $c'=0$ 较安全
	2. 长期稳定性	c', φ'	排水或固结不排水试验	
5. 有支撑开挖黏土	开挖方底面的隆起	c_u, $\varphi_u=0$	不排水试验	—
6. 天然边坡	长期稳定性	c', φ'	排水或固结不排水试验	对坚硬的裂缝黏土，假定 $c'=0$，对特别灵敏的黏土和流动性黏土，室内测定的 φ 偏大，不能采用 $\varphi_u=0$ 分析
7. 挡土结构物的土压力	1. 估计挖方时的总压力	c_u, $\varphi_u=0$	不排水试验	$\varphi_u=0$ 分析，不能正确反映坚硬裂缝黏土的性状，在应力减小情况下，甚至开挖后短期也不行
	2. 估计长期土压力	c', φ'	排水或固结不排水试验	
8. 不透水的土坝	1. 施工期或完工后的短期稳定性	c_u, φ'	排水或固结不排水试验	在稳定渗流和水位骤降两种情况下，对试样施加主应力差之前，应使试样在适当范围内软化，假定 $c'=0$ 时，针对稳定渗流做排水试验时，可使水在小水头下流过试样模拟坝体透水作用
	2. 稳定渗流期的长期稳定性	c', φ'	排水或固结不排水试验	
	3. 水位骤降时的稳定性	c', φ'	排水或固结不排水试验	
9. 透水土坝	上述三种稳定性	c', φ'	排水试验	对自由排水材料采用 $c'=0$
10. 黏土地基上的填方，其施工速率允许土体部分固结	短期稳定性	c_u, $\varphi_u=0$ 或 c', φ'	不排水试验；排水或固结不排水试验	不能确定孔隙水压力消散速率，对所有重要工程都应进行孔隙水压力观测

本章小结

与其他材料相比，由于土能承受的拉力很小，因此我们通常不研究土的抗拉强度；由于土体通常来说是一个半无限体，在压力作用下，土的孔隙体积会缩小，土体会越密实，因此土体不会被压坏，故而我们也不研究土的抗压强度。通常来说，剪应力对土的破坏起控制作用，所以土的强度通常是指抗剪强度。

土的抗剪强度作为土的工程性质之一，是由土本身的特点决定的。第一，土的碎散性，导致土体强度由土颗粒间相互作用形成黏聚力与摩擦力。第二，土的三相性则导致土的三相承受与传递荷载，关于土的三相承受与传递，我们学习了有效应力原理，反映到土的强度上有相应的有效应力和总应力两种分析思路，对同一问题，这两种分析思路是等价的，但对不同的工程问题，需要针对不同的情况，有针对性地选用不同的抗剪强度指标进行强度分析。第三，土具有自然变异性，反映到土的强度上就是土的强度的结构性与复杂性。土的强度的

结构性是指同样物质组成的土，其结构不同时，强度特性也不同

学习本章的目的，是学会通过土的抗剪强度理论判断土体在给定外荷载下是否安全；接着，通过试验确定土抗剪强度理论公式中的抗剪强度指标，以便在工程实践中运用并判断土体的安全；最后能够根据不同的工程情景，对不同实验和不同分析思路下所确定的指标进行选用。

课后习题

1. 单选题

(1)土体压缩是(　　)。

    A. 土中孔隙体积减小，土粒体积不变

    B. 孔隙体积和土粒体积明显减少

    C. 土粒和水本身的压缩量均较大

    D. 孔隙体积不变

(2)土体总应力抗剪强度指标为 c、φ，有效应力抗剪强度指标为 c'、φ'，实际破裂面与大主应力作用面的夹角为(　　)。

    A. $\alpha_f = 45° + \dfrac{\varphi}{2}$ B. $\alpha_f = 45° - \dfrac{\varphi}{2}$

    C. $\alpha_f = 45° + \dfrac{\varphi'}{2}$ D. $\alpha_f = 45° - \dfrac{\varphi'}{2}$

(3)不固结不排水抗剪强度主要取决于(　　)。

    A. 围压大小

    B. 土的原有强度

    C. 孔隙压力系数大小

    D. 偏应力大小

(4)下列因素中，与土的内摩擦角无关的因素是(　　)。

    A. 土颗粒的大小

    B. 土颗粒表面粗糙度

    C. 土粒相对密度

    D. 土的密实度

2. 多选题

(2010 注册岩土考试题)下列关于剪切应变速率对三轴试验成果的影响分析，哪些选项是正确的?(　　)

    A. UU 试验，因不测孔隙水压力，在通常剪切应变速率范围内对强度影响不大

    B. CU 试验，对不同土类应选择不同的剪切应变速率

    C. CU 试验，剪切应变速率较快时，测得的孔隙水压力数值偏大

    D. CD 试验，剪切应变速率对试验结果的影响，主要反映在剪切过程中是否存在孔隙水压力

3. 填空题

(1)地基沉降计算深度下限，一般可取 $\sigma_z = $ _____ σ_{cz}；软土为 $\sigma_z = $ _____ σ_{cz}。

(2)排水条件对土的抗剪强度有很大影响，实验中模拟土体在现场受到的排水条件，通过控制加荷和剪坏的速度，将直接剪切试验分为快剪和_____、_____三种方法。

(3)对于饱和黏性土，若其无侧限抗压强度为 q_u，则得到土的不固结不排水强度为_____。

(4)对同一土样进行剪切试验，剪坏时的有效应力圆与总应力圆直径的大小关系是_____。

4. 计算题

(1)已知土的抗剪强度指标 $c=20$ kPa，$\varphi=22°$，若作用在土中某平面上的正应力和剪应力分别为 $\sigma=100$ kPa，$\tau=65$ Pa，问该平面是否发生剪切破坏？

(2)某土的压缩系数为 0.16 MPa^{-1}，强度指标 $c=20$ kPa，$\varphi=30°$。若作用在土样上的大小主应力分别为 350 kPa 和 150 kPa，问该土样是否破坏？若小主应力为 100 kPa，该土样能经受的最大主应力为多少？

趣闻杂谈

根据摩尔—库仑强度理论，土的抗剪强度 $\tau_f=c+\sigma\tan\varphi$（库仑公式）可分为摩擦强度 $\sigma\tan\varphi$ 和黏聚强度 c。

土体是颗粒群的集合，土颗粒群组合成土骨架，这才形成可抵抗外部作用的土体。它有强度、有刚度、可承载、可容纳孔隙水，可成为孔隙水渗流的载体。《易传》讲"地势坤，君子以厚德载物"，"地"者，土也，地球表面布满由碎颗粒组成土质大地，在貌似软弱的土组成的大地上，产生了生灵万物，承载着绝大多数的建筑物与构造物。它保持稳定的基础是其抗剪强度，源于地球引力而形成的约束与压力。在自然界可以看到各种生物的群体，蚁群、蜂群、鸟群、鱼群、羊群、牛群、象群、狮群、狼群与人群等，与土是由颗粒组成的散粒体集合一样，它们也都是由很多个体组成的群体，作为一个群体它们能够生存、迁移、繁衍、抵御天敌、觅食与捕猎，与土体一样要形成整体的骨架，在首领、巫师、长老、酋长、领袖的统领下形成群落或部落。

与游离的个体相比，群体具有更强的抵抗力与战斗力。凡是这种由很多个体形成的群体，都要服从库仑公式，摩擦强度是群体生存的基础。摩擦强度类似军队的战斗力，乌合之众的土匪就没有什么战斗力，原因是他们缺乏纪律和约束。军队的战斗力源于他们的纪律。所以军队的纪律就是土的围压，土的抗剪强度就是军队的战斗力。中国历史上著名的勇士西楚霸王项羽，对部下仁爱有加，但有功不赏，有罪不罚，军纪不严明，被讥为"妇人之仁"！虽然"力拔山兮气盖世"，具有超强的个人魅力和战斗力却终难成霸业。王勃在《滕王阁序》中所叹息的"冯唐易老，李广难封"中的李广，也是赫赫有名的战将，"但使龙城飞将在，不教胡马度阴山"中的龙城飞将就是这位英雄。其个人骁勇善战，待士兵也非常仁慈体贴。可是《史记》中讲"李广非大将之才也，行无部伍，人人自便，此以逐利乘便可也，遇大敌则覆矣"。看起来也是不重视纪律，行军都不队列，很像一支游击队，统领千军万马是不行的，所以当时的卫青、霍去病年龄不大就封侯了，李广 60 多岁身经百战也没封侯，最后贻误战机，耻于面对年轻人的诘问，自杀而亡。一支军队的建制、纪律就是围压，紧紧地把颗粒团结在一起，形成骨架，具有强大的摩擦强度，形成战斗力。一支流寇就不如一支有建制的军队有战斗力，原因就在于纪律。"盗亦有道"，即强盗也有其规则，即所谓"黑道"。而溃散的败兵，逃荒的难民就如泥石流一样全无骨架，常常只有破坏性而无战斗力。

一个社会如此，一个国家也是如此。法律、制度、警察等其实就是加在人们外部的围压，有了这个围压，就形成骨架，有了约束，有了摩擦强度，分散的群体才能形成整体，维持一个相对稳定的社会。

第6章

土压力及边坡稳定

★案例导入

1. 工程概况

"莲花河畔景苑"商品房小区工地共有 11 幢在建 13 层楼房，在淀浦河（宽约为 40 m）的南面，11 幢在建楼房长度方向与淀浦河河岸基本平行，这些楼房北面边界距淀浦河河岸距离为 20～50 m。13 层楼房采用桩－十字条形基础，十字条形基础埋深为 1.9 m。管桩共 118 根，桩型号为 AB4008033，管桩的入土深度是 33 m。

2. 事故回放

2009 年 6 月 27 日，7 号楼向南整体倾倒，一名工人逃生不及被压致死。一名施工人员说，5 时 30 分，他正在工地上距离倒覆大楼仅几十米处。短短半分钟内，大楼就整体倒了下来。前一天晚上就有人看到倒塌楼房向西南方向倾斜。13 层的楼房在倒塌中上部结构基本完整，但是楼房底部原本应深入地下的数十根混凝土管桩被"整齐"地折断后裸露在外，触目惊心（图 6-1）。

图 6-1　倒塌的 7 号楼

3. 原因分析

房屋倒塌的主要原因是，紧贴 7 号楼北侧，在短期内堆土过高，最高处达 10 m 左右；

与此同时，紧邻大楼南侧的地下车库基坑正在开挖，开挖深度为 4.6 m，大楼两侧的压力差使土体产生水平位移，过大的水平力超过了桩基的抗侧能力，导致房屋倾倒(图 6-2)。

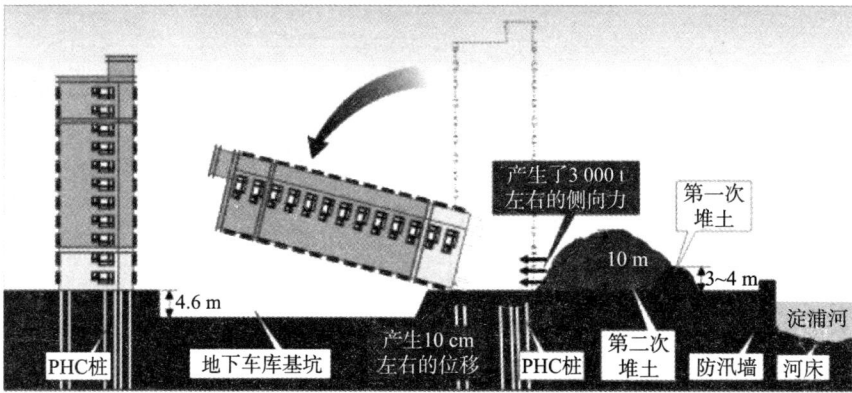

图 6-2 "莲花河畔景苑"在建楼房倒覆事故原因

4. 事故总结

简单来说，地下车库开挖和短时堆土的同时作用，导致地基中的土单元体的大小主应力差增大，使得土体趋于极限状态，同时，还引起了地基土体发生位移，两者耦合作用最终使得土体达到主动极限状态，导致土体破坏，位移不受控制，过大的位移将左侧桩体挤压破坏，楼房向左倾斜，以致右侧桩体被拉断，进而发生倒塌事故。可以说，该事故是一例非典型的土压力破坏问题。

理论知识

6.1 土压力分类

在建筑工程中，为了防止土体发生滑坡和坍塌而修建的构筑物称为挡土墙。挡土墙后的填土因自重或外荷载作用对墙背产生的侧压力称为土压力。根据挡土墙的位移情况和墙后土体所处的应力状态，可将土压力分为主动土压力、被动土压力和静止土压力。

1. 主动土压力

挡土墙在土压力作用下离开土体向前位移，土压力随之减小，当位移量增至一定数值时，墙后土体达到主动极限平衡状态。此时，作用在墙背的土压力称为主动土压力，用 E_a 表示，如图 6-3(a)所示。

2. 被动土压力

挡土墙在外力作用下推挤土体向后位移，作用在墙上的土压力随之增加，当位移量至一定数值时，墙后的土体达到极限平衡状态。此时，作用在墙上的土压力称为被动土压力，用 E_p 表示，如图 6-3(b)所示。

3. 静止土压力

挡土墙在压力作用下不发生任何变形和位移(移动或转动),墙后填土处于弹性平衡状态时,作用在挡土墙背的土压力称为静止土压力,用 E_0 表示,如图 6-3(c)所示。

试验研究表明,在相同的墙高和填土条件下,主动土压力小于静止土压力,而静止土压力又小于被动土压力,即 $E_a < E_0 < E_p$。产生被动土压力所需的位移量 $\Delta\delta_p$ 比产生主动土压力所需的位移量 $\Delta\delta_a$ 要大得多,如图 6-4 所示。

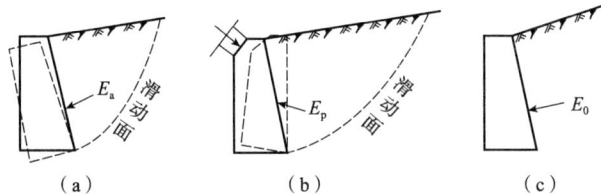

图 6-3 土压力种类

(a)主动土压力;(b)被动土压力;(c)静止土压力

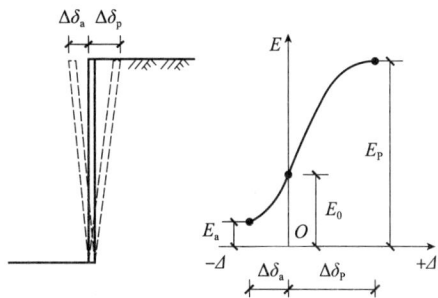

图 6-4 土压力与墙身位移的关系

6.2 土压力计算

土压力的计算十分复杂,它涉及挡土墙、填料及地基三者之间的相互作用,不仅与挡土墙的形状、位移大小、位移方向有关,还与墙后填土的性质、地基土质等因素有关。

6.2.1 静止土压力

修筑在坚硬地基上,断面很大的挡墙,由于墙的自重大,地基坚硬,墙体不会产生位移和转动。此时,挡土墙背面的土体处于静止的弹性平衡状态,作用在此挡土墙墙背上的土压力即静止土压力 E_0。

在挡土墙后水平填土表面以下,任意深度 z 处取一微小单元体。作用在此微元体上的竖向力为土的自重压力 γz,该处的水平向作用力即静止土压力。则该点的静止土压力强度按下式计算:

$$\sigma_0 = K_0 \gamma z \tag{6-1}$$

式中 σ_0——静止土压力强度(kPa);

K_0——静止土压力系数;

γ——墙后填土的重度(kN/m³);

z——计算点距离填土表面的深度(m)。

静止土压力系数 K_0,与土的性质、密实程度等因素有关,当缺乏试验资料时,也可用半经验公式估算,即

$$K_0 = 1 - \sin\varphi' \tag{6-2}$$

式中 φ'——土的有效内摩擦角。

静止土压力沿墙高呈三角形分布，如图 6-5 所示。
如取单位墙长，则作用在墙上的静止土压力为

$$E_0 = \frac{1}{2}\gamma H^2 K_0 \qquad (6\text{-}3)$$

静止土压力 E_0 的作用点位于距墙底 $H/3$ 处，即三
角形分布图形的形心处。

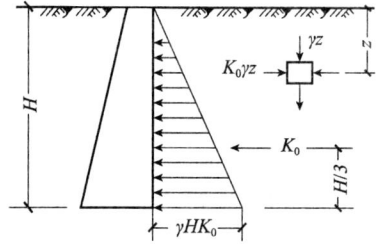

图 6-5　静止土压力计算图

6.2.2　朗肯土压力

朗肯土压力理论是通过研究弹性半空间体内的应力状态，根据土的极限平衡条件而得出
的土压力计算方法。其基本假定：挡土墙为刚体；挡土墙的墙背竖直、光滑；墙后填土面
水平。

基于以上假设，挡土墙背与填土之间无摩擦力产生，剪应力为零，墙后填土中的应力状
态与半空间土体中的应力状态一致，土体内的任意水平面和墙的背面均为主平面，作用在该
平面上的法向应力即主应力。根据墙后土体处于极限平衡状态(图 6-6)，应用极限平衡条件，
可推导出主动土压力和被动土压力的计算公式。

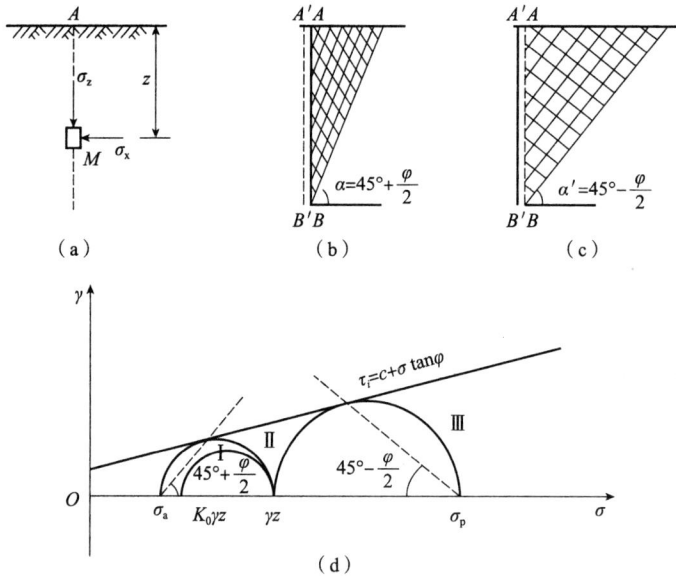

图 6-6　半空间体的极限平衡状态

(a)土单元体所受应力状态；(b)主动破坏面；(c)被动破坏面；(d)用莫尔圆锥的主动和被动朗肯状态

1. 主动土压力

如图 6-6(a)所示，在表面水平的半无限空间弹性体中，在深度 z 处取一微小单元体。若
土的天然重度为 γ，则作用在此微元体顶面的法向应力 σ_1 等于该处土的自重应力，即 $\sigma_1 =
\sigma_z = \gamma z$。同时，作用在此微元体侧面的应力为 $\sigma_3 = \sigma_x = K_0\gamma z$。当挡土墙在土压力的作用下产
生远离土体的位移时[图 6-6(b)]，作用在单元体上的竖向应力 σ_z 保持不变，而水平向应力
σ_x 逐渐减小，墙后土体达到极限平衡状态时，其莫尔应力圆与抗剪强度包线相切[图 6-6(d)

中圆Ⅱ]。土体形成一系列滑裂面，直至面上各点达到极限平衡状态，称为朗肯主动状态。土体处于极限平衡状态时的最大主应力 $\sigma_1 = \sigma_z = \gamma z$，而最小主应力 $\sigma_3 = \sigma_x = \sigma_a$（$\sigma_a$ 为主动土压力强度）。滑裂面与水平面的夹角为 $45° + \varphi/2$。

当土体处于朗肯主动极限平衡状态时，主动土压力强度 σ_a 为

无黏性土：

$$\sigma_a = \sigma_x = \sigma_3 = \sigma_1 \tan^2\left(45° - \frac{\varphi}{2}\right)$$

$$= \gamma z K_a \tag{6-4}$$

黏性土：

$$\sigma_a = \sigma_x = \sigma_3 = \sigma_1 \tan^2\left(45° - \frac{\varphi}{2}\right) - 2c\tan\left(45° - \frac{\varphi}{2}\right)$$

$$= \gamma z K_a - 2c\sqrt{K_a} \tag{6-5}$$

式中　K_a——主动土压力系数，$K_a = \tan^2(45° - \varphi/2)$；

　　　c——填土的黏聚力（kPa）；

　　　φ——填土的内摩擦角。

由式(6-4)可知，对于均质无黏性土，K_a 为常数，γ 为常数。墙顶 $z = 0$，$\sigma_a = 0$，墙底 $z = H$，$\sigma_a = \gamma H K_a$，主动土压力沿墙高呈三角形分布，如图 6-7(b)所示。若取单位墙长计算，则主动土压力为

$$E_a = \frac{1}{2}\gamma H^2 K_a \tag{6-6}$$

主动土压力 E_a 的作用点为土压力分布三角形的形心，距墙底 $H/3$ 处。

由式(6-5)可知，黏性土的主动土压力由两部分组成。一部分是由土的自重 γz 引起的土压力 $\gamma z K_a$；另一部分是由黏聚力 c 引起的负侧压力 $-2c\sqrt{K_a}$；这两部分土压力叠加后，如图 6-7(c)所示。图中 ade 部分为负值，即拉力，实际上，墙与土并非整体，在很小的拉力

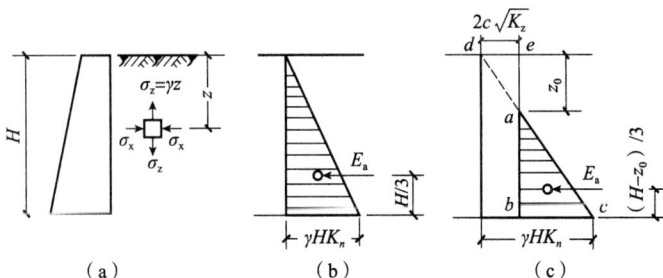

图 6-7　主动土压力分布

(a)主动土压力的作用；(b)无黏性土；(c)黏性土

作用下，墙与土即分离，可认为挡土墙顶部 ae 段墙上土压力为零。因此，黏性土的主动土压力分布只有 abc 部分。

a 点离填土面的深度 z_0 称为临界深度。当填土面无荷载时，令

$$\sigma_a = \gamma z K_a - 2c\sqrt{K_a} = 0$$

可得临界深度：

$$z_0 = \frac{2c}{\gamma\sqrt{K_a}} \tag{6-7}$$

若取单位墙长计算，则主动土压力为

$$E_a = \frac{1}{2}(\gamma H K_a - 2c\sqrt{K_a})(H - z_0)$$

$$= \frac{1}{2}\gamma H^2 K_a - 2cH\sqrt{K_a} + \frac{2c^2}{\gamma} \tag{6-8}$$

主动土压力 E_a 的作用点为土压力分布三角形的形心，距墙底 $(H - z_0)/3$ 处。

2. 被动土压力

如图 6-6(c)所示，当挡土墙在外力作用下产生向着土体方向的位移时，作用在单元体上的竖向应力 σ_z 保持不变，而水平向应力 σ_x 逐渐增大，墙后土体达到极限平衡状态时，其莫尔应力圆与抗剪强度包线相切[图 6-6(d)中圆 Ⅲ]。土体形成一系列滑裂面，称为朗肯被动状态。土体处于极限平衡状态时的最小主应力 $\sigma_3 = \sigma_z = \gamma z$，而最大主应力 $\sigma_1 = \sigma_x = \sigma_p$（$\sigma_p$ 为被动土压力强度）。滑裂面与水平面的夹角为 $45° - \varphi/2$。

当土体处于朗肯被动极限平衡状态时，被动土压力强度 σ_p 为

无黏性土：

$$\sigma_p = \sigma_x = \sigma_1 = \sigma_3 \tan^2\left(45° + \frac{\varphi}{2}\right)$$

$$= \gamma z K_p \tag{6-9}$$

黏性土：

$$\sigma_p = \sigma_x = \sigma_1 = \sigma_3 \tan^2\left(45° + \frac{\varphi}{2}\right) + 2c\tan\left(45° + \frac{\varphi}{2}\right)$$

$$= \gamma z K_p + 2c\sqrt{K_p} \tag{6-10}$$

式中　K_p——被动土压力系数，$K_p = \tan^2(45° + \varphi/2)$。

被动土压力分布如图 6-8 所示。若取单位墙长计算，则被动土压力为

无黏性土：

$$E_p = \frac{1}{2}\gamma H^2 K_p \tag{6-11}$$

黏性土：

$$E_p = \frac{1}{2}\gamma H^2 K_p + 2cH\sqrt{K_p} \tag{6-12}$$

被动土压力 E_p 的作用点为土压力分布图的形心。

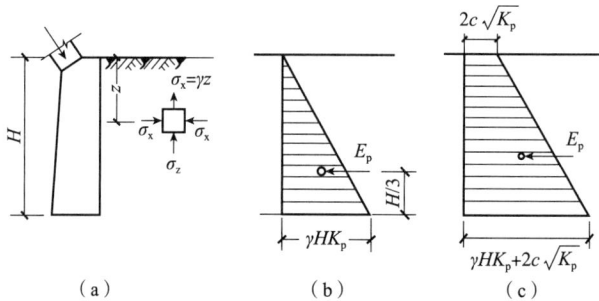

图 6-8　被动土压力分布

(a)被动土压力的作用；(b)无黏性土；(c)黏性土

【例 6-1】 已知某挡土墙，墙高 $H=5.0$ m，墙背竖直，墙后填土表面水平。填土的重度 $\gamma=18$ kN/m³，内摩擦角 $\varphi=20°$，黏聚力 $c=10$ kPa。计算作用在此挡土墙上的主动土压力及其作用点，并绘出主动土压力分布图。

解： 根据题意可知挡土墙墙背竖直、光滑，填土表面水平，符合朗肯土压力理论的假设。

$$K_a = \tan^2\left(45° - \frac{\varphi_1}{2}\right) = \tan^2\left(45° - \frac{20°}{2}\right) = 0.490, \quad \sqrt{K_a} = 0.700$$

主动土压力强度：

$$\sigma_a = \gamma H K_a - 2c\sqrt{K_a} = 18 \times 5 \times 0.490 - 2 \times 10 \times 0.700 = 30.1(\text{kPa})$$

主动土压力合力：

$$E_a = \frac{1}{2}\gamma H^2 K_a - 2cH\sqrt{K_a} + \frac{2c^2}{\gamma}$$

$$= \frac{1}{2} \times 18 \times 5^2 \times 0.490 - 2 \times 10 \times 6 \times 0.700 + \frac{2 \times 10^2}{18} = 51.4(\text{kN/m})$$

临界深度：

$$z_0 = \frac{2c}{\gamma\sqrt{K_a}} = \frac{2 \times 10}{18 \times 0.700} = 1.59 \ (\text{m})$$

主动土压力 E_a 作用点距墙底的距离：

$$y = \frac{1}{3}(H - z_0) = \frac{1}{3} \times (6 - 1.59) = 1.14(\text{m})$$

主动土压力分布图如图 6-9 所示。

3. 特殊情况下的土压力计算

（1）填土表面有均布荷载。当挡土墙后填土表面有连续均布荷载 q 作用时，土压力的计算方法是将均布荷载换算成等量的土重，即用假想的土重代替均布荷载。当填土面水平时，如图 6-10 所示，等量的土层厚度 $h = q/\gamma$。

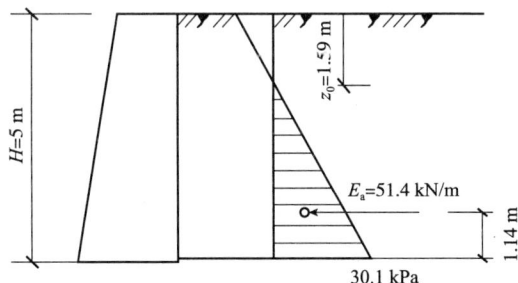

图 6-9 主动土压力分布

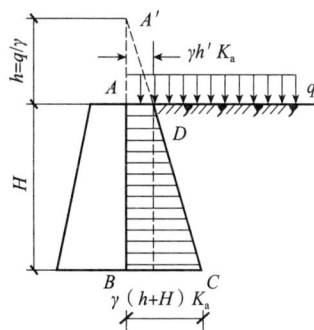

图 6-10 填土表面作用均布荷载的土压力计算

以 $A'B$ 为墙背，按填土面无荷载的情况计算土压力。以无黏性填土为例，则填土面 A 点的主动土压力强度，按朗肯土压力理论为

$$\sigma_{aA} = \gamma h K_a = q K_a \tag{6-13}$$

墙底 B 点的主动土压力强度为

$$\sigma_{aB} = \gamma(h+H)K_a = (q+\gamma h)K_a \tag{6-14}$$

压力分布如图 6-10 所示。实际的土压力分布图为梯形 $ABCD$ 部分，土压力作用点在梯形重心。

（2）填土为成层土。若挡土墙后填土有几种不同性质的水平土层，如图 6-11 所示，此时土压力的计算可分为第一层土和第二层土两部分。第一层土，挡土墙高 h_1，填土指标 γ_1、c_1、φ_1，土压力按均质土计算，土压力的分布为图中的 abc 部分；第二层土的土压力计算，将第一层土的重度 γ_1、厚度 h_1，折算成与第二层的重度 γ_2 相应的当量厚度 h_1' 来计算。土的当量厚度 $h_1' = h_1\gamma_1/\gamma_2$。按挡土墙高度为 $h_1' + h_2$ 计算土压力，取第二层范围的土压力梯形分布 $bdfe$ 部分，即为所求。

由于上下各层土的性质与指标不同，各自相应的主动土压力系数 K_a 不同。以无黏性填土为例，在土层交界面有两个数值，即 $bc = \gamma_1 h_1 K_{a1}$ 和 $bd = \gamma_2 h_1' K_{a2}$，如图 6-11 所示。

对于黏性填土，第一层土底部主动土压力强度为

$$\sigma_{a1} = \gamma_1 h_1 K_{a1} - 2c_1\sqrt{K_{a1}} \tag{6-15}$$

第二层土顶部主动土压力强度为

$$\sigma_{a2} = \gamma_2 \frac{\gamma_1 h_1}{\gamma_2} K_{a2} - 2c_2\sqrt{K_{a2}} = \gamma_1 h_1 K_{a2} - 2c_2\sqrt{K_{a2}} \tag{6-16}$$

第二层土底部主动土压力强度为

$$\sigma_{a2} = \gamma_2\left(\frac{\gamma_1 h_1}{\gamma_2} + h_2\right)K_{a2} - 2c_2\sqrt{K_{a2}} = (\gamma_1 h_1 + \gamma_2 h_2)K_{a2} - 2c_2\sqrt{K_{a2}} \tag{6-17}$$

（3）填土中有地下水。遇挡土墙填土中有地下水的情况，应将土压力和水压力分别进行计算，如图 6-12 所示。

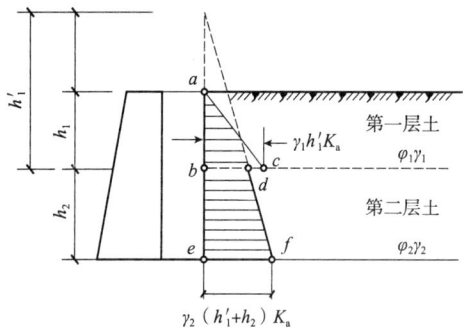

图 6-11 成层填土的土压力计算

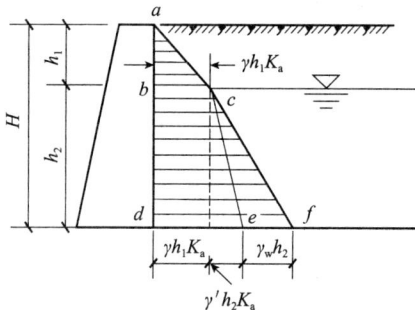

图 6-12 分层填土的土压力计算

土压力计算，在地下水以下部分用有效重度 γ' 计算。水深 h_2，墙底处土压力强度 $\sigma_a = \gamma' h_2 K_a$。

水压力计算，水压力强度 $\sigma_w = \gamma_w h_2$，水压力合力：

$$E_w = \frac{1}{2}\gamma_w h_2^2 \tag{6-18}$$

【例 6-2】 已知某混凝土挡土墙，墙高 $H = 7.0$ m，墙背竖直光滑，墙后填土表面水平，并有均布荷载 $q = 20$ kPa 作用，其余指标如图 6-13 所示。计算作用在此挡土墙上的主动土压力，并绘制出土压力分布图。

解： 根据题意可知，挡土墙墙背竖直、光滑，填土表面水平，符合朗肯土压力理论的假设。

(1)计算主动土压力系数。

$$K_{a1} = \tan^2\left(45° - \frac{\varphi_1}{2}\right) = \tan^2\left(45° - \frac{20°}{2}\right) = 0.490, \quad \sqrt{K_{a1}} = 0.700$$

$$K_{a2} = \tan^2\left(45° - \frac{\varphi_2}{2}\right) = \tan^2\left(45° - \frac{26°}{2}\right) = 0.390, \quad \sqrt{K_{a1}} = 0.625$$

(2)第一层土主动土压力强度。

$$\sigma_{a1顶} = qK_{a1} - 2c_1\sqrt{K_{a1}} = 20 \times 0.490 - 2 \times 12 \times 0.700 = -7.00(\text{kPa})$$

$$\sigma_{a1底} = (q + \gamma_1 h_1)K_{a1} - 2c_1\sqrt{K_{a1}} = (20 + 18 \times 3) \times 0.490 - 2 \times 12 \times 0.700 = 19.46(\text{kPa})$$

(3)第二层土主动土压力强度。

$$\sigma_{a2顶} = (q + \gamma_1 h_1)K_{a2} - 2c_2\sqrt{K_{a2}} = (20 + 18 \times 3) \times 0.390 - 2 \times 6 \times 0.625$$
$$= 21.37(\text{kPa})$$

$$\sigma_{a2底} = (q + \gamma_1 h_1 + \gamma_2' h_2)K_{a2} - 2c_2\sqrt{K_{a2}}$$
$$= [20 + 18 \times 3 + (19.2 - 10) \times 4] \times 0.390 - 2 \times 6 \times 0.625 = 35.72(\text{kPa})$$

(4)水压力强度。

$$\sigma_w = \gamma_w h_2 = 10 \times 4 = 40(\text{kPa})$$

(5)临界深度。

$$\sigma_{az} = (q + \gamma_1 z_0)K_{a1} - 2c_1\sqrt{K_{a1}} = (20 + 18z_0) \times 0.490 - 2 \times 12 \times 0.700 = 0$$
$$z_0 = 0.794 \text{ m}$$

土压力沿墙高的分布图如图 6-14 所示。

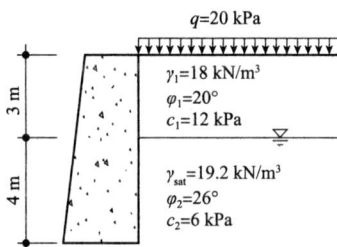

图 6-13　挡土墙后填土示意　　　　　图 6-14　挡土墙后土压力分布

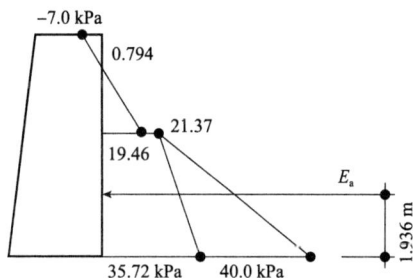

(6)总主动土压力合力。

$$E_a = \frac{1}{2}\sigma_{a1底}(h_1 - z_0) + \sigma_{a2顶}h_2 + \frac{1}{2}(\sigma_{a2底} - \sigma_{a2顶})h_2 + \frac{1}{2}\sigma_w h_2$$

$$= \frac{1}{2} \times 19.46 \times (3 - 0.794) + 21.37 \times 4 + \frac{1}{2} \times (35.72 - 21.37) \times 4 + \frac{1}{2} \times 40 \times 4$$

$$= 21.46 + 85.48 + 28.7 + 80$$

$$= 215.64(\text{kN/m})$$

(7)总主动土压力的合力作用点。

设合力 E_a 作用点距墙底的距离为 y，则

$$y = \frac{\sum E_a y_i}{E_a} = \frac{1}{E_a}\left[\frac{1}{2}\sigma_{a1底}(h_1 - z_0)\left(\frac{h_1 - z_0}{3} + h_2\right) + \sigma_{a2顶}h_2\frac{h_2}{2} + \right.$$

$$\frac{1}{2}(\sigma_{a2底}-\sigma_{a2顶})h_2\frac{h_2}{3}+\frac{1}{2}\sigma_w h_2\frac{h_2}{3}\Big]$$

$$=\frac{1}{215.64}\times\Big[21.46\times\Big(\frac{3-0.794}{3}+4\Big)+85.48\times\frac{4}{2}+28.7\times\frac{4}{3}+80\times4\Big]$$

$$=1.936(m)$$

6.2.3　库仑土压力

库仑土压力理论是根据墙后土体处于极限平衡状态并形成一滑动楔体时，从楔体的静力平衡条件得出的土压力计算理论，其基本假定：一是墙后填土是理想的散粒体（黏聚力 $c=0$）；二是滑动破裂面为通过墙踵的平面。

库仑土压力理论适用砂土或碎石填料的挡土墙计算，可考虑墙背倾斜、填土面倾斜及墙背与填土之间的摩擦等多种因素的影响。

1. 主动土压力

如图 6-15 所示，设挡土墙高为 H，墙后填土为无黏性土（$c=0$），填土表面与水平面的夹角为 β，墙背材料与填土的摩擦角为 δ。以墙后土楔体 ABC 为脱离体，如图 6-15(a) 所示，其重力为 W，AB 面上有正压力及向上的摩擦力所引起的合力 P_a（在法线以下），AC 面上有正压力及向上的摩擦力所引起的合力 R（在法线以下）。土楔体在 W、P_a、R 三个力的作用下处于静力平衡状态，如图 6-15(b) 所示。由力三角形的正弦定理可得：

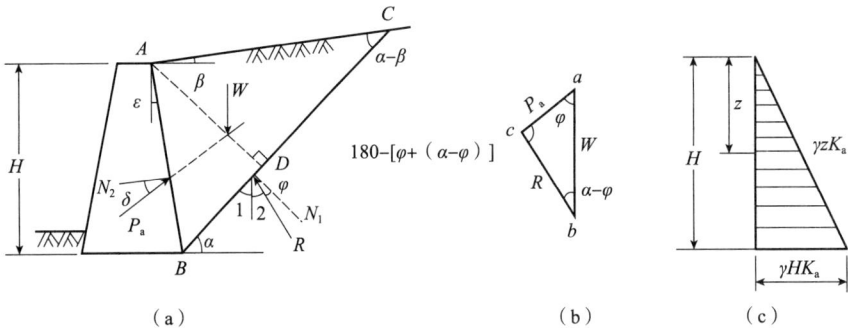

图 6-15　库仑主动土压力计算

(a)土楔上的作用力；(b)力矢三角形；(c)主动土压力分布

$$P_a=W\frac{\sin(\alpha-\varphi)}{\sin(\varphi+\alpha-\varphi)}\tag{6-19}$$

从式（6-19）可知，P_a 是滑裂面倾角 α 的函数，不同的 α 可求出不同的 P_a，由 $\mathrm{d}P_a/\mathrm{d}\alpha=0$ 可求出 $P_{a,max}$ 相应的 α 角，该角所对应的滑裂面为最危险滑裂面。将求出的滑裂角 α 和重力 $W=\gamma V_{ABC}$ 代入式（6-19），即可求出墙高为 H 的主动土压力计算公式如下：

$$E_a=P_{a,max}=\frac{1}{2}\gamma H^2 K_a\tag{6-20}$$

$$K_a=\frac{\cos^2(\varphi-\varepsilon)}{\cos^2\varepsilon\cdot\cos(\delta+\varepsilon)\Big[1-\sqrt{\dfrac{\sin(\delta+\varphi)\cdot\sin(\varphi-\beta)}{\cos(\delta+\varepsilon)\cdot\cos(\varepsilon-\beta)}}\Big]^2}\tag{6-21}$$

式中 K_a——库仑主动土压力系数;

    ε——墙背与水平面的夹角;

    β——墙后填土面的倾角;

    δ——填土对挡土墙的摩擦角。

当墙背垂直($\varepsilon=90°$),并且光滑($\delta=0$),以及填土表面水平($\beta=0$)时,式(6-20)变为

$$E_a=\frac{1}{2}\gamma H^2 \tan^2\left(45°-\frac{\varphi}{2}\right) \tag{6-22}$$

可见,此情况下库仑主动土压力公式和朗肯主动土压力公式相同。因此,朗肯主动土压力理论是库仑主动土压力理论的特殊情况。

为求得沿墙高 z 变化的主动土压力强度 σ_a,可将式(6-20)主动土压力合力 E_a 对深度 z 取导数,得

$$\sigma_a=\frac{\mathrm{d}E_a}{\mathrm{d}z}=\frac{\mathrm{d}}{\mathrm{d}z}\left(\frac{1}{2}\gamma z^2 K_a\right)=\gamma z K_a \tag{6-23}$$

由式(6-23)可知,σ_a 沿墙高呈三角形分布,如图 6-15(c)所示。E_a 为土压力强度分布图形面积,作用点在三角形形心处。

2. 被动土压力

如图 6-16 所示,挡土墙在外力的作用下向后移动或转动,墙后填土受挤压后体积变小,当达到极限平衡状态时,出现滑裂面 BC,此时土楔体 ABC 向上滑动。土楔体在自重 W、反力 R 和 P_p 的作用下处于静力平衡状态,R 和 P_p 的方向都分别在 AC 和 AB 法线的上方。按上述求主动土压力相同的方法可求出被动土压力库仑公式如下:

$$E_p=\frac{1}{2}\gamma H^2 K_p \tag{6-24}$$

$$K_p=\frac{\cos^2(\varphi+\varepsilon)}{\cos^2\varepsilon \cdot \cos(\varepsilon-\delta)\left[1-\sqrt{\dfrac{\sin(\varphi+\delta)\cdot\sin(\varphi+\beta)}{\cos(\varepsilon-\delta)\cdot\cos(\varepsilon-\beta)}}\right]^2} \tag{6-25}$$

式中 K_p——库仑被动土压力系数。

其余符号意义同前所述。

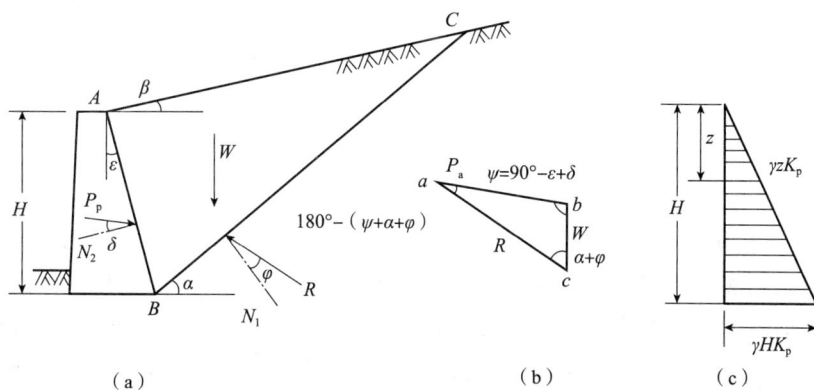

图 6-16 库仑被动土压力计算

(a)土楔上的作用力;(b)力矢三角形;(c)被动土压力的分布图

当墙背垂直($\alpha=90°$)，并且光滑($\delta=0$)，以及填土表面水平($\beta=0$)时，式(6-24)变为

$$E_p = \frac{1}{2}\gamma H^2 \tan^2\left(45+\frac{\varphi}{2}\right) \tag{6-26}$$

可见，此情况下库仑被动土压力公式也与朗肯被动土压力公式相同。

被动土压力强度 σ_p 可按式(6-24)计算：

$$\sigma_p = \frac{dE_p}{dz} = \frac{d}{dz}\left(\frac{1}{2}\gamma z^2 K_p\right) = \gamma z K_p \tag{6-27}$$

被动土压力强度 σ_p 沿墙高呈三角形分布，如图 6-16(c)所示。E_p 为土压力强度分布图形面积，作用点在三角形形心处。

6.2.4 朗肯土压力理论与库仑土压力理论的比较

朗肯土压力理论和库仑土压力理论分别根据不同的假设，以不同的分析方法计算土压力，具有不同的适用范围。因此，应针对实际情况选择应用。表 6-1 列出了两种土压力理论的比较。

表 6-1　两种土压力理论的比较

比较	朗肯土压力理论	库仑土压力理论
基本假定	墙背竖直、光滑，墙后填土面水平	墙后填土为均匀的散粒体，滑动破裂面为通过墙踵的平面
分析原理	根据墙后土体处于极限平衡状态的应力条件，直接求得墙背上各处的土压力分布强度	根据墙背与滑动面之间的土楔体处于极限平衡状态的静力平衡条件，求得作用在墙背上的总土压力
墙背条件	墙背竖直、光滑以保证上述极限平衡状态的产生	墙背可以是倾斜和粗糙的，以保证楔体沿墙背滑动
填土条件	填土可为黏性土、无黏性土，填土表面水平	填土为无黏性土
计算偏差	计算所得主动土压力偏大，被动土压力偏小	计算所得主动土压力较合理，但被动土压力误差过大

6.3　挡土墙设计

挡土墙是为了防止岩土体坍塌而修建的一种常见构筑物，一般采用砖石、素混凝土、钢筋混凝土等材料制成。在建筑、桥梁、道路及水利等工程中得到广泛应用。如山区和丘陵地区，防止土坡坍塌的挡土墙，如图 6-17(a)所示；支挡建筑物周围的挡土墙，如图 6-17(b)所示；房屋地下室的外墙，如图 6-17(c)所示；桥梁的桥台，如图 6-17(d)所示；码头岸墙，如图 6-17(e)所示；堆放煤、卵石等散粒材料的挡墙，如图 6-17(f)所示。

挡土墙的设计包括墙型选择、稳定性验算、地基承载力计算、构造措施等。

图 6-17　挡土墙应用举例

(a)路坡挡土墙；(b)建筑物外围挡土墙；(c)深基坑—地下连续墙；(d)桥台；(e)码头岸墙；(f)戈壁挡沙墙

6.3.1　挡土墙的类型

1. 重力式挡土墙

重力式挡土墙的特点是体积大，靠墙的自重保持稳定性，结构简单，施工方便，应用较广；工程量大，沉降大，如图 6-18 所示。其适用挡土墙高度 $H \leqslant 8$ m，材料可以就地取材，常用砖、石、素混凝土。

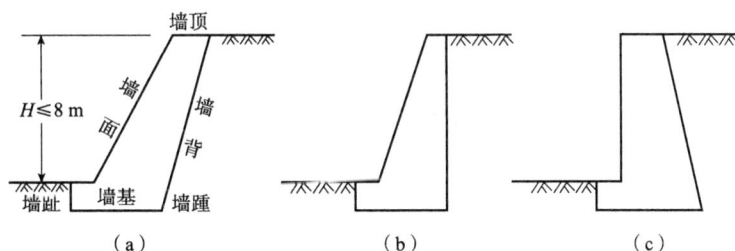

图 6-18　重力式挡土墙

(a)仰斜；(b)垂直；(c)俯斜

2. 悬臂式挡土墙

悬臂式挡土墙的特点是体积小，利用墙后基础上方的土重保持稳定性，工程量小；施工较复杂，如图 6-19 所示。其适用墙高 $H \leqslant 8$ m。材料为钢筋混凝土。

3. 扶壁式挡土墙

为增强悬臂式挡土墙的抗弯性能，沿长度方向每隔 $(0.8 \sim 1.0)H$ 做一垛扶壁，如图 6-20 所示，就形成了扶壁式挡土墙。其适用墙高 $H \leqslant 10$ m。材料为钢筋混凝土。其优点是工程量小；缺点是施工较复杂。

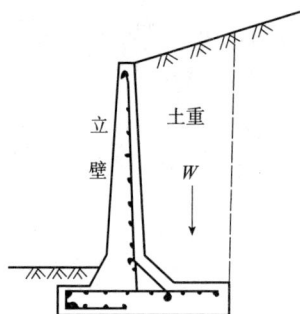

图 6-19　悬臂式挡土墙

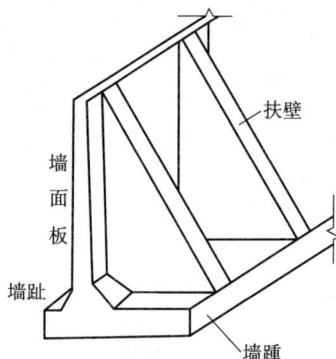

图 6-20　扶壁式挡土墙

4. 锚杆式挡土墙

锚杆式挡土墙由预制钢筋混凝土立柱、墙面板、钢拉杆和锚定板，在现场拼装，如图 6-21 所示。其适用墙高 $H \leqslant 15$ m。材料为钢筋混凝土和钢材。其优点是结构轻，柔性大，工程量小，造价低，施工方便；缺点是施工较复杂。

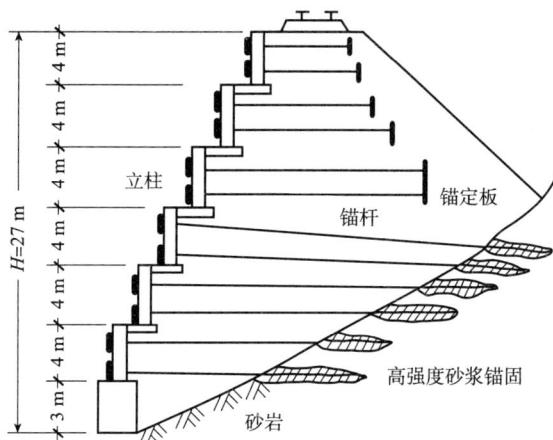

图 6-21　锚杆式挡土墙

6.3.2　挡土墙的计算

挡土墙的类型选定后，一般根据经验初步拟定截面尺寸，然后进行验算。如不满足要求，则应改变截面尺寸或采用其他措施。挡土墙的计算包括稳定性验算和地基承载力计算。

1. 抗滑移稳定性

如图 6-22 所示，将土压力 E_a 及墙重力 G 各分解成平行及垂直于基底的两个分力（E_{at}、E_{an} 及 G_t、G_n）。分力 E_{at} 使墙沿基底平面滑移；E_{an} 和 G_n 产生摩擦力抵抗滑移，抗滑移稳定性应按下式验算：

$$K_s = \frac{抗滑力}{滑动力} = \frac{(G_n + E_{an})\mu}{E_{at} - G_t} \geqslant 1.3 \tag{6-28}$$

$$G_n = G\cos\alpha_0 \tag{6-29}$$

$$G_t = G\sin\alpha_0 \tag{6-30}$$

$$E_{at} = E_a\sin(\alpha - \alpha_0 - \delta) \tag{6-31}$$

$$E_{an} = E_a\cos(\alpha - \alpha_0 - \delta) \tag{6-32}$$

式中　K_s——抗滑移安全系数；

G——挡土墙每延米自重(kN)；

α_0——挡土墙基底的倾角(°)；

α——挡土墙墙背的倾角(°)；

δ——土对挡土墙墙背的摩擦角(°)；

μ——土对挡土墙基底的摩擦系数，由试验确定，也可按表 6-2 选用。

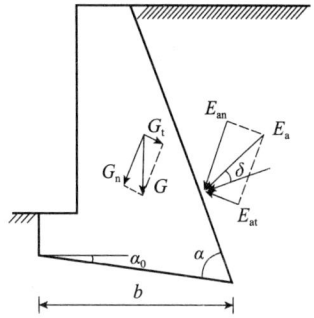

图 6-22　挡土墙抗滑移稳定验算

表 6-2　土对挡土墙基底的摩擦系数 μ

土的类别		摩擦系数 μ
黏性土	可塑	0.25～0.30
	硬塑	0.30～0.35
	坚硬	0.35～0.45
粉土		0.30～0.40
中砂、粗砂、砾砂		0.40～0.50
碎石土		0.40～0.50
软质岩石		0.40～0.60
表面粗糙的硬质岩石		0.65～0.75

注：1. 对易风化的软质岩和塑性指数 I_p 大于 22 的黏性土，基底摩擦系数 μ 应通过试验确定；

　　2. 对碎石土，可根据其密实程度、充填物状况、风化程度等确定。

2. 抗倾覆稳定性

如图 6-23 所示，在土压力作用下墙将绕墙踵向外转动而失稳。将 E_a 分解成水平及垂直两个分力。水平分力 E_{ax} 使墙发生倾覆，垂直分力 E_{az} 及墙重力 G 抵抗倾覆。抗倾覆稳定性应按下式验算：

$$K_t = \frac{\text{抗倾覆力矩}}{\text{倾覆力矩}} = \frac{Gx_0 + E_{az}x_f}{E_{ax}z_f} \geqslant 1.6 \tag{6-33}$$

$$E_{ax} = E_a\sin(\alpha - \delta) \tag{6-34}$$

$$E_{az} = E_a\cos(\alpha - \delta) \tag{6-35}$$

$$x_f = b - z\cot\alpha \tag{6-36}$$

$$z_f = z - b\tan\alpha_0 \tag{6-37}$$

式中　z——土压力作用点离墙踵的高度(m)；

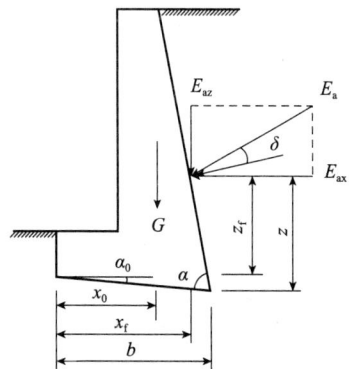

图 6-23　挡土墙抗倾覆稳定性

x_0——挡土墙重心离墙踵的水平距离(m);

b——基底的水平投影宽度(m)。

3. 地基承载力

挡土墙地基承载力计算同天然地基浅基础计算,同时要求基底合力的偏心距不应大于25%基础宽度,当基底下有软弱下卧层时,还应进行软弱下卧层的承载力验算。

6.3.3 重力式挡土墙的构造措施

(1)重力式挡土墙适用于高度小于8 m、地层稳定、开挖土方时不会危及相邻建筑物的地段。

(2)重力式挡土墙可在基底设置逆坡。对于土质地基,基底逆坡坡度不宜大于1∶10;对于岩土地基,宜大于1∶5。

(3)毛石挡土墙的墙顶宽度不宜小于 400 mm;混凝土挡土墙的墙顶宽度不宜小于200 mm。

(4)重力式挡土墙的基础埋置深度,应根据地基承载力、水流冲刷、岩石裂隙发育及风化程度等因素确定。在特强冻胀、强冻胀地区应考虑冻胀的影响。在土质地基中,基础埋置深度不宜小于 0.5 m;在软质岩地基中,基础埋置深度不宜小于 0.3 m。

(5)重力式挡土墙应每间隔10~20 m设置一道伸缩缝。当地基有变化时宜加设沉降缝。在挡土结构的拐角处,应采取加强的构造措施。

6.4 土坡稳定分析

土坡在各种内力和外力的共同作用下,有可能产生剪切破坏和土体的移动。土体的滑动一般是指土坡在一定范围内整体沿某一滑动面向下和向外移动而丧失其稳定性。如果土坡失去稳定造成塌方,不仅影响工程进度,有时还会危及人的生命安全,造成工程失事和巨大的经济损失。

因此,土坡稳定问题在工程设计和施工中应引起足够的重视。土坡的稳定性分析是土力学中重要的稳定分析问题。

6.4.1 土坡稳定的影响因素

土坡就是具有倾斜坡面的土体。当土质均匀,坡顶和坡底都水平且坡面为同一坡度时,称为简单土坡(图 6-24)。土坡根据其成因可分为两类:一类是由于地质作用而自然形成的山坡、江河岸坡等,称为天然土坡;另一类是由于人工填筑或开挖而形成的土坡,称为人工土坡,如堤坝、路基、基坑等。土坡在各种内力和外力的共同作用下,有可能产生剪切破坏和土体的移动。土坡一部分土体相对于另一部分土体滑动的现象,称为滑坡。

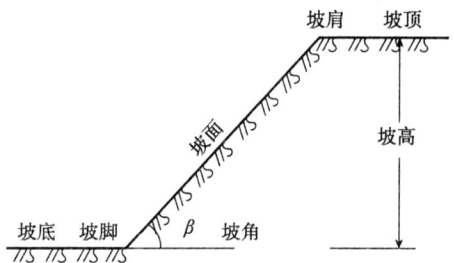

图 6-24 简单土坡

产生土体滑动的原因一般有以下几种：

(1)土坡所受的作用力发生变化。例如，由于在土坡顶部堆放材料或建造建筑物而使坡顶受荷。

(2)土体抗剪强度的降低。例如，土体中含水率或超静水压力的增加；又如土的结构破坏，起初形成细微的裂缝，继而将土体分割成许多小块。

(3)静水压力的作用。例如，雨水或地面水流入土坡中的竖向裂缝，对土坡产生侧向压力，从而促进土坡产生滑动。因此，黏性土坡发生裂缝常是土坡稳定性的不利因素。

(4)土坡总渗流的作用。如果边坡中有水渗流时，对潜在的滑动面除有动水力和浮托力作用外，渗流还有可能产生潜蚀，逐渐扩大成管涌。

土坡稳定性分析属于土力学中的稳定问题，也是工程中非常重要和实际的问题。土坡稳定性分析的目的是验算所拟订的土坡断面是否稳定、合理，或者根据给定的土坡高度、土的性质等已知条件设计出合理的土坡断面。

6.4.2　土坡稳定分析

土坡稳定性分析属于土力学中的稳定问题，也是工程中非常重要而实际的问题。简单土坡的稳定性分析可简化，稍复杂的土坡可由此引申分析。

1. 无黏性土坡的稳定性分析

如图 6-25 所示，一坡角为 β 的均质无黏性土坡，由于无黏性土土粒之间缺少黏聚力，因此，只要位于坡面上的土单元体不发生滑动，则土坡就可保持稳定。

在土坡坡面取一微小单元体进行分析，单元体自重 W 铅垂向下，土的内摩擦角为 φ。故使土单元下滑的剪切力为 W 在顺坡方向的分力 $T = W \cdot \sin\beta$；而阻止土体下滑的力则为单元体与下面土体之间的抗剪力 T_f，数值等于单元体自重在坡面法线方向的分力 N 引起的静摩擦力，即 $T_f = N \cdot \tan\varphi = W \cdot \cos\beta \cdot \tan\varphi$。抗滑力和滑动力的比值称为稳定安全系数，用 K 表示，即

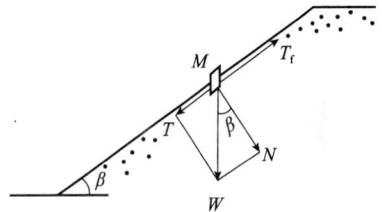

图 6-25　无黏性土简单土坡

$$K = \frac{T_f}{T} = \frac{N \cdot \tan\varphi}{T} = \frac{W \cdot \cos\beta \cdot \tan\varphi}{W \cdot \sin\beta} = \frac{\tan\varphi}{\tan\beta} \tag{6-38}$$

可见，对于均质无黏性土坡，理论上土坡的稳定性只与坡角 β 和内摩擦角 φ 有关，与坡高无关。只要坡角 β 小于内摩擦角 φ，即稳定安全系数 $K > 1$，土体就是稳定的。当坡角 β 与内摩擦角 φ 相等时，稳定安全系数 $K = 1$，此时抗滑力等于下滑力，土坡处于极限平衡状态，相应的坡角就等于无黏性土的内摩擦角，称为自然休止角。通常为了保证土坡具有足够的安全储备，可取 $K \geqslant 1.3 \sim 1.5$。

2. 黏性土坡的稳定性分析

均质黏性土的土坡失稳时，滑动面常常是曲面，通常可近似地假定为圆弧滑动面，如图 6-26 所示。黏性土坡稳定性分析方法有很多，目前工程最常用的是条分法。

条分法是一种试算法，计算比较简单合理，具体步骤如下：

（1）按比例绘制土坡剖面图，如图 6-27 所示。

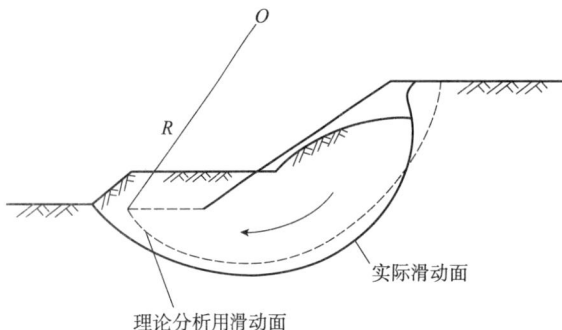

图 6-26　黏性土坡滑动面

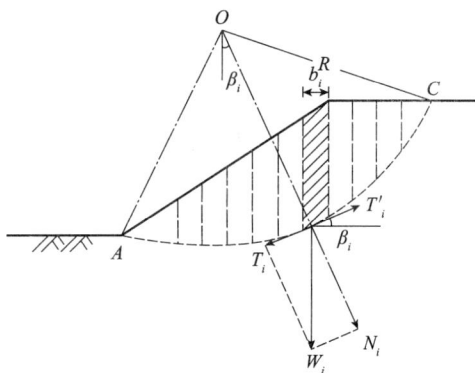

图 6-27　黏性土坡分析的条分法

（2）任选一点 O 为圆心，以 OA 为半径作圆弧 AC，AC 即滑动圆弧面。

（3）将滑动面以上土体竖直分成宽度相等的若干土条 b_i 并编号。

（4）计算作用在土条上的剪切力 T_i 与抗剪力 T_i'。

根据静力平衡条件：

$$N_i = W_i \cdot \cos\beta_i \tag{6-39}$$

$$T_i = W_i \cdot \sin\beta_i \tag{6-40}$$

滑动面上土的抗剪力为

$$T_i{}' = W_i\cos\beta_i\tan\varphi_i + c_i l_i \tag{6-41}$$

式中　β_i——土条 b_i 滑动面的法线（也即半径）与竖直线的夹角；

　　　l_i——土条 b_i 滑动面的弧长；

　　　c_i、φ_i——滑动面上的黏聚力及内摩擦角。

（5）不考虑土条两侧的作用力时，计算土条 b_i 上的作用力对圆心 O 产生的滑动力矩 M_s 及抗滑力矩 M_r。

$$M_s = T_i R = W_i R \sin\beta_i \tag{6-42}$$

$$M_r = T_i' R = (W_i\cos\beta_i\tan\varphi_i + c_i l_i)R \tag{6-43}$$

（6）计算稳定性系数 K。

$$K = \frac{M_r}{M_s} = \frac{\sum\limits_{i=1}^{n}(W_i\cos\beta_i\tan\varphi_i + c_i l_i)}{\sum\limits_{i=1}^{n}W_i\sin\beta_i} \tag{6-44}$$

本章小结

本章是土力学知识的具体应用。在人类工程建设中，会进行大量的挡土墙设计与施工。作用在挡土墙上的主要荷载为土压力。如果在设计时，荷载计算失误，就会造成挡土墙的倒塌，给社会带来巨大的损失。本章在主要讲解土压力的基础上，简要分析了挡土墙的设计验算原理。

土压力按照挡土墙位移情况，可分为静止土压力、主动土压力和被动土压力三种。土压力计算是挡土墙设计的重要依据，因此，设计挡土墙时首先要确定土压力的性质、大小、方向和作用点。计算这些压力的大小，有朗肯土压力理论和库仑土压力理论。土压力的计算是一个比较复杂的问题，其大小与挡土墙可能的位移有关，还与墙后填土的性质、墙背倾斜方向等因素有关。

学习本章的目的，是理解土压力的形成过程，土压力的影响因素；掌握朗肯土压力理论、库仑土压力理论，能进行常见情况下土压力计算。

课后习题

1. 单选题

(1)在相同条件下，作用在挡土墙上的土压力 E_a、E_0、E_p 的大小关系为(　　　)。

　　A. $E_0 < E_p < E_a$ 　　　　　　　　　　B. $E_0 < E_a < E_p$

　　C. $E_a < E_0 < E_p$ 　　　　　　　　　　D. $E_p < E_0 < E_a$

(2)无黏性土坡在稳定状态下(不含临界稳定)坡角 β 与土的内摩擦角 φ 之间的关系是(　　　)。

　　A. $\beta > \varphi$ 　　　　　　　　　　　　B. $\beta = \varphi$

　　C. $\beta < \varphi$ 　　　　　　　　　　　　D. $\beta \geqslant \varphi$

(3)某无黏性土坡坡角 $\beta = 24°$，内摩擦角 $\varphi = 36°$，则稳定安全系数为(　　　)。

　　A. 1.46 　　　　　　　　　　　　　　　B. 1.50

　　C. 1.63 　　　　　　　　　　　　　　　D. 1.70

(4)土压力与墙体位移的关系是(δ_a、δ_p 分别表示主动土压力和被动土压力相对应的墙体位移)(　　　)。

　　A. $\delta_a > \delta_p$ 　　　　　　　　　　　B. $\delta_a = \delta_p$

　　C. $\delta_a < \delta_p$ 　　　　　　　　　　　D. $\delta_a \geqslant \delta_p$

(5)若墙后为均质填土，填土面作用均布荷载 q，填土抗剪强度指标分别为 c、φ，填土的重度为 γ，则根据朗肯土压力理论，墙后土体中自填土表面向下深度 z 处的主动土压力强度是(　　　)。

　　A. $(q + \gamma z)\tan^2(45° + \varphi/2) + 2c\tan(45° + \varphi/2)$

　　B. $(q + \gamma z)\tan^2(45° - \varphi/2) - 2c\tan(45° - \varphi/2)$

　　C. $(q + \gamma z)\tan^2(45° + \varphi/2) - 2c\tan(45° + \varphi/2)$

　　D. $\gamma z\tan^2(45° - \varphi/2) - 2c\tan(45° + \varphi/2)$

(6)(2018 年注册岩土工程师真题)如图 6-28 所示，位于不透水地基上的重力式挡土墙，高 6 m，墙背垂直光滑，墙后填土水平，墙后地下水水位与墙顶面齐平，填土自上而下分别为 3 m 厚细砂和 3 m 厚卵石，细砂饱和重度 $\gamma_{sat1} = 19$ kN/m³，黏聚力 $c_1 = 0$，内摩擦角 $\varphi_1 = 25°$，卵石饱和重度 $\gamma_{sat2} = 21$ kN/m³，黏聚力 $c_2 = 0$，内摩擦角 $\varphi_2 = 30$，地震时细砂完全液化，在不考虑地震惯性力和地震沉陷的情况下，根据《建筑边坡工程技术规范》(GB 50330—2013)相关要求，计算地震液化时作用在墙背的总水平力接近于下列哪个选项？(　　　)

　　A. 290 kN/m 　　　　B. 320 kN/m 　　　　C. 350 kN/m 　　　　D. 380 kN/m

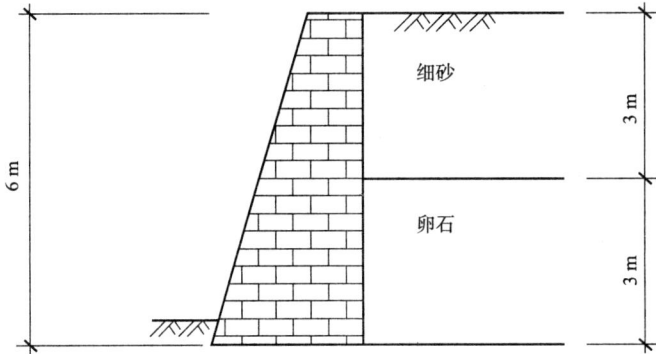

图 6-28　重力式挡土墙

2. 填空题

(1)均质无黏性土土坡的稳定性与坡高无关,仅与_____有关。

(2)挡土墙设计时应进行_____和_____两种稳定性验算。

(3)无黏性土边坡滑动面为_____。

(4)根据挡土结构侧向位移情况和墙后土体所处的应力状态,可分为三种类型的土压力,即_____、_____和_____。

(5)当挡土墙向离开土体方向偏移至土体达到极限平衡状态时,作用在墙上的土压力称为_____。

3. 计算题

(1)高度为 6 m 的挡土墙,墙背直立、光滑,墙后填土面水平。填土为砂土,其重度、内摩擦角如图 6-29 所示,填土表面作用均布荷载 $q = 10$ kPa,试作出主动土压力分布图并求合力 E_a 的大小。

(2)已知某挡土墙高为 5 m,墙背竖直、光滑,墙后填土面水平。墙后土体为无黏性土,重度 $\gamma = 17$ kN/m³,内摩擦角 $\varphi = 20°$,试求主动土压力 E_a,并绘制主动土压力分布图。

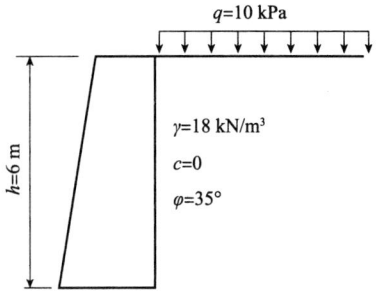

图 6-29　挡土墙

(3)已知某住宅区挡土墙高为 6 m,墙背垂直、光滑,填土面水平,填土物理力学指标为:$\gamma = 18.5$ kN/m³,$c = 12$ kPa,$\varphi = 18°$,试求主动土压力大小、其合力方向和作用位置。

(4)挡土墙高为 5 m,墙背直立、光滑,墙后填土面水平,共分两层。上层土厚为 2 m,土性指标:$\gamma_1 = 17$ kN/m³,$c_1 = 0$,$\varphi_1 = 32°$;下层土厚 3 m,土性指标:$\gamma_2 = 19$ kN/m³,$c_2 = 10$ kPa,$\varphi_2 = 16°$。试求主动土压力 E_a,并绘制出土压力的分布图。

趣闻杂谈 ⫸⫸⫸

土力学是一门很实际的、很感性的学科,与现实生活联系紧密。对于一些概念和原理,如果能善于联想和比拟,这样就会有更深刻的理解与感悟。

有时美餐佳肴罗列于前,吃着吃着就饱了,并且是超饱,腰带紧绷,就体会到了被动土压力的滋味，暗地松开裤带的两个扣眼，体会到主动土压力的宽松与幸福。看到一些市井之徒，如《水浒传》中的没毛大虫牛二之流，夏天里常把腰带系在胯上脐下，让圆锅底般的肚皮露在上面。另一些人，则把腰带提到乳上腋下，成为"齐胸裤"。一些聪明人干脆用吊带把裤子吊起来，估计这都是为被动土压力所逼的。

回顾历史，土压力理论对于治国也是很重要的。秦朝是我国一个伟大的时代，"秦王扫六合，虎视何雄哉，挥剑决浮云，诸侯尽西来"。但秦朝几代都奉行法家思想，穷兵黩武，不断征战。动辄兴兵百万，战线越拉越长。以一兵十夫记，民众的负担情何以堪？对内又实行严刑峻法，轻罪重罚，实行连坐，结果是"赭衣塞路，囹圄成市"，全国很多人成了犯人。统一六国后，北拒匈奴，屯兵几十万；建阿房宫、筑长城、修骊山墓。仅骊山大墓最多时用民夫 80 万。现在看秦始皇的兵马俑殉葬坑确实壮观，被誉为世界第八大奇迹。但想象一下，2 000 多年前，仅一处殉葬坑就有如此规模，整个陵园会有多大？这需何等的劳力、何等财力？所以法家历来实行的是被动土压力政策——紧缩、挤压、暴政，最后只能是崩溃，结果是陈胜、吴广揭竿而起，短命的秦朝应声而亡，法家人物也多不得善终。

汉统一了中国，战乱过后，民生凋敝。汉初的汉文帝、汉景帝信奉道家的"无为而治"，一改秦朝的刚硬性政策，实施主动土压力政策——顺应自然，休养生息，轻徭薄赋，恢复经济，不过多地干扰民众，农民种什么也不干预，形成了"文景之治"的盛世，也为后来的汉武帝开疆拓土打下了经济基础。《道德经》里有一句"治大国如烹小鲜"，就是说治理大国不能急躁，不宜乱来，更不能折腾。

汉武帝也是一代天骄，征讨匈奴，开疆拓土，但征伐太过，其在后期的《轮台诏》中对于穷兵黩武、劳民伤财表示了悔意。但似乎不能说汉武帝实行的是法家政策，其实他是"罢黜百家，独尊儒家"。儒者柔也，主张克己复礼，中庸之道，用现在的话讲，就是要和谐。儒家不主张法家严刑峻法的刚硬性政策，但也不是完全"道法自然""无为而治"，而是加上了君臣父子、仁义礼智信一系列约束条件，几千年来为统治者所喜爱。所以它似乎提倡了土力学中的静止土压力状态——中庸之道，己所不欲，勿施于人。

第 7 章

地基承载力

★案例导入

1. 工程概况

(1)道路概况。某道路工程位于软土场地,道路长度约为 1 080 m,红线宽度为 30 m,等级为城市次干道,设计行车速度为 40 km/h。此外,道路南侧为天然场地滩涂,北侧距离约 10 m 处为约 2.5 m 深的河道,这对于路堤的稳定具有一定的影响。

(2)工程地质概况。场地现状主要为池塘、滩涂,局部位置河流穿越。地层主要由填土(主要为后期填土)、淤泥、中砂、黏土、卵石、风化基岩层组成。其中,填土层中夹杂较多块石,对于后续软基处理方案存在较大的影响;而淤泥层厚度为 12.1~16.2 m,饱和、流塑状态,局部夹薄层细砂,摇振反应慢,有光泽,捻面光滑,含水率均大于 80%,承载力低,工程力学性质很差。

场地内地表水系发育,地下水主要为第四系冲海积、冲洪积层中的孔隙潜水,主要贮存于填土、中砂及卵石层,透水性好,水量丰富,受大气降水及河道侧向补给。

(3)地基处理概况。设计路基所需填方高度为 3.5~4.0 m,天然地基承载力及沉降无法满足设计要求,故需要进行地基处理。基于地质条件、工期及造价等因素考虑,本工程采用轻夯多遍工法(利用不同夯击能量对地基土进行多遍夯击,形成浅层硬壳层的工法)进行地基加固处理,未采用其他方式进行加强,并在处理后进行路面结构施工。

2. 事故回放

在场地夯击完成后,经历了连续一周的暴雨,道路中间区域发生了多条连续贯通裂缝,在道路中线临近河道一侧附近,发生了宽度约为 50 mm 裂缝,且离北侧河道越近区域,开裂现象越明显。同时,在道路南侧和北侧均发生了明显的隆起变形,其中最大的隆起量不小于 1.5 m。在水泥稳定基层施工完成,面层结构尚未施工时,场地又经历了连续阴雨天气,在水泥稳定基层铺筑完成后,在道路中部水稳基层面发生了多条贯通纵向裂缝并快速发展,分布情况与原来的地表裂缝分布基本一致(图 7-1、图 7-2)。

图 7-1 路基开裂

图 7-2 水泥稳定基层开裂

3. 原因分析

(1)软基处理效果的影响。根据轻夯多遍加固工艺，该工法应进行 6～8 遍不同能量的夯击，并结合处理情况调整夯击遍数。但在现场实际施工工程中，因工期原因，并未按设计遍数进行施工，仅在进行了四次夯击后即进行路基加载及面层施工，地基土未满足强度要求，并引发路基沉降及失稳变形。

(2)北侧河道开挖施工的影响。在路基填土施工期间，北侧河道同时也进行驳岸施工，驳岸施工期间进行了基槽开挖，加剧了路基填土的不平衡作用，导致邻近北侧的路基面层发生开裂破坏。

(3)连续强降雨的影响。连续强降雨导致路基填土充分饱和，含水率显著提高，自重增大，导致地基土强度降低，并引发路堤滑移破坏。

(4)无预警监控措施。在路基施工过程中，未进行道路路基沉降及水平位移观测，现场无法及时进行预警，并最终导致路堤发生变形。

4. 事故总结

由于软土具有强度较低、压缩性较高和透水性很小等特性，因此在软土地基上填筑修建道路，必须重视地基的变形和稳定问题，往往会出现地基强度和变形不能满足设计要求的问题，需采取有效措施进行地基处理。

理论知识

地基承载力是指地基承受荷载的能力。为了保证建筑物的安全和正常使用，在工程设计中，不仅要求地基土的变形量不超过允许值，地基承载力也必须在允许范围内。本章主要介绍地基的破坏形式及地基承载力的确定方法。

7.1　地基破坏形式

现场荷载试验表明，地基在荷载作用下由于承载力不足会发生剪切破坏。破坏形式可归纳为整体剪切破坏、局部剪切破坏和冲剪破坏三种[图 7-3(a)～(c)]。

(1)整体剪切破坏的 $p-s$ 曲线如图 7-3(d)中的曲线 Ⅰ 所示。破坏特征：当地基荷载较小时[图 7-3(d)中曲线 Ⅰ 的 Oa 段]，$p-s$ 基本成直线关系，属线性变形阶段，相应于 a 点的荷

载 p_{cr} 称为临塑荷载；随着荷载增加[图 7-3(d)中曲线 Ⅰ 的 ab 段]，基础边缘处土体开始发生剪切破坏，塑性区逐渐扩大，基础的沉降速率较前一阶段增大，$p-s$ 表现为明显的曲线特征，属弹塑性变形阶段，相应于 b 点的荷载 p_u 称为极限荷载；当荷载继续增加，地基土中形成连续的滑动面，基础沉降急剧增加，土从基础两侧挤出，并造成基础四周地面隆起，地基发生整体剪切破坏，$p-s$ 曲线出现明显的陡降段[图 7-3(d)中曲线 Ⅰ 的 b 点之后]。整体剪切破坏通常发生在浅埋基础下的密砂或硬黏土等坚实地基中。

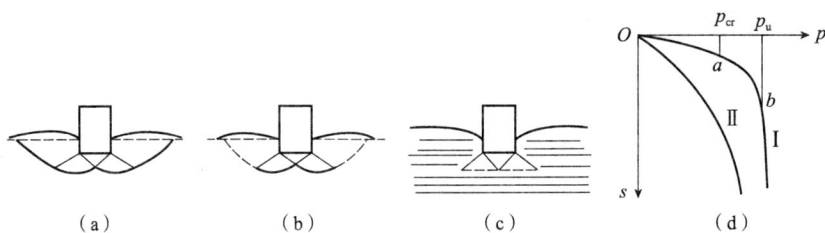

图 7-3　地基破坏模式

(a)整体剪切破坏；(b)局部剪切破坏；(c)冲剪破坏；(d)荷载—沉降($p-s$)曲线

(2)局部剪切破坏的 $p-s$ 曲线如图 7-3(d)中的曲线 Ⅱ 所示。破坏特征：随着荷载的增加，塑性变形区同样从基础底面边缘处开始发展。但仅仅局限于地基一定范围内，土体中形成一定的滑动面，但并不延伸至地表面。地基失稳时，基础两侧地面微微隆起，没有出现明显的裂缝。在相应的 $p-s$ 曲线中，转折点不像整体剪切破坏那么明显，转折点后的沉降速率虽然较前一阶段大，但不如整体剪切破坏那样急剧增加。中等密实的砂土地基常出现局部剪切破坏。

(3)冲剪破坏的破坏特征。随着荷载的增加，基础下土层发生压缩变形，基础周围土体发生竖向剪切破坏，无明显的滑动面，$p-s$ 曲线无明显转折点。松砂及软土地基常发生冲剪破坏。

7.2　浅基础地基极限承载力

7.2.1　临塑荷载

临塑荷载 p_{cr} 是地基中将要出现而尚未出现塑性变形区时对应的荷载。其表达式为

$$p_{cr} = \frac{\pi(\gamma d + c \cdot \cot\varphi)}{\cot\varphi + \varphi - \pi/2} + \gamma d \tag{7-1}$$

式中　d——基础的埋置深度(m)；

　　　γ——基底标高以上土的重度(kN/m³)；

　　　c——地基土的黏聚力(kPa)；

　　　φ——土的内摩擦角(弧度)。

临塑荷载计算公式是条形基础在均布荷载作用的情况下，根据弹性理论和土体极限平衡条件导出的。经验表明，采用不允许地基产生塑性变形区的临塑荷载作为地基承载力，偏于保守。

7.2.2　临界荷载

临界荷载是指允许地基产生一定范围塑性区所对应的荷载。工程实践表明，即使地基在一定深度范围内出现塑性区，只要不超过某一限度，就不会影响建筑物的安全和正常使用。地基的塑性区容许深度与建筑物的类型、荷载性质及土的特性等因素有关，一般认为，在中心垂直荷载作用下，地基塑性区最大深度 $z_{max}=b/4$（b 为基础宽度），相应的荷载用 $p_{1/4}$ 表示；在偏心荷载作用下，地基塑性区最大深度 $z_{max}=b/3$，相应的荷载用 $p_{1/3}$ 表示。$p_{1/3}$ 和 $p_{1/4}$ 均称为临界荷载。其表达式为

$$p_{1/4}=\frac{\pi(\gamma d+c\cdot\cot\varphi+\gamma b/4)}{c\tan\varphi+\varphi-\pi/2}+\gamma d \tag{7-2}$$

$$p_{1/3}=\frac{\pi(\gamma d+c\cdot\cot\varphi+\gamma b/3)}{c\tan\varphi+\varphi-\pi/2}+\gamma d \tag{7-3}$$

7.2.3　极限承载力

地基的极限承载力 p_u 是当地基土体中的塑性变形区充分发展并形成连续贯通的滑移面时，地基所能承受的最大荷载。确定地基极限承载力的计算方法很多，可归纳为两大类：一类是先假定地基土在极限状态下滑动面的形状，然后根据滑动土体的静力平衡条件求解；另一类是根据土的极限平衡理论和已知边界条件，计算土中各点达到极限平衡时的应力和滑动方向进行求解。下面介绍几种常用的计算公式。

1. 普朗德尔公式

普朗德尔（Prandtl）根据塑性理论，导出了刚性冲模压入无质量的半无限刚塑性介质时的极限压应力公式。将其应用于地基极限承载力的研究时，则相当于一无限长、底面光滑的条形荷载板置于无质量（$\gamma=0$）的土表面上，当土体处于极限平衡状态时的地基滑动面形态，如图 7-4(a) 所示。地基的极限平衡区可分为在基底下的朗肯主动状态区（Ⅰ区）、基础外侧的朗肯被动状态区（Ⅲ区）及Ⅰ区与Ⅲ区之间的过渡区（Ⅱ区）三个区。地基极限承载力理论公式为

$$p_u=cN_c \tag{7-4}$$

$$N_c=\cot\varphi\left[\tan^2\left(45°+\frac{\varphi}{2}\right)\exp(\pi\tan\varphi)-1\right] \tag{7-5}$$

式中　N_c——承载力因数，仅与 φ 有关的无量纲系数。

如果考虑到基础有一定的埋置深度 d，将基底以上土重用均布荷载 $q=\gamma_0 d$ 代替，如图 7-4(b) 所示。赖斯纳（Reissner）提出了计入基础埋深后的极限承载力理论公式为

$$p_u=cN_c+qN_q \tag{7-6}$$

$$N_q=\tan^2\left(45°+\frac{\varphi}{2}\right)\exp(\pi\tan\varphi) \tag{7-7}$$

式中　N_q——承载力因数，仅与 φ 有关的无量纲系数。

普朗德尔公式与基础宽度 b 无关，这是由于在推导过程中不计基底地基土的重度所致。此外，基底与土之间尚存在有一定的摩擦力，因此，普朗德尔公式只是一个近似公式。

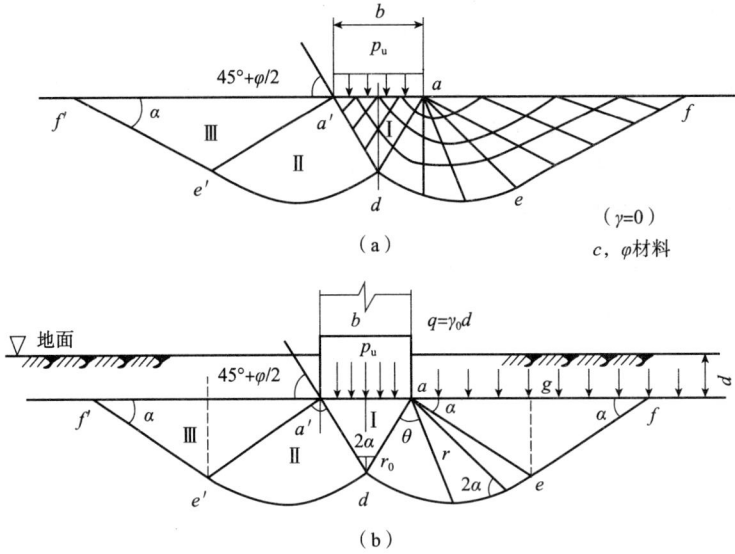

图7-4 普朗德尔理论假设的地基滑动面

(a)权限平衡状态时地基滑动面形态；(b)基础有埋置深度时的赖斯纳解

2. 太沙基公式

太沙基(Terzaghi)假定基础底面是粗糙的，基底与土之间存在摩擦力，阻碍了基底处剪切位移的发生。因此，基底下三角楔体不发生破坏而处于弹性平衡状态，如图7-5所示，根据静力平衡条件可得太沙基极限承载力计算公式为

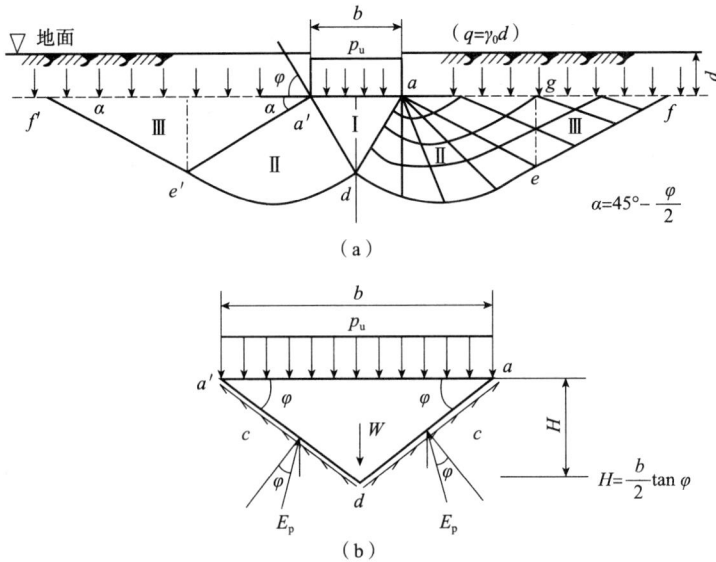

图7-5 太沙基理论假设的地基滑动面

(a)完全粗糙基底；(b)弹性楔体受力分析

$$p_{u} = cN_{c} + qN_{q} + \frac{1}{2}\gamma bN_{\gamma} \qquad (7-8)$$

式中　q——基底以上基础两侧荷载（kPa），$q = \gamma_0 d$；

　　　γ——基底标高以上土的重度（kN/m³）；

　　　N_{γ}——承载力因数，仅与 φ 有关的无量纲系数，$N_{\gamma} = 1.5(N_q - 1)\tan\varphi$。

上述太沙基极限承载力公式适用于条形荷载下（坚硬黏土和密实砂土）的整体剪切破坏情况。对于局部剪切破坏（软黏土和松砂），太沙基根据经验将公式调整为

$$p_{u} = \frac{2}{3}cN_{c}' + qN_{q}' + \frac{1}{2}\gamma bN_{\gamma}' \qquad (7-9)$$

式中　N_{γ}'、N_{q}'、N_{c}'——相应于局部剪切破坏的承载力因数，仅与 φ 有关的无量纲系数。

如果不是条形基础，而是置于密实或坚硬土地基中的方形基础或圆形基础，太沙基建议按经验修正后的公式计算地基极限承载力，即

方形基础：

$$p_{u} = 0.4\gamma bN_{\gamma} + \gamma_0 dN_{q} + 1.2cN_{c} \qquad (7-10)$$

圆形基础：

$$p_{u} = 0.6\gamma RN_{\gamma} + \gamma_0 dN_{q} + 1.2cN_{c} \qquad (7-11)$$

式中　R——圆形基础的半径（m）；

　　　b——方形基础的宽度（m）。

若地基为软黏土或松砂，将发生局部剪切破坏，式中的承载力因数 N_{γ}、N_{q}、N_{c} 均应改为 N_{γ}'、N_{q}'、N_{c}'。

3. 汉森公式

汉森（Hansen）考虑了基础形状、埋置深度、倾斜荷载、地面倾斜及基础底面倾斜等因素的影响，提出了适用倾斜荷载作用下，不同基础形状和埋置深度的极限承载力计算公式：

$$p_{u} = \frac{1}{2}\gamma bN_{\gamma}s_{\gamma}d_{\gamma}i_{\gamma}q_{\gamma}b_{\gamma} + qN_{q}s_{q}d_{q}i_{q}q_{q}b_{q} + cN_{c}s_{c}d_{c}i_{c}q_{c}b_{c} \qquad (7-12)$$

式中　s_{γ}、s_{q}、s_{c}　　　基础形状修正系数；

　　　d_{γ}、d_{q}、d_{c}——埋深修正系数；

　　　i_{γ}、i_{q}、i_{c}——荷载倾斜修正系数；

　　　q_{γ}、q_{q}、q_{c}——地面倾斜修正系数；

　　　b_{γ}、b_{q}、b_{c}——基础底面倾斜修正系数；

　　　N_{γ}、N_{q}、N_{c}——地基承载力因数。

汉森公式是个半经验公式，适用范围较广，对水利工程有实用意义，已被我国港口工程技术规范所采用。

7.3　地基承载力的确定方法

由理论公式计算的地基极限承载力是地基处于极限平衡状态时的承载力，为了保证建筑物的安全和正常使用，设计时的地基承载力应以一定的安全度进行折减，即在地基极限承载

力的基础上除以一个安全系数 K，一般取 2～3。

《建筑地基基础设计规范》(GB 50007—2011)采用概率极限状态设计原则确定地基承载力采用特征值，即在发挥正常使用功能时所允许采用的抗力设计值。地基承载力特征值可由荷载试验或其他原位测试、公式计算，并结合工程实践经验等方法综合确定。

7.3.1 按地基荷载试验确定

当基础宽度大于 3 m 或埋置深度大于 0.5 m 时，从荷载试验或其他原位测试、经验值等方法确定的地基承载力特征值，还应按下式修正：

$$f_a = f_{ak} + \eta_b \gamma (b - 3) + \eta_d \gamma_m (d - 0.5) \tag{7-13}$$

式中　f_a——修正后的地基承载力特征值(kPa)；

f_{ak}——地基承载力特征值(kPa)；

η_b，η_d——基础宽度和埋置深度的地基承载力修正系数，按基底下土的类别查表 7-1 取值；

γ——基础底面以下土的重度，地下水水位以下取浮重度(kN/m³)；

b——基础底面宽度，当基础底面宽度小于 3 m 时取 3 m，大于 6 m 时取 6 m(m)；

γ_m——基础底面以上土的加权平均重度，位于地下水水位以下的土层取有效重度(kN/m³)；

d——基础埋置深度(m)。宜自室外地面标高算起。在填方整平地区，可自填土地面标高算起，但填土在上部结构施工后完成时，应从天然地面标高算起。对于地下室，如采用箱形基础或筏形基础时，基础埋置深度自室外地面标高算起；当采用独立基础或条形基础时，应从室内地面标高算起。

表 7-1　承载力修正系数

土的类别		η_b	η_d
淤泥和淤泥质土		0	1.0
人工填土 e 或 I_L 大于等于 0.85 的黏性土		0	1.0
红黏土	含水比 $\alpha_w > 0.8$	0	1.2
	含水比 $\alpha_w \leqslant 0.8$	0.15	1.4
大面积压实填土	压实系数大于 0.95、黏粒含量 $\rho_c \geqslant 10\%$ 的粉土	0	1.5
	最大干密度大于 2 100 kg/m³ 的级配砂石	0	2.0
粉土	黏粒含量 $\rho_c \geqslant 10\%$ 的粉土	0.3	1.5
	黏粒含量 $\rho_c < 10\%$ 的粉土	0.5	2.0
e 及 I_L 均小于 0.85 的黏性土		0.3	1.6
粉砂、细砂(不包括很湿与饱和时的稍密状态)		2.0	3.0
中砂、粗砂、砾砂和碎石土		3.0	4.4

注：1. 强风化和全风化的岩石，可参照所风化成的相应土类取值，其他状态下的岩石不修正；

　　2. 地基承载力特征值按《建筑地基基础设计规范》(GB 50007—2011)附录 D 深层平板荷载试验确定时 η_d 取 0；

　　3. 含水比是指土的天然含水率与液限的比值；

　　4. 大面积压实填土是指填土范围大于两倍基础宽度的填土。

【例 7-1】 已知某拟建建筑物场地地质条件：第一层杂填土，层厚为 1.5 m，重度为 19 kN/m³；第二层粉质黏土，层厚为 5.2 m，重度为 18 kN/m³，$e=0.85$，$I_L=0.94$，地基承载力特征值 $f_{ak}=147$ kPa。

试按以下基础条件分别计算修正后的地基承载力特征值。

(1)基础底面为 4 m×3 m 的矩形独立基础，埋深 $d=1.5$ m；

(2)基础底面为 10 m×26 m 的箱形基础，埋深 $d=4.5$ m。

解： 根据《建筑地基基础设计规范》(GB 50007—2011)：

(1)矩形独立基础下修正后的地基承载力特征值 f_a：

基础宽度 $b=3$ m，埋深 $d=1.5$ m，持力层粉质黏土的孔隙比 $e=0.92$(大于 0.85)，查表 7-1 得 $\eta_b=0$，$\eta_d=1.0$。

$$f_a=f_{ak}+\eta_b\gamma(b-3)+\eta_d\gamma_m(d-0.5)=147+0+1.0\times19\times(1.5-0.5)=166(\text{kPa})$$

(2)箱形独立基础下修正后的地基承载力特征值 f_a：

基础宽度 $b=10$ m(大于 6 m，取 6 m 计算)，埋深 $d=4.5$ m，持力层粉质黏土的孔隙比 $e=0.92$(大于 0.85)，查表 7-1 得 $\eta_b=0$，$\eta_d=1.0$。

$$\gamma_m=(19\times1.5+18\times3)/4.5=18.3\ (\text{kN/m}^3)$$

$$f_a=f_{ak}+\eta_b\gamma(b-3)+\eta_d\gamma_m(d-0.5)=147+0+1.0\times18.3\times(4.5-0.5)=220.2(\text{kPa})$$

7.3.2 按土的抗剪强度指标确定

当偏心距 e 小于或等于 0.033 倍基础底面宽度时，根据土的抗剪强度指标确定地基承载力特征值可按下式计算，并应满足变形要求：

$$f_a=M_b\gamma b+M_d\gamma_m d+M_c c_k \tag{7-14}$$

式中 f_a——由土的抗剪强度指标确定的地基承载力特征值(kPa)；

M_b、M_d、M_c——承载力系数，按表 7-2 确定；

b——基础底面宽度，大于 6 m 按 6 m 取值，对于砂土，小于 3 m 按 3 m 取值(m)；

c_k——基底下一倍短边宽深度内土的黏聚力标准值(kPa)。

表 7-2 承载力系数 M_b、M_d、M_c

土的内摩擦角标准值 φ_k/°	M_b	M_d	M_c
0	0	1.00	3.14
2	0.03	1.12	3.32
4	0.06	1.25	3.51
6	0.10	1.39	3.71
8	0.14	1.55	3.93
10	0.18	1.73	4.17
12	0.23	1.94	4.42
14	0.29	2.17	4.69
16	0.36	2.43	5.00

续表

土的内摩擦角标准值 φ_k/°	M_b	M_d	M_c
18	0.43	2.72	5.31
20	0.51	3.06	5.66
22	0.61	3.44	6.04
24	0.80	3.87	6.45
26	1.10	4.37	6.90
28	1.40	4.93	7.40
30	1.90	5.59	7.95
32	2.60	6.35	8.55
34	3.40	7.21	9.22
36	4.20	8.25	9.97
38	5.00	9.44	10.80
40	5.80	10.84	11.73

注：φ_k——基底下一倍短边宽度的深度范围内土的内摩擦角标准值(°)。

【例 7-2】 某建筑物承受中心荷载的柱下独立基础底面尺寸为 $3\ m\times2\ m$，埋深 $d=2\ m$，地基土为粉土，$\gamma=18.5\ kN/m^3$，$c_k=1.4\ kPa$，$\varphi_k=24°$，试确定持力层的地基承载力特征值。

解： 基础承受中心荷载(偏心距 $e=0$)，根据土的抗剪强度指标计算持力层的地基承载力特征值 f_a。

根据 $\varphi_k=24°$查表 7-2 得：$M_b=0.8$，$M_d=3.87$，$M_c=6.45$。

$$f_a=M_b\gamma b+M_d\gamma_m d+M_c c_k$$
$$=0.8\times18.5\times2.0+3.87\times18.5\times2.0+6.45\times1.4=181.82(kPa)$$

7.3.3 按岩石地基荷载试验确定

对于完整、较完整、较破碎的岩石地基承载力特征值可按岩石地基荷载试验方法确定；对破碎、极破碎的岩石地基承载力特征值，可根据平板荷载试验确定。对完整、较完整和较破碎的岩石地基承载力特征值，也可根据室内饱和单轴抗压强度，按下式进行计算：

$$f_a=\psi_r f_{rk} \tag{7-15}$$

式中 f_a——岩石地基承载力特征值(kPa)；

　　f_{rk}——岩石饱和单轴抗压强度标准值(kPa)；

　　ψ_r——折减系数。根据岩体完整程度以及结构面的间距、宽度、产状和组合，由地方经验确定。无经验时，对完整岩体可取 0.5；对较完整岩体可取 $0.2\sim0.5$；对较破碎岩体可取 $0.1\sim0.2$。

本章小结

各种土木工程在整个使用年限内都要求地基稳定，要求地基不致因承载力不足、渗流破坏而失去稳定性,也不致因变形过大而影响正常使用。地基承载力即地基承受荷载的能力。在荷载作用下,地基要产生变形。随着荷载的增大,地基变形逐渐增大,初始阶段地基尚处在弹性平衡状态,具有安全承载能力。当荷载增大到地基中开始出现某点,或小区域内各点任一截面上的剪应力达到土的抗剪强度时,该点或小区域内各点就剪切破坏而处在极限平衡状态,土中应力将发生重分布。这种小范围的剪切破坏区,称为塑性区。当荷载继续增大,地基出现较大范围的塑性区时,将显示地基承载力不足而失去稳定。此时地基达到极限承载能力。

地基承载力问题是土力学中的一个重要的研究课题,其目的是掌握地基的承载规律,发挥地基的承载能力,合理确定地基承载力,确保地基不致因荷载作用而发生剪切破坏,产生变形过大而影响建筑物或土工建筑物的正常使用。为此,地基基础设计一般都限制基底压力最大不超过地基容许承载力或地基承载力特征值。地基承载力的方法一般有原位试验法、理论公式法、规范表格法、当地经验法四种。

课后习题

1. 单选题

(1)地基破坏时形成了延续至地面的连续滑动面,破坏曲线三阶段明显的破坏形式为（　　　）。

    A. 整体剪切破坏　　　　　　　　　　B. 局部剪切破坏

    C. 冲剪破坏　　　　　　　　　　　　D. 冲切破坏

(2)下列荷载中,最小的是（　　　）。

    A. 临塑荷载 P_{cr}　　　　　　　　　B. 界限荷载 $P_{1/4}$

    C. 界限荷载 $P_{1/3}$　　　　　　　　D. 极限荷载 P_u

(3)(2018 年注册岩土工程师基础考试真题)太沙基地基极限承载力公式为 $P_u = cN_c + qN_q + 1/2\gamma bN_\gamma$,系数 N_c 主要取决于（　　　）。

    A. 土的黏聚力 c　　　　　　　　　B. 土的内摩擦角 φ

    C. 基础两侧荷载 q　　　　　　　　D. 基地以下土的重度 γ

(4)挡土墙后由两层填土组成,按朗肯土压力理论计算的主动土压力的分布如图 7-6 所示,下面选项所列的情况与图示压力分布相符的是（　　　）。

    A. $c_1 = c_2 = 0$, $\gamma_1 > \gamma_2$, $\varphi_1 = \varphi_2$

    B. $c_1 = c_2 = 0$, $\gamma_1 = \gamma_2$, $\varphi_1 < \varphi_2$

    C. $c_1 = 0$, $c_2 > 0$, $\gamma_1 = \gamma_2$, $\varphi_1 = \varphi_2$

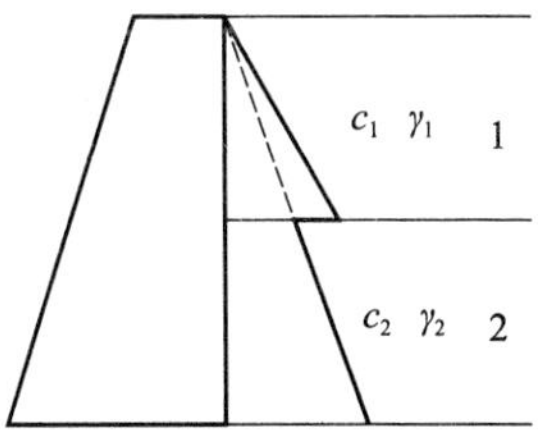

图 7-6　主动土压力的分布

    D. 墙后的地下水水位在土层的界面处,$c_1 = c_2 = 0$,$\gamma_1 = \gamma_{m2}$,$\varphi_1 = \varphi_2$(γ_{m2} 为下层土的饱和重度)

2. 填空题

浅基础的地基破坏类型有三种,即＿＿＿＿＿＿＿、＿＿＿＿＿＿＿、＿＿＿＿＿＿＿。

3. 计算题

(1)某方形钢筋混凝土柱下独立基础。基础埋深为 1.0 m，地基土为黏性土，重度为 18.2 kN/m³，地基承载力特征值为 220 kPa，$\eta_b=0.3$，$\eta_d=1.6$。计算修正后的地基承载力特征值。

(2)某方形钢筋混凝土柱下独立基础。基础埋深为 2.0 m，地基第一层土为 1.2 m 的杂填土，重度为 16.5 kN/m³；第二层为 5.8 m 的粉质黏土层，重度为 19 kN/m³，地基承载力特征值为 220 kPa，$\eta_b=0.3$，$\eta_d=1.6$。计算修正后的地基承载力特征值。

第8章

浅基础

在建筑物的设计和施工中，地基和基础占有很重要的地位，它对建筑物的安全使用和工程造价有着很大的影响，因此，正确选择地基基础的类型十分重要。首先根据基础埋置深度不同可分为浅基础和深基础。习惯上埋深不超过 5 m 的称为浅基础，一般可用比较简便的施工方法来修建。浅基础常见的结构形式有无筋扩展基础、独立基础、条形基础、筏形基础等。深基础埋深较大，以下部坚实的岩层或土层作为持力层，一般施工工艺较复杂，施工条件较为困难，要采用特殊的施工方法和机械。常见的深基础形式有桩基础、地下连续墙、沉井基础等。

地基可分为天然地基和人工地基。如果地基内是良好的土层或上部有较厚的良好的土层时，一般将基础直接做在天然土层上，这种地基叫作"天然地基"。如果地基范围内都属于软弱的土层时，需要加固土层，提高土层的承载能力，再将基础建在这种经过人工处理加固后的土层上，这种地基叫作"人工地基"。

一般地，对于天然地基建造的埋置深度小于 5 m 的一般基础，在计算基础的侧面摩擦力不必考虑，统称为天然地基上的浅基础。天然地基上的浅基础，结构比较简单，最为经济，如能满足要求，宜优先选用。天然地基上的浅基础设计的原则和方法基本上适用于人工地基上的浅基础，只是选用人工地基上的浅基础方案时，还须对选择的地基处理方法进行设计，并处理好人工地基和浅基础之间的连接与相互影响。

由于基础施工工艺复杂、工期长、造价高，一旦破坏危害大、修补困难。且基础属于地下隐蔽工程，工程竣工后难以检查等因素决定其在工程中起到举足轻重的作用。由地基基础方面原因而造成的事故占工程事故中的多数。下面具体介绍云南某住宅小区地基基础破坏事故案例。

1. 工程概况

云南大理某住宅小区总共建筑面积为 25 000 m²，小区平面布置如图 8-1(a)所示。小区建筑物均为 4～6 层砖混结构，设构造柱和圈梁，毛石混凝土条形基础，采用粉喷桩进行地基处理。对粉喷桩复合地基进行了静荷载试验，并通过了验收。建筑抗震设防烈度为9度。地基土除表层土为人工填土外，在深度为40 m范围内均为冲湖相沉积和湖沼相沉积。其中，深度2.5～17 m为极软的泥炭和淤泥土，上部为泥炭质土，下部为淤泥。天然含水率为72%～216%，天然孔隙比为2.0～5.8，地基承载力为30～35 kPa，压缩模量E_s为1.1～1.6 MPa。深度17～40 m为深厚软黏土，天然含水率为74%，天然孔隙比为2.01，地基承载力为60 kPa，压缩模量E_s为1.8 MPa。地质剖面示意如图8-1(b)所示。

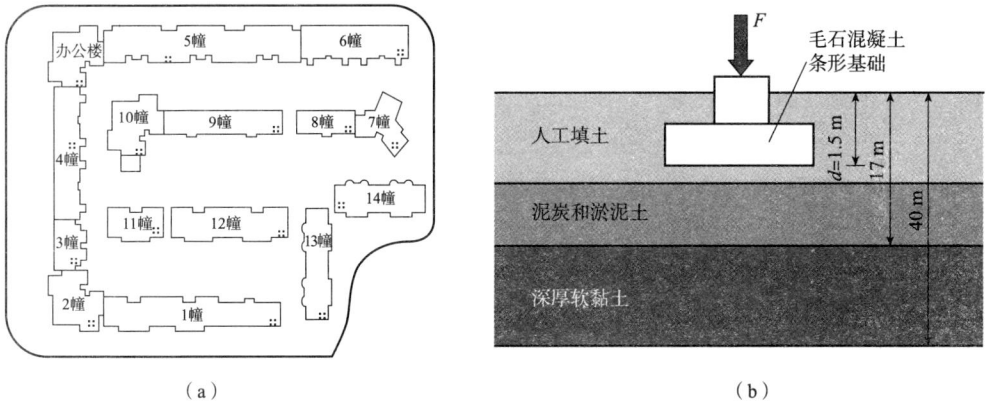

图 8-1   住宅小区建筑物平面布置与地质剖面示意
(a)小区建筑物平面；(b)地质剖面

2. 事故回放与分析

本案例1997年12月5日—1998年2月9日进行粉喷试验桩施工，1998年3月18日—1998年4月10日进行单桩复合地基荷载试验，试验报告肯定了粉喷桩复合地基满足设计要求，承载力达到设计要求，并通过验收。随后进行正式施工，每幢楼基础工程完工后，均进行了沉降观测，发现沉降速率偏大。小区总体于1998年3月开工，同年8月26日主体全部完工，每栋主体工程的施工时间为2～3个月。经过分析建筑物沉降观测成果发现，每栋楼的沉降量和倾斜均过大，最大沉降量近1 m，实属罕见。由于上部结构刚度较大，未见结构开裂，但底层建筑已影响正常使用。

事故发生后，曾多次组织专家分析鉴定。经专家评审，认为产生过量沉降和差异沉降的设计与勘察方面的主要原因如下：

(1)在确定上部结构和基础设计方案时，对地基土的工程特性和分布特征缺乏充分的认识，对设计方案的可行性缺乏深入的研究与正确的判断，导致方案选择失误。

(2)在进行基础设计时，未遵循按变形控制原则，未验算变形。选用了条形基础，抗震陷能力差，且基础底面压力过大，致使软弱下卧层的承载力不能满足相关规范要求。这是建筑物产生过量沉降和差异沉降的根本原因。

(3)该场地硬壳层下为深厚的泥炭质土、淤泥土等软弱下卧层，在现有条形基础下，采用粉喷桩加固地基，达不到控制变形的目的。在深不见底(勘察深度为40 m未揭穿)的极软土上部做些加固措施，无论怎样做也是收效甚微。复合地基落在巨厚的极软土上，长期巨大的沉降是必然的后果。

3. 总结

本案例地基基础设计的失误首先是基础埋置过深，未充分利用硬壳层。其次是采用条形基础不当，使基底压力过大，超过复合地基下极软土的承载能力。在确定基础设计方案时，对地基土的工程特性和分布特征缺乏充分的认识，对设计方案的可行性缺乏深入的研究与正确的判断，导致基础方案选择失误。

为减小沉降量和差异沉降，除尽量降低基底压力外，对软土地基，应注意适当提高基础和上部结构刚度，如采用十字交叉基础、筏形基础和箱形基础，与软弱地基刚柔相济，可以较好地减小沉降量和差异沉降。

浅基础的设计，必须坚持因地制宜、就地取材的原则。根据地勘资料，综合考虑基础结构类型、工程地质与水文地质条件、材料供应与施工方法、造价等因素，精心设计，以保证建筑物的安全和正常使用。为了防止类似事故的发生，应学习浅基础的设计内容及相关设计方法。我国现行地基基础规范仍然分行业制定和执行。本章主要以《建筑地基基础设计规范》（GB 50007—2011）为依据，主要介绍浅基础的类型、设计方法等内容。

★理论知识

8.1　概　述

8.1.1　总体要求

1. 地基基础设计的总体目标

（1）防止地基土发生剪切破坏或丧失稳定性，应具有足够的安全度。

（2）控制地基的变形量，使之不超过建筑的地基特征变形允许值。

（3）基础本身应具有足够的强度、刚度和耐久性。

（4）地基基础设计使用年限不应小于建筑结构的设计使用年限。

2. 地基基础设计的总体原则

（1）地基基础设计应坚持因地制宜、就地取材、保护环境、节约资源的原则。

（2）贯彻执行国家技术经济政策，做到安全、适用、经济、合理。

（3）地基基础设计须根据建筑物的用途和安全等级、平面布置和上部结构类型，充分考虑建筑场地和地基岩土条件，结合施工条件及工期、造价等各方面要求，合理选择地基基础方案，精心设计，确保建筑物的安全和正常使用。

8.1.2　地基基础设计等级

根据地基复杂程度、建筑物规模和功能特征及由于地基问题可能造成建筑物破坏或影响正常使用的程度，地基基础设计分为三个等级，见表 8-1。

表 8-1　地基基础设计等级

设计等级	建筑和地基类型
甲级	重要的工业与民用建筑物 30 层以上的高层建筑 体型复杂，层数相差超过 10 层的高低层连成一体建筑物 大面积的多层地下建筑物(如地下车库、商场、运动场等) 对地基变形有特殊要求的建筑物 复杂地质条件下的坡上建筑物(包括高边坡) 对原有工程影响较大的新建建筑物 场地和地基条件复杂的一般建筑物 位于复杂地质条件及软土地区的二层及二层以上地下室的基坑工程 开挖深度大于 15 m 的基坑工程 周边环境条件复杂、环境保护要求高的基坑工程
乙级	除甲级、丙级以外的工业与民用建筑物 除甲级、丙级以外的基坑工程
丙级	场地和地基条件简单、荷载分布均匀的七层及七层以下民用建筑物及一般工业建筑物；次要的轻型建筑物 非软土地区且场地地质条件简单、基坑周边环境条件简单、环境保护要求不高且开挖深度小于 5 m 的基坑工程

8.1.3　地基基础设计计算要求

根据建筑物地基基础设计等级及长期荷载作用下地基变形对上部结构的影响程度，地基基础设计计算要求如下：

(1)所有建筑物的地基计算均应满足承载力计算要求。

(2)设计等级为甲级、乙级的建筑物，均应进行地基变形设计验算。

(3)设计等级为丙级的建筑物有下列情况之一时应做变形验算：

1)地基承载力特征小于 130 kPa，且体型复杂的建筑；

2)在基础上及其附近有地面堆载或相邻基础荷载差异较大，可能引起地基产生过大的不均匀沉降时；

3)软弱地基上的建筑物存在偏心荷载时；

4)相邻建筑距离近，可能发生倾斜时；

5)地基内有厚度较大或厚度不均的填土，其自重固结未完成时。

(4)对经常承受水平荷载作用的高层建筑、高耸结构或挡土墙等，以及建造在斜坡上或边坡附近的建筑物和构造物、挡土墙和基坑工程，还应验算其稳定性。

(5)基坑工程应进行稳定性验算。

(6)建筑地下室或地下构造物存在上浮问题时，应进行抗浮验算。

8.1.4　地基基础设计中作用效应和抗力限值的选取

地基基础设计时，所采用的作用效应与相应的抗力限值应符合下列规定：

(1)按地基承载力确定基础底面面积及埋深或按单桩承载力确定桩数时，传至基础或承台底面上的作用效应应按正常使用极限状态下作用的标准组合。相应的抗力应采用地基承载力特征值或单桩承载力特征值。

(2)计算地基变形时，传至基础底面上的作用效应应采用正常使用极限状态下作用的准永久组合，不应计入风荷载和地震作用。相应的限值应为地基变形允许值。

(3)计算挡土墙、地基或滑坡稳定性以及基础抗浮稳定时，作用效应应采用承载力极限状态下作用的基本组合，但其分项系数均为 1.0。

(4)在确定基础或桩基承台高度、支挡结构截面计算基础或支挡结构内力、确定配筋和验算材料强度时，上部结构传来的作用效应和相应的基底反力、挡土墙土压力以及滑坡堆力，应采用承载能力极限状态下作用的基本组合，采用相应的分项系数。当需要验算基础裂缝宽度时，应按正常使用极限状态作用的标准组合。

(5)基础设计安全等级、结构设计使用年限、结构重要性系数应按有关规范的规定采用，但结构重要性系数(γ_0)不应小于 1.0。

8.1.5 浅基础设计内容及步骤

浅基础设计内容和步骤如图 8-2 所示，主要包括以下工作内容：

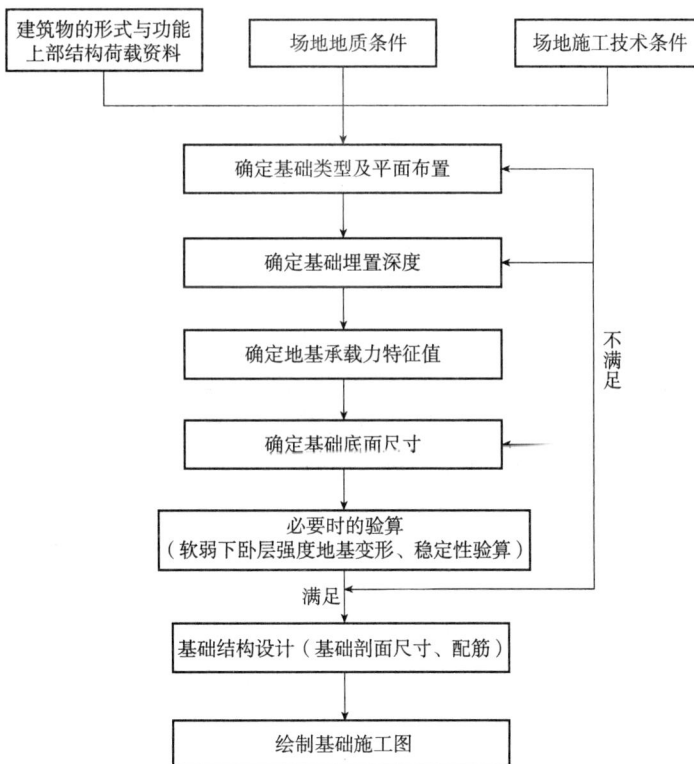

图 8-2 浅基础设计流程

(1)根据建筑物的形式与功能、上部荷载资料、场地条件、场地施工技术条件确定基础类型及平面布置；

(2)确定基础埋置深度；

（3）确定地基承载力特征值；

（4）确定基础底面尺寸；

（5）必要时的验算；

（6）基础结构设计；

（7）绘制基础施工图。

8.2 浅基础的类型

浅基础根据结构形式可分为扩展基础、柱下条形基础、十字交叉条形基础、筏形基础和箱形基础等。

8.2.1 扩展基础

在实际工程中，为使基础及上部结构满足地基承载力和变形的要求，且基础内部的应力满足材料本身的强度要求。为此，将基础向侧边扩展一定面积，此基础又称为扩展基础。扩展基础根据材料划分为无筋扩展基础和钢筋混凝土扩展基础。

1. 无筋扩展基础

无筋扩展基础是指用抗压性能较好，抗拉和抗弯性能较差的材料建造的基础。其常用的材料有砖、毛石、混凝土、灰土和三合土等。由于基础的抗拉和抗弯能力很差，不能承受弯矩，宽高比限制在材料刚性角内。无筋扩展基础几乎不发生挠曲变形，因此习惯上又称为刚性基础。无筋扩展基础适用多层民用建筑和轻型厂房。

2. 钢筋混凝土扩展基础

当基础荷载较大时，按地基承载力计算的基底面积较大，采用无筋扩展基础存在埋深大、用料多、施工不便的问题。此时，采用钢筋混凝土基础，由于钢筋混凝土材料具有较好的抗弯能力，基础不必受限于刚性角，实现了"宽基浅埋"，提高了经济学和施工便易性。由于钢筋混凝土基础工作中存在一定的弯曲变形，因此又称为柔性基础，如图 8-3 所示。钢筋混凝土扩展基础可分为柱下钢筋混凝土独立基础和墙下钢筋混凝土条形基础两种。

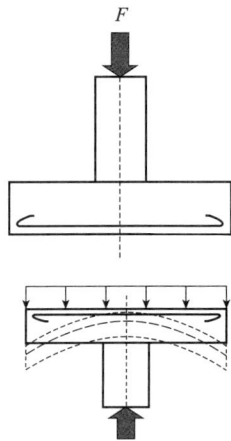

图 8-3 柔性基础受荷

（1）柱下钢筋混凝土独立基础（柱下独立基础）。柱下独立基础通常是单个承重柱做成单个基础，即"一柱一基础"，是多层框架结构和单层排架结构最常用的基础形式。独立基础的常见构造形式如图 8-4 所示。其有阶梯形、锥形和杯口形三种。其中，阶梯形和锥形是现浇柱的基础；杯口形是预制柱的基础，常用于装配式单层工业厂房。

（2）墙下钢筋混凝土条形基础（墙下条形基础）。当砌体结构的层数较低、荷载较小时，常采用前面所述的无筋扩展基础。当墙体荷载较大或土质较差时，通常采用墙下钢筋混凝土条形基础。墙下条形基础一般做成板式的，沿着墙长度方向延伸（$l/b \geqslant 10$）。

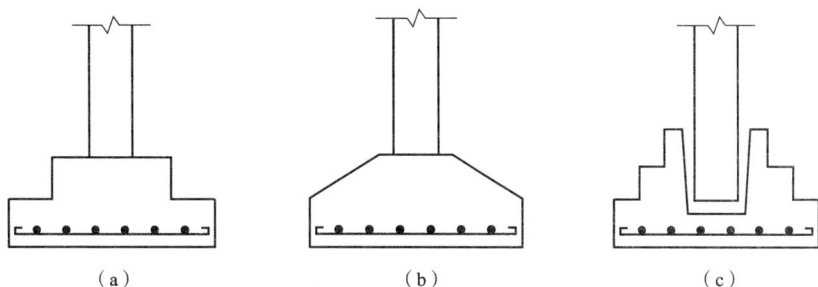

图 8-4　柱下钢筋混凝土独立基础
(a)阶梯形基础；(b)锥形基础；(c)杯形基础

8.2.2　柱下条形基础及十字交叉条形基础

如果柱子的荷载较大而土层的承载能力又低，做独立基础需要很大的底面面积，在这种情况下可采用柱下条形基础。图 8-5(a)所示为同一轴线(或同一方向)上若干柱下相连的钢筋混凝土条形基础，又称为柱下单向条形基础。这种基础具有较大的抗弯刚度、调整不均匀沉降的能力，并能将所承受的柱荷载较均匀地分布到整个基底面积上，常常用于软弱地基上框架或排架结构的一种基础形式。

采用单向条形基础仍不能满足地基基础设计要求时，则可采用十字交叉条形基础，如图 8-5(b)、(c)所示，这种基础在纵横两向分别设置钢筋混凝土条形基础，当地基软弱且在两个方向的荷载和土质不均匀时，十字交叉条形基础具有良好的调整不均匀沉降的能力。

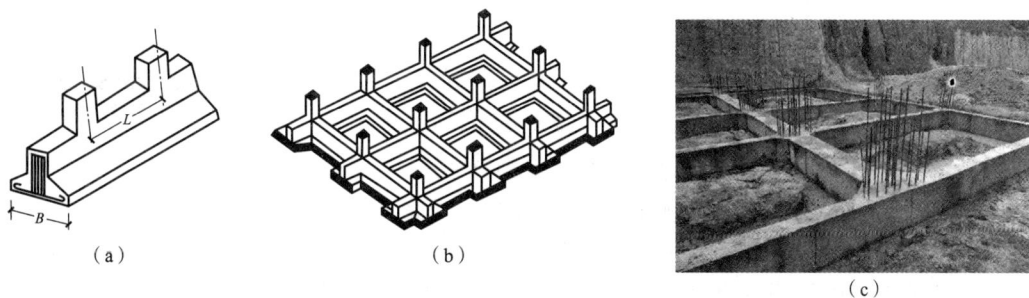

图 8-5　条形基础
(a)柱下条形基础；(b) 十字交叉条形基础；(c)十字交叉条形基础施工

8.2.3　筏形基础

当荷载很大且地基承载力不高，十字交叉条形基础底面面积仍不能满足要求时，或地基土软弱，地坪易发生过大沉降和不均匀沉降时，可在底面上做成连续整片满堂式基础。整个建筑物的荷载由一块整板承重，这种满堂式基础称为筏形基础(图 8-6)。筏形基础由于底面面积大，故可减小地基单位面积上的压力，并能有效增强基础的整体性，调整不均匀沉降。

筏形基础在板幅较小或地基反力较小时，无须设梁，称为平板式筏形基础；平板式筏形基础使用较普遍，其优点是施工简便，且有利于地下室空间的利用；缺点是当柱荷载很大，地基不均匀及差异沉降较大时板的厚度较大。当板幅较大或地基反力较大时，需设置梁防止弯曲破坏，称为梁板式筏形基础。梁板式筏形基础的刚度更大，调整不均匀沉降的能力更强。梁板式筏形基础与平板式相比具有耗材小、刚度大的优点。筏形基础不仅可用于框架、框剪、剪力墙结构，也可用于砌体结构。

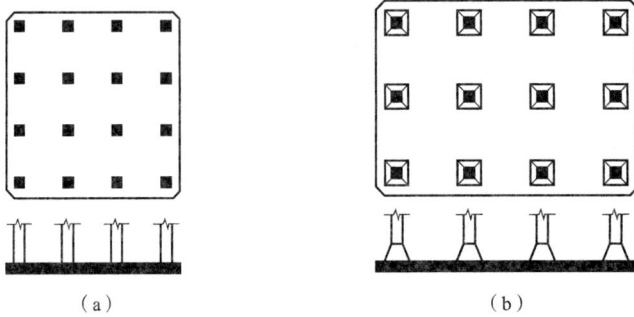

图 8-6　筏形基础
（a）平板式；（b）梁板式

8.2.4　箱形基础

为了增加基础板的刚度，以减小不均匀沉降，高层建筑物往往把地下室的底板、顶板、侧墙及一定数量的内隔墙连在一起，构成一个整体刚度很强的箱形结构，称为箱形基础(图 8-7)。由于内墙分隔，箱形基础地下室用途不如筏形基础地下室广泛，如不能用作地下停车场等。

箱形基础的中空结构形式，使得开挖卸去的土重部分补偿了上部结构传来的荷载，因此，与一般实体基础相比，它能显著减小基底压力、降低基础沉降量。箱形基础的抗震性能较好。但箱形基础的钢筋水泥用量大、工期长、造价高、施工技术比较复杂，在进行深基坑开挖时，还需考虑降低地下水水位、坑壁支护及对周边环境的影响等问题。因此，需要与其他地基基础方案做技术经济比较后再确定是否采用箱形基础。

浅基础随着底面面积的增大，承载能力逐渐提高，抵抗沉降和调节不均匀沉降的能力也在增强，同时造价也逐渐提高。在实际工程中，一般按照无筋扩展基础→钢筋混凝土扩展基础→

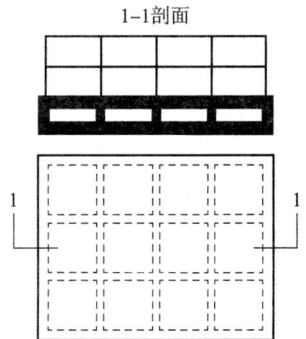

图 8-7　箱形基础示意

柱下条形基础→十字交叉条形基础→筏形基础或箱形基础的顺序选用最经济的浅基础。当浅基础不能满足要求时，再选用深基础。

8.3　基础埋置深度的选择

确定基础的埋置深度是地基基础设计中的重要步骤，它涉及结构物的牢固、稳定及正常使用问题。基础埋置深度一般是指基础底面到室外设计地面的距离，简称基础埋深。在确定基础埋深时，必须考虑把基础设置在变形较小、强度较高的持力层上，以保证地基强度满足要求，而且不致产生过大的沉降或不均匀沉降。此外，还要使基础具有足够的埋置深度，以保证基础的稳定性，确保基础的安全。确定基础埋置深度时，必须综合考虑建筑物的用途；有无地下室、设备基础和地下设施；基础的形式和构造；作用在基础上的荷载大小和性质；工程地质和水文地质条件；相邻建筑物的埋置深度；地基土冻胀和融陷及地形、河流的冲刷影响等因素。对于某一具体工程而言，往往是其中一两种因素起决定性作用，所以设计时，必须从实际出发，抓住影响埋深的主要因素，综合确定合理的埋置深度。

确定基础埋深的原则：在保证安全可靠的前提下，尽量浅埋。但不应浅于 0.5 m，因为地表土一般较松软，易受雨水及外界影响，不宜作为基础的持力层。另外，基础顶面与设计地面的距离宜大于 0.1 m，尽量避免基础外露，遭受外界的侵蚀及破坏。

8.3.1　建筑物的用途、结构形式和荷载的性质与大小

某些建筑物的使用功能和用途，常常成为基础埋深选择的先决条件。例如，设置地下室或设备层的建筑物、半埋式结构物、使用箱形基础的高层建筑等都需要较大的基础埋深，在抗震设防区，除岩石地基外，天然地基上的箱形基础和筏形基础其埋置深度不宜小于建筑物高度的 1/15，桩箱基础或桩筏基础的埋置深度（不计桩长）不宜小于建筑物高度的 1/18，位于岩石地基上的高层建筑，其基础埋置深度应满足抗滑要求。

荷载的性质与大小的不同，对地基土的要求也不同，因而会影响基础埋置深度的选择。对某一持力层而言，荷载比较小时能满足要求，荷载大时就可能不满足要求。荷载的性质对基础埋置深度的影响也很明显。对于承受水平荷载的基础，必须有足够的埋置深度，以防止发生倾覆及滑移，保证基础的稳定性。

8.3.2　场地环境条件

在靠近原有建筑物修建新基础时，为了保证在施工期间原有建筑物的安全和正常使用，减小对原有建筑物的影响，新建建筑物的基础埋深不宜大于原有建筑基础。否则两基础间应保持一定净距，其数值应根据原有建筑物荷载大小、基础形式、土质情况及结构刚度大小而定，且不宜小于该相邻两基础底面高差的 1~2 倍，如图 8-8 所示。如果不能满足这一要求时，应采取措施，如分期施工、设临时加固支撑或板桩支撑、设置地下连续墙等。

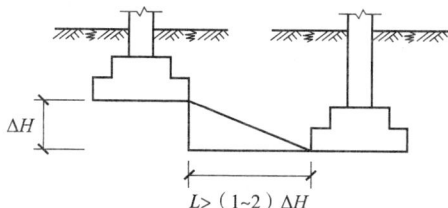

图 8-8　相邻的基础埋深

在河流、湖泊等水体旁建造的建筑物基础，如可能受到流水或波浪冲刷的影响，其底面应位于冲刷线以下。

位于稳定土坡坡顶上的建筑，靠近土坡边缘的基础与土坡边缘应具有一定距离（图 8-9）。当垂直于坡顶边缘线的基础底面边长小于或等于 3 m 时，其基础底面边缘线至坡顶的水平距

离应符合式(8-1a)、式(8-1b)要求,但不得小于 2.5 m。

条形基础:
$$a \geqslant 3.5b - \frac{d}{\tan\beta} \tag{8-1a}$$

矩形基础:
$$a \geqslant 2.5b - \frac{d}{\tan\beta} \tag{8-1b}$$

式中　a——基础底面外边缘线至坡顶的水平距离(m);

　　　b——垂直于坡顶边缘线的基础底面边长(m);

　　　d——基础埋置深度(m);

　　　β——边坡坡角(°)。

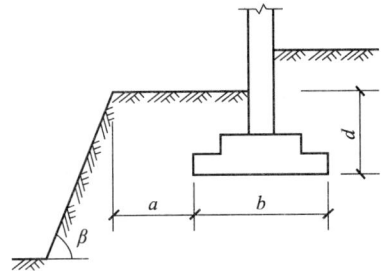

图 8-9　基础底面外边缘线至坡顶的水平距离

8.3.3　工程地质条件和水文条件

(1)工程地质条件。地质条件是影响基础埋置深度的重要因素之一。通常地基由多层土组成,直接支撑基础的土层称为持力层,其下的各土层称为下卧层。在满足地基稳定和变形要求的前提下,基础应尽量浅埋,利用浅层土做持力层。当上部为软弱土层,下部为良好土层时,软弱土层厚度小于 2 m 时应选取下部土层,软弱土层厚度大则宜考虑人工地基或深基础。自上而下都是软弱土层时,基础难以找到良好的持力层,这时考虑人工地基或深基础。

当基础埋置在易风化的软质岩层上时,施工时应在基坑开挖之后立即铺垫层,以免岩层表面暴露时间过长而被风化。

基础在风化岩石层中的埋置深度应根据其风化程度、冲刷深度及相应的承载力确定。如岩层表面倾斜时,应尽可能避免将基础的一部分置于基岩上,而另一部分置于土层中,以防基础由于不均匀沉降而发生倾斜甚至断裂。在陡峭山坡上修建桥台时,还应注意岩体的稳定性。

(2)水文地质条件。基础应尽量埋置在地下水水位以上,以避免地下水对基坑开挖、基础施工和使用期间的影响。对于底面低于地下水水位的基础,应考虑施工期间的基坑降水、坑壁围护、是否可能产生流砂、涌土等问题,并应采取保护地基土不受扰动的措施。当持力层下埋藏有承压含水层时,在基槽开挖时为防止发生流土现象,要求坑底土的总覆盖压力大于承压含水层顶部的静水压力。

8.3.4　地基土冻融条件

当地基土的温度低于 0 ℃时,土中部分孔隙水将冻结而形成冻土。冻土可分为多年冻土和季节性冻土。

季节性冻土是指一年内冻结与融化交替出现的土层,其在我国北方分布很广。若基础埋于冻胀土内,冬季土层冻结,处于冻结深度范围内的土中水被冻结形成冰晶体,未冻结区的自由水和部分结合水向冻结区迁徙、聚集,使冰晶体逐渐扩大,引起土体碰撞和隆起,当冻胀力和冻切力足够大时,会导致基础与墙体发生不均匀的上抬,门窗不能开启,严重时墙体开裂;当春季解冻时,冰晶体融化,含水率增大,地基土的强度降低,土体随之下陷,即出现融陷现象。建筑物各部分的融陷是不均匀的,严重的不均匀沉陷可能引起建筑物开裂、倾斜，甚至倒塌。土体的冻胀会使路基隆起，使柔性路面鼓包、开裂，使刚性路面错缝或折断。路基土融陷后，在车辆反复碾压下，轻者路变得松软，限制行车速度，重者路面开裂、冒泥，即翻浆现象，使路面完全破坏。因此，冻土的冻胀及融陷都会对工程带来危害，必须采取一定措施避免。

影响冻胀的因素主要是土的粒径大小、土中含水率的多少及地下水补给条件等。对于结合水含量极少的粗粒土，因不发生水分迁徙，故不存在冻胀问题。处于坚硬状态的土，因为结合水的含量很少，所以冻胀作用也很微弱。此外，若地下水水位高或通过毛细水能使水分向冻结区补充，则冻胀会比较严重。《建筑地基基础设计规范》(GB 50007—2011)将地基土的冻胀性划分为不冻胀、弱冻胀、冻胀、强冻胀和特强冻胀五类。

季节性冻土地基的设计冻深可按下式计算：

$$z_d = z_0 \cdot \psi_{zs} \cdot \psi_{zw} \cdot \psi_{ze} \tag{8-2}$$

式中　z_d——场地冻结深度(m)，当有实测资料时按 $z_d = h' - \Delta z$ 计算；

　　　z_0——标准冻结深度(m)，采用在地表平坦、裸露、城市之外的空旷场地中不少于 10 年实测最大冻深的平均值；

　　　ψ_{zs}——土的类别对冻深的影响系数；

　　　ψ_{zw}——土的冻胀性对冻深的影响系数；

　　　ψ_{ze}——环境对冻深的影响系数。

对于埋置于可冻胀土中的基础，其最小埋深可按下式确定：

$$d_{min} = z_d - h_{max} \tag{8-3}$$

式中　h_{max}——基础底面下允许残留冻土层的最大厚度(m)。

8.4　基础底面尺寸的确定

基础底面尺寸是指条形基础的底面宽度或独立基础底面的长度、宽度。基础设计中通过设置足够大的基础底面，使得基础底面和软弱下卧层顶面的压力满足它们的承载力要求，这是《建筑地基基础设计规范》(GB 50007—2011)中对所有建筑物的要求。

8.4.1　按照持力层地基承载力要求初定基础底面尺寸

1. 中心荷载下的基础

中心荷载作用下的基础(图 8-10)，基底平均压力应满足式(8-4)的要求，即

$$p_k \leqslant f_a \tag{8-4}$$

式中　f_a——修正后的地基承载力特征值(kPa)；

　　　p_k——相应于作用的标准组合时，基础底面处的平均压力值(kPa)。

$$p_k = \frac{F_k + G_k}{A} = \frac{F_k}{A} + \gamma_G d \tag{8-5}$$

式中　F_k——相应于荷载效应标准组合时，上部结构传至

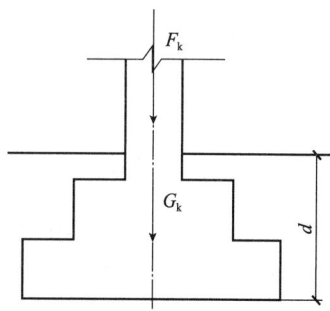

图 8-10　中心受荷的基础

基础顶面的竖向力值(kN);

G_k——基础自重和基础上的土重(kN)。对一般实体基础，可近似地取 $G_k = \gamma_G A_d$(γ_G 为基础及回填土的平均重度，可取 $\gamma_G = 20$ kN/m³)，但在地下水水位以下部分应扣去浮托力;

d——基础平均埋置深度(m)，取基础底面距离基础两侧设计地面的平均值;

A——基础底面面积(m²)。

结合式(8-4)和式(8-5)，稍加整理得中心荷载作用下基础底面积计算公式：

$$A \geqslant \frac{F_k}{f_a - \gamma_G d} \tag{8-6}$$

(1)对于方形基础，其正方形基础边长为

$$b \geqslant \sqrt{A} \geqslant \sqrt{\frac{F_k}{f_a - \gamma_G d}} \tag{8-7}$$

(2)对于矩形基础，基础底面的宽度 b 为

$$b \geqslant \sqrt{\frac{F_k}{n(f_a - \gamma_G d)}} \tag{8-8}$$

式中，$n = l/b$，为基础的长宽比，取值通常在 $1 \sim 2$。

(3)对于条形基础，沿基础长度方向取 1 m 作为计算单元，基础底面宽度 b 为

$$b \geqslant \frac{F_k}{f_a - \gamma_G d} \tag{8-9}$$

需要说明的是，基础底面宽度 b 一般采用试算法来确定，因为确定基础底面宽度 b 需要知道修正后的地基承载力特征值 f_a，而 f_a 又与 b 有关。一般先假定 $b \leqslant 3$ m，地基承载力特征值按深度修正，按照上述方法算出基底尺寸后，若算出基底宽度 $b \leqslant 3$ m，表示假定正确，算得的基底宽度即为所求;若算出基底宽度 $b > 3$ m，则需重新修正地基承载力特征值。

此外，基础底面尺寸计算出来之后，还应结合施工要求和构造要求进行取值，且最后确定的基底尺寸 b 和 l 均应为 100 mm 的整数倍。

2. 偏心荷载下的基础

在偏心荷载作用下，基底压力呈梯形或三角形分布，确定偏心基础底面尺寸的步骤如下：

(1)根据中心受压基础底面积的公式初步计算基础底面面积 A_0。

(2)根据偏心距的大小乘以 $1.1 \sim 1.4$ 的放大系数，即 $A = (1.1 \sim 1.4)A_0$，再以适当的比例确定矩形基础的长 l 和宽度 b，常取 $l/b = 1 \sim 2$。

(3)按假定的基础底面尺寸，利用式(8-10)、式(8-11)验算：

$$p_k = \frac{F_k + G_k}{A} < f_a \tag{8-10}$$

$$p_{kmax} = \frac{F_k + G_k}{A} + \frac{M_k}{W} < 1.2 f_a \tag{8-11}$$

式中　M_k——相应于作用的标准组合时，作用于基础底面的力矩值(kN·m);

W——基础底面的抵抗矩(m³)，$W = bl^2/6$，其中 l 为偏心方向的边长，b 为另一边的边长;

p_{kmax}——相应于作用的标准组合时，基础底面边缘的最大压力值(kPa)。

如不满足上述要求，应修改尺寸，重复上述步骤，直到符合要求为止。

另外，如图 8-11 所示，为避免基础底面由于偏心距 e 过大而与地基土脱离，应控制基础底面边缘的最小压力值 p_{kmin} 满足式(8-13)：

$$p_{kmin}=\frac{F_k+G_k}{A}-\frac{M_k}{W} \tag{8-12}$$

即

$$\frac{F_k+G_k}{A}\left(1-\frac{6e}{l}\right)\geq0$$

$$e\leq\frac{l}{6} \tag{8-13}$$

其中

$$e=\frac{M_k}{F_k+G_k}$$

一般认为，在中、高压缩性土上的基础，或有吊车的厂房柱基础，偏心距 e 不宜大于 $l/6$，对低压缩性地基土上的基础，当考虑短暂作用的偏心荷载时偏心距 e 应控制在 $l/4$ 以内。若偏心距 $e>l/6$ 时，p_{kmin} 为负值，此时 p_{kmax} 应按下列式进行计算(图 8-12)：

$$p_{kmax}=\frac{2(F_k+G_k)}{3ab} \tag{8-14}$$

式中　b——垂直于力矩作用方向的基础底面边长(m)；

　　a——合力作用点至基础底面最大压力边缘的距离(m)，$a=0.5l-e$。

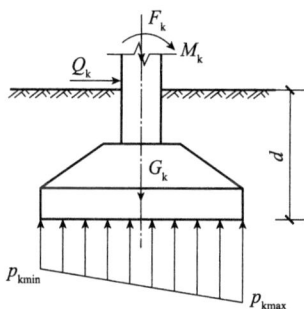

图 8-11　偏心受荷的基础　　　图 8-12　偏心荷载($e>l/6$)下基底压力计算

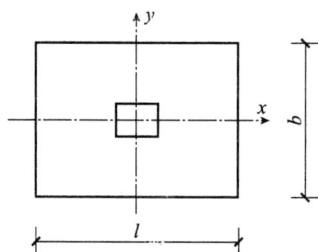

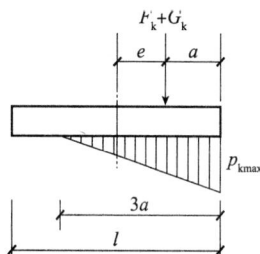

【例 8-1】　某住宅采用墙下条形基础，上部墙体传来的竖向中心荷载 F_k 为 195 kN/m，基础埋置深度 $d=1$ m，基础埋置深度范围内土的平均重度 $\gamma_m=17.7$ kN/m³，地基持力层为黏性土，承载力特征值 f_{ak} 为 170 kPa，$\eta_b=0$，$\eta_d=1.0$。试确定基础底面尺寸。

解： (1)求地基承载力特征值。先假设基础宽度 $b\leq3$ m，经深度修正后的地基承载力特征值为

$$f_a = f_{ak} + \eta_d \gamma_m (d - 0.5) = 170 + 17.7 \times 1.0 \times (1.0 - 0.5) = 178.9 (\text{kPa})$$

(2)初步确定基础底面尺寸,取 1 m 长的条形基础作为计算单元:

$$b \geqslant \frac{F_k}{f_a - \gamma_G d} = \frac{195}{178.9 - 20 \times 1.0} = 1.23 (\text{m}) < 3.0 \text{ m}$$

取基础底面的宽度 $b = 1.3$ m < 3 m,无须进行宽度修正。

(3)地基承载力验算。

$$p_k = \frac{F_k + G_k}{b} = \frac{195 + 20 \times 1.3 \times 1}{1.3} = 170 (\text{kPa}) < f_a = 178.9 \text{ kPa}$$

满足要求,故该承重墙下条形基础宽度 $b = 1.3$ m。

【例 8-2】 图 8-13 所示为某方形钢筋混凝土柱下独立基础,作用在基础顶面的轴心荷载标准值 $F_k = 1\ 200$ kN,基础埋深为 2 m,地基第一层土为 1.2 m 厚的杂填土,重度 $\gamma = 16.5$ kN/m³;第二层为厚 5.2 m 的粉质黏土,重度 $\gamma = 18$ kN/m³,$\eta_b = 0.3$,$\eta_d = 1.6$。地基承载力特征值为 135 kPa,试设计基础底面尺寸。

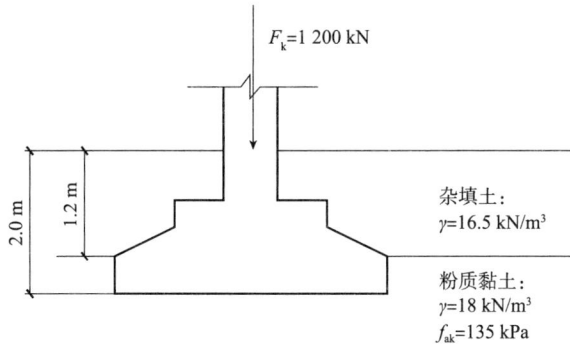

图 8-13 例 8-2 图

解: (1)求地基承载力特征值。基础埋深范围内地基土的加权平均重度 γ_m 为

$$\gamma_m = \frac{16.5 \times 1.2 + 18 \times 0.8}{1.2 + 0.8} = 17.1 (\text{kN/m}^3)$$

$$f_a = f_{ak} + \eta_d \gamma_m (d - 0.5) = 135 + 1.6 \times 17.1 \times 2 - 0.5 = 176 (\text{kPa})$$

(2)初步确定基础底面尺寸。

方形柱,边长 b:

$$b \geqslant \sqrt{A} \geqslant \sqrt{\frac{F_k}{f_a - \gamma_G d}} = \sqrt{\frac{1\ 200}{176 - 20 \times 2}} = 2.97 (\text{m})$$

取 $b = 3$ m,不需再对 f_a 进行宽度修正。

(3)地基承载力验算。

$$p_k = \frac{F_k + G_k}{A} = \frac{1\ 200 + 20 \times 3 \times 3 \times 2}{3 \times 3} = 173.3 (\text{kPa}) < f_a = 176 \text{ kPa}$$

满足要求,故基础底面尺寸为 3 m×3 m。

【例 8-3】 图 8-14 所示为某框架柱下独立基础,上部结构传至地面处的竖向荷载 $F_k = 1\ 600$ kN,弯矩 $M_k = 860$ kN·m,水平荷载 $H_k = 120$ kN,如图 8-14 所示,试确定独立基础底面尺寸。

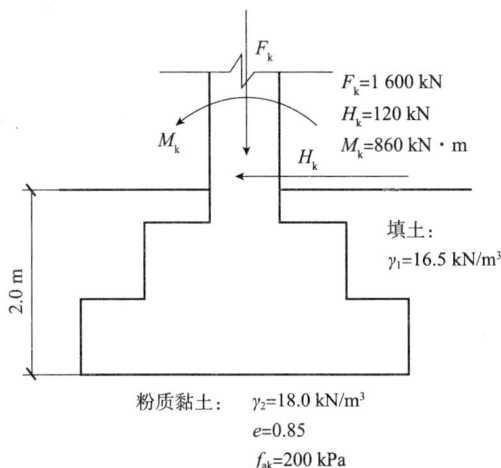

图 8-14　例 8-3 图

解：(1)试估基础底面面积。根据持力层 $e=0.85$，查表得承载力修正系数 $\eta_d=1.0$，深度修正后的持力层承载力特征值：

$$f_a = f_{ak} + \eta_d \gamma_m (d-0.5) = 200 + 1.0 \times 16.5 \times 2 - 0.5 = 224.75 (\text{kPa})$$

$$A = (1.1 \sim 1.4) \frac{F_k}{f_a - \gamma_G d} = 1.1 \sim 1.4 \times \frac{1\,600}{224.75 - 20 \times 2} = 9.5 \sim 12 (\text{m}^2)$$

由于力矩较大，底面尺寸可取大些，取 $l=4$ m，$b=3$ m。

(2)计算基底压力。

$$p_k = \frac{F_k + G_k}{A} = \frac{1\,600 + 20 \times 2 \times 4 \times 3}{4 \times 3} = 173.3 (\text{kPa})$$

$$p_{kmax} = \frac{F_k + G_k}{A} + \frac{M_k}{W} = 173.3 + \frac{860 + 120 \times 2}{3 \times 4^2/6} = 310.8 (\text{kPa})$$

$$p_{kmin} = \frac{F_k + G_k}{A} - \frac{M_k}{W} = 173.3 - \frac{860 + 120 \times 2}{3 \times 4^2/6} = 35.8 (\text{kPa})$$

(3)地基持力层承载力验算。

$$p_k = 173.3 \text{ kPa} < f_a = 224.75 \text{ kPa}$$

$$p_{kmax} = 310.8 \text{ kPa} > 1.2 \times 224.75 = 269.7 (\text{kPa})$$

持力层承载力不满足要求。

(4)重新调整基底尺寸，再验算，取 $l=4.5$ m。

$$p_k = \frac{1\,600 + 20 \times 2 \times 4.5 \times 3}{4.5 \times 3} = 158.5 (\text{kPa}) < f_a = 224.75 \text{ kPa}$$

$$p_{kmax} = p_k + \frac{M_k}{W} = 158.5 + \frac{860 + 120 \times 2}{3 \times 4.5^2/6} = 267.1 (\text{kPa}) < 1.2 f_a = 269.7 \text{ kPa}$$

所以取 $l=4.5$ m，$b=3$ m，持力层承载力满足要求。

8.4.2　软弱下卧层验算复核基础底面尺寸

建筑场地土大多数是成层的，一般土层的强度随深度而增加，而外荷载引起的附加应力则随深度而减小，因此，只要基础底面持力层承载力满足设计要求即可。但是，也有不少情况，持力层不厚，在持力层以下受力层范围内存在软弱土层，其承载力很低，如我国沿海地区表层土较硬，在其下有很厚一层较软的淤泥、淤泥质土层，此时仅满足持力层的要求是不够的，还需验算软弱下卧层的强度，要求传递到软弱下卧层顶面处土体的附加应力与自重应力之和不超过软弱下卧层的承载力，即按式(8-15)计算：

$$p_z + p_{cz} \leqslant f_{az} \tag{8-15}$$

式中　p_z——相应于荷载效应标准组合时，软弱下卧层顶面处的附加应力值(kPa)；

　　　p_{cz}——软弱下卧层顶面处土的自重压力值(kPa)；

　　　f_{az}——软弱下卧层顶面处经深度修正后的地基承载力特征值(kPa)。

根据弹性半空间体理论，下卧层顶面土体的附加应力，在基础中轴线处最大，向四周扩散呈非线性分布，如果考虑上下层土的性质不同，应力分布规律就更为复杂。《建筑地基基础设计规范》(GB 50007—2011)通过试验研究并参照双层地基中附加应力分布的理论解答提出了以下简化方法：当持力层与下卧软弱土层的压缩模量比值 $E_{s1}/E_{s2} \geqslant 3$ 时，对矩形和条形基础，式(8-17)和式(8-18)中 p_z 可按压力扩散角的概念计算。如图 8-15 所示，假设基底处的附加压力($p_0 = p_k - p_c$)在持力层内往下传递时按某一角度 θ 向外扩散，且均匀分布于较大面积上，根据扩散前作用于基底平面处附加压力合力与扩散后作用于下卧层顶面处附加压力合力相等的条件，得到 p_z 的表达式如下：

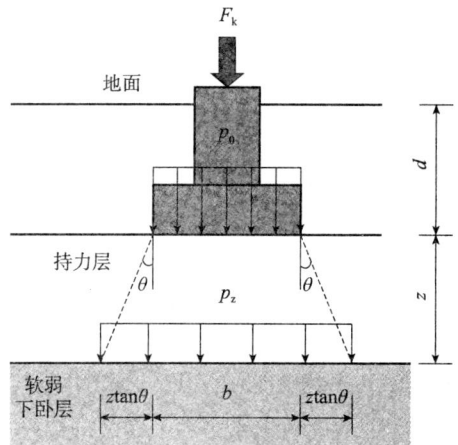

图 8-15　软弱下卧层顶面附加应力计算

对于矩形基础

$$p_z = \frac{(p_k - p_c)l \cdot b}{(l + 2z\tan\theta)(b + 2z\tan\theta)} \tag{8-16}$$

对于条形基础

$$p_z = \frac{(p_k - p_c) \cdot b}{b + 2z\tan\theta} \tag{8-17}$$

式中　b，l——分别为基础的长度和宽度(m)；

　　　p_c——基础底面处土的自重应力(kPa)；

　　　z——基础底面到软弱下卧层顶面的距离(m)；

　　　θ——压力扩散角(°)，可按表 8-2 采用。

按双层地基中应力分布的概念，当上层土较硬、下层土软弱时，应力分布将向四周扩散，也就是说持力层与下卧层的模量比 E_{s1}/E_{s2} 越大，应力扩散越快，故 θ 值越大。另外按均质弹性体应力扩散的规律，荷载的扩散程度随深度的增加而增加，表 8-2 中的压力扩散角 θ 的大小就是根据这种规律确定的。如果软弱下卧层承载力验算不满足要求，应考虑增大基础底面面积，或减小基础埋深，采用人工地基或采用深基础设计的地基基础方案。

表 8-2　地基压力扩散角 θ 值

E_{s1}/E_{s2}	z/b	
	0.25	0.50
3	6°	23°
5	10°	25°
10	20°	30°

注：①E_{s1} 为上层土压缩模量；E_{s2} 为下层土压缩模量。
②$z/b<0.25$ 时取 $\theta=0°$，必要时，宜由试验确定；$z/b>0.5$ 时 θ 值不变。
③z/b 在 0.25 与 0.50 之间可插值使用。

【例 8-4】　某单独基础在荷载效应标准组合时承受的竖向力值如图 8-16 所示。地下水水位于地表下 2.1 m，粉质黏土层饱和重度 $\gamma_{sat}=20$ kN/m³，淤泥质土层饱和重度 $\gamma_{sat}=17.5$ kN/m³。根据持力层承载力已确定 $b\times l=2.5$ m×3.2 m，试验算软弱下卧层的强度。

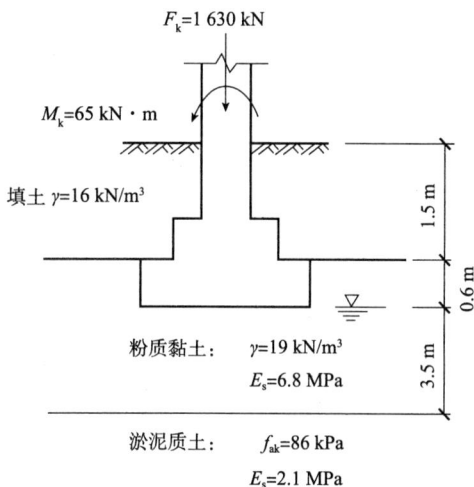

图 8-16　例 8-4 图

解：(1)基底平均压力和平均附加压力。

$$p_k=\frac{F_k+G_k}{A}=\frac{1\ 630+20\times2.1\times2.5\times3.2}{2.5\times3.2}=245.8(\text{kPa})$$

$$p_{0k}=p_k-\gamma_m d$$

$$=245.8-\frac{16\times1.5+19\times0.6}{2.1}\times2.1$$

$$=210.4(\text{kPa})$$

(2)软弱下卧层承载力特征值。

查表，取承载力修正系数 $\eta_d=1.0$，则

$$\gamma_m=\frac{16\times1.5+19\times0.6+(19-10)\times3.5}{5.6}=11.946(\text{kN/m}^3)$$

$$f_{az}=f_{ak}+\eta_d\gamma_m(d+z-0.5)$$
$$=86+1.0\times11.946\times(2.1+3.5-0.5)=146.9(kPa)$$

（3）软弱下卧层顶面处的压力。

自重应力

$$p_{cz}=16\times1.5+19\times0.6+(19-10)\times3.5=66.9(kPa)$$

查表 8-2，这里 $E_{s1}/E_{s2}=6.8/2.1=3.2$，$z/b=3.5/2.5=1.4\geqslant0.5$，取 $\theta=23°$。根据式（8-17）

$$p_z=\frac{p_{0k}bl}{(b+2z\tan\theta)(l+2z\tan\theta)}$$
$$=\frac{210.4\times2.5\times3.2}{(2.5+2\times3.5\tan23°)\times(3.2+2\times3.5\tan23°)}$$
$$=49.8(kPa)$$

$$p_z+p_{cz}=49.8+66.9=116.7(kPa)\leqslant f_{az}=146.9\ kPa$$

软弱下卧层顶面处压力验算满足要求。

8.5 地基变形验算

8.5.1 基本概念

在地基基础设计中，除保证地基的强度、稳定要求外，还需保证地基的变形控制在允许的范围内，以保证上部结构不因地基变形过大而丧失其使用功能。调查研究表明，很多工程事故是因为地基基础的不恰当设计、施工及不合理的使用而导致的，在这些工程事故中，又以地基变形过大而超过了相应允许值引起的事故居多。因此，地基变形验算是地基基础设计中的一项重要内容。

8.5.2 地基变形特征

由于不同建筑物的结构类型、整体刚度、使用要求的差异，对地基变形的敏感程度、危害、变形要求也不同。对于各类建筑而言，对其最不利的沉降形式称为"地基变形特征"。地基变形特征一般分为沉降量、沉降差、倾斜和局部倾斜，见表 8-3。

表 8-3　地基变形特征分类

地基变形特征	图例	计算方法
沉降量	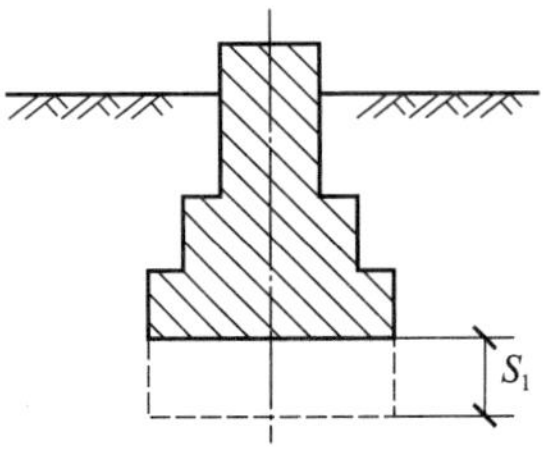	S_1——基础中间沉降值

续表

地基变形特征	图例	计算方法
沉降差	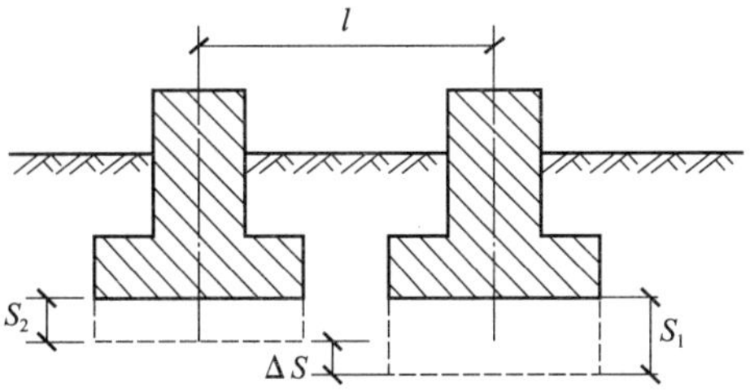	两相邻独立基础沉降值之差 $\Delta S = S_1 - S_2$
倾斜	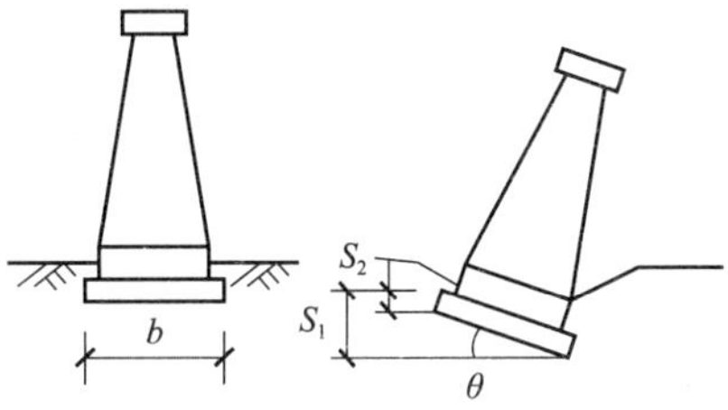	$\tan\theta = \dfrac{S_1 - S_2}{b}$
局部倾斜	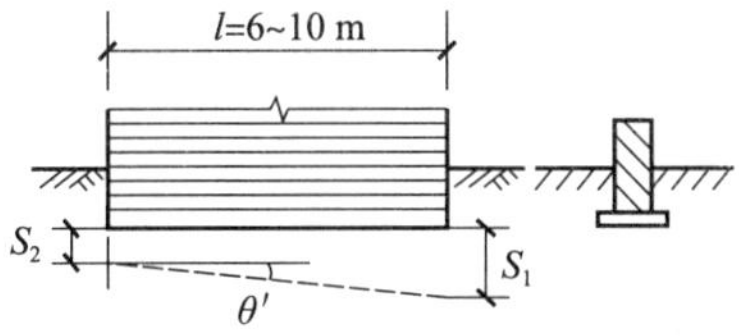	$\tan\theta' = \dfrac{S_1 - S_2}{b}$

(1)沉降量：独立基础或刚性特别大的基础中心的沉降量；

(2)沉降差：两相邻独立基础中心点沉降量之差；

(3)倾斜：独立基础在倾斜方向两端点的沉降差与其距离的比值；

(4)局部倾斜：砌体承重结构沿纵向 6～10 m 内基础两点的沉降差与其距离的比值。

规范给出了建筑物的地基变形允许值。地基变形允许值对于不同类型的建筑物、对于不同的建筑结构特点和使用要求、对于不同的上部结构、对不均匀沉降的敏感程度及不同的结构安全储备要求，而有所不同。

对于单层排架结构的柱基，应限制其沉降量，尤其是多跨排架中受荷较大的中排柱基的沉降量，以免支承于其上的相邻屋架发生相对倾斜而使两端部相互碰撞。另外，柱基沉降量过大，也易引起排水管等市政管道折断、雨水倒灌等不良现象，影响建筑物的使用功能。

对于框架结构和单层排架结构、砌体墙填充的边排架，设计计算应由沉降差来控制，并要求沉降量不宜过大。如果框架结构相邻两基础的沉降差过大，将引起结构中梁、柱产生较大的次应力，而在常规设计中，梁、柱的截面确定及配筋是没有考虑这种应力影响的。对于有桥式吊车的厂房，如果沉降差过大，将使吊车梁倾斜(厂房纵向)或吊车桥倾斜(厂房横向)，严重者吊车卡轨，甚至不能正常使用。

对于高耸结构物、高层建筑物，控制的地基特征变形主要是整体倾斜。这类结构物的重心高，基础倾斜使重心移动引起的附加偏心矩，不仅使地基边缘压力增加而影响其抗倾覆稳定性，而且还会导致结构物本身的附加弯矩。另一方面，高层建筑物、高耸结构物的整体倾斜将引起人们视觉上的注意，造成心理恐慌，甚至心里压抑。意大利的比萨斜塔和我国的苏州虎丘塔就是因为过大的倾斜而不得不进行地基加固。如果地基土质均匀，且无相邻荷载的影响，对高耸结构，只要基础中心沉降量不超过允许值，便可不做倾斜验算。

对于砌体承重结构，房屋损坏的主要原因是墙体挠曲引起的局部弯曲，而引起房屋外墙由拉应变形成裂缝，故地基变形主要由局部倾斜控制。砌体承重结构对地基的不均匀沉降是很敏感的，其墙体极易产生斜裂缝。如果中部沉降大，墙体正向挠曲，裂缝呈正八字形开展；反之，两端沉降大，墙体反向挠曲，裂缝呈反八字形开展。墙体在门窗洞口处刚度削弱，角隅应力集中，故裂缝首先在此处产生。

8.5.3　地基变形要求与验算

对于一般多层建筑，地基土质较均匀且较好时，按地基承载力控制设计基础，可以满足地基变形要求，不需要进行地基变形验算。但对于甲、乙级建筑物，以及荷载较大、土质不坚实的丙级建筑物，为了保证工程安全，除满足地基承载力要求外，还需进行地基变形验算。丙级建筑物应做变形验算的情况如下：

(1)地基承载力特征值小于 130 kPa，且体型复杂的建筑。

(2)在基础上及其附近有地面堆载或相邻基础荷载差异较大，可能引起地基产生过大的不均匀沉降时。

(3)软弱地基上的建筑物存在偏心荷载时。

(4)相邻建筑距离近，可能发生倾斜时。

(5)地基内有厚度较大或厚薄不均的填土，其自重固结未完成时。

地基变形验算的要求：建筑物的地基变形计算值 Δ 应不大于地基变形允许值 $[\Delta]$，即要求满足下列条件：

$$\Delta \leqslant [\Delta] \tag{8-18}$$

地基变形允许值的确定涉及诸多因素，如建筑物的结构特点和具体使用要求、对地基不均匀沉降的敏感程度以及结构强度储备等。《建筑地基基础设计规范》(GB 50007—2011)综合分析了国内外各类建筑物的有关资料，提出了表 8-4 所列的建筑物地基变形允许值。对表中未包括的其他建筑物的地基变形允许值，可根据上部结构对地基变形特征的适应能力和使用上的要求确定。

表 8-4　建筑物的地基变形允许值

变形特征		地基土类别	
		中、低压缩性土	高压缩性土
砌体承重结构基础的局部倾斜		0.002	0.003
工业与民用建筑相邻柱基的沉降差	(1)框架结构	$0.002l$	$0.003l$
	(2)砌体墙填充的边排柱	$0.000\,7l$	$0.001l$
	(3)当基础不均匀沉降时不产生附加应力的结构	$0.005l$	$0.005l$
单层排架结构(柱距为 6 m)柱基的沉降量/mm		(120)	200

续表

变形特征		地基土类别	
		中、低压缩性土	高压缩性土
桥式吊车轨面的倾斜(按不调整轨道考虑)	纵向	0.004	
	横向	0.003	
多层和高层建筑的整体倾斜	$H_g \leqslant 24$	0.004	
	$24 < H_g \leqslant 60$	0.003	
	$60 < H_g \leqslant 100$	0.002 5	
	$H_g > 100$	0.002	
体型简单的高层建筑基础的平均沉降量/mm		200	
高耸结构基础的倾斜	$H_g \leqslant 20$	0.008	
	$20 < H_g \leqslant 50$	0.006	
	$50 < H_g \leqslant 100$	0.005	
	$100 < H_g \leqslant 150$	0.004	
	$150 < H_g \leqslant 200$	0.003	
	$200 < H_g \leqslant 250$	0.002	
高耸结构基础的沉降量/mm	$H_g \leqslant 100$	400	
	$100 < H_g \leqslant 200$	300	
	$200 < H_g \leqslant 250$	200	

注：①本表数值为建筑物地基实际最终变形允许值；
②有括号者仅适用中压缩性土；
③l 为相邻柱基的中心距离(mm)；H_g 为自室外地面起算的建筑物高度(m)。

对于重要的或体型复杂的建筑物，或使用中对不均匀沉降有严格要求的建筑物，应进行系统的地基沉降观测。通过观测结果分析，一方面可以对计算方法进行验证，修正土的参数数值；另一方面可以预测沉降发展的趋势，如果最终沉降可能超过允许范围，则应及时采取处理措施。

在必要情况下，需要分别预估建筑物在施工期间和使用期间的地基变形值，以便预测建筑物有关部分之间的净空，考虑连接方法和施工顺序。此时，一般多层建筑物在施工期间完成的沉降量，对于砂土可认为其最终沉降量已完成80%以上；对于其他低压缩性土可认为已完成最终沉降量的50%～80%；对于中压缩性土可认为已完成20%～50%；对于高压缩性土可认为已完成5%～20%。

如果地基变形计算值 Δ 大于地基变形允许值$[\Delta]$，一般可以先考虑适当调整基础底面尺寸(如增大基底面积或调整基底形心位置)或埋深，如仍未满足要求，再考虑是否可从建筑、结构、施工诸方面采取有效措施以防止不均匀沉降对建筑物的损害，或改用其他地基基础设计方案。

8.6 无筋扩展基础设计

无筋扩展基础又称为刚性扩展基础，是由砖、毛石、混凝土或毛石混凝土、灰土和三合土等材料组成的无须配置钢筋的墙下条基础或柱下独立基础，广泛应用于基底压力较小或地基承载力较高的六层及六层以下的一般民用建筑和墙承重的轻型厂房。

8.6.1 构造要求

无筋扩展基础的形式如图 8-17 所示。采用无筋扩展基础的钢筋混凝土柱，其柱脚高度 h_1 不得小于 b_1，并不应小于 300 mm 且不小于 $20d$。当柱纵向钢筋在柱脚内的竖向锚固长度不满足锚固要求时，可沿水平方向弯折，弯折后的水平锚固长度不应小于 $10d$ 也不应大于 $20d$。

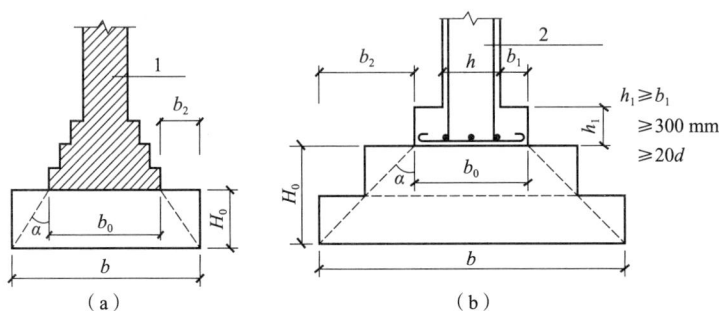

图 8-17 无筋扩展基础构造

1—承重墙；2—钢筋混凝土柱；d—柱中纵向钢筋直径

无筋扩展基础的构造要求因基础材料不同而异，具体如下。

1. 灰土基础

我国华北和西北地区，环境比较干燥且冻胀性较小，常采用灰土做基础。灰土是经过消解后的石灰粉和黏性土按一定比例加适量的水拌和夯击而成，其配合比为 3∶7 或 2∶8，一般采用 3∶7，即 3 份石灰粉∶7 份黏性土(体积比)，通常称"三七灰土"。灰土基础高度不小于 300 mm，条形基础高度不应小于 500 mm，独立基础截面尺寸不应小于 700 mm×700 mm。

灰土在水中硬化慢，早期强度低，抗水性差；此外，灰土早期的抗冻性也较差。所以，灰土作为基础材料，一般只用于地下水水位以上，若在灰土中加入适量的水泥做成三合土，可以有更高的强度和抗水性。

2. 毛石基础

毛石基础用毛石与砂浆砌筑而成。毛石强度等级不小于 MU20，砂浆一般采用混合砂浆或水泥混合砂浆。毛石基础一般砌成阶梯形，每一阶均不少于 2~3 排，高度取 400~600 mm，每阶挑出宽度应小于 200 mm。条形基础宽度不应小于 500 mm，独立基础截面不应小于 600 mm×600 mm。

3. 混凝土和毛石混凝土基础

混凝土基础一般用 C15 混凝土，严寒地区宜采用不小于 C20 的混凝土；毛石混凝土基础用不低于 C15 的混凝土，掺入 25%～30%（体积比）的毛石形成，且用于砌筑的石块直径不宜大于 300 mm。混凝土基础的剖面形式有阶梯形和锥形，阶梯形施工更方便，混凝土基础的每阶高度不应小于 250 mm，一般为 300 mm，毛石混凝土基础的每阶高度不应小于 300 mm。

4. 砖基础

基础用砖的强度不低于 MU10，砌筑砂浆不低于 M5。在严寒地区和含水率较大的土中，应采用高强度等级的砖和水泥砂浆。基础底面以下宜做 100 mm 厚 C10 混凝土垫层。砖基础通常做成阶梯形，一般采用节省材料的二一间隔法砌筑。二一间隔法砌筑是指底层砌两皮砖，收进 1/4 砖长，再砌一皮砖，收进 1/4 砖长，以上各层次依次类推。

8.6.2 设计计算

无筋扩展基础材料的共同特点是具有较大的抗压强度，而抗弯、抗剪强度较低。当基础在外力作用下，基础底面将承受地基的反力，工作条件像个倒置的两边外伸的悬臂，这种结构受力后，在靠近柱、墙边或断面高度突然变化的台阶边缘处容易产生弯曲破坏或剪切破坏，因此，设计时必须保证发生在基础的拉应力和剪应力不超过相应的材料强度设计值。这种保证通常是通过对基础构造的限制来实现的，这种限制通常保证基础每个台阶的宽度与其高度之比都不超过相应的允许值。每个台阶的宽度与其高度的比值为图 8-17 中所示 α 角的正切值，角度 α 又称为刚性角，其值与基础材料及基底反力大小有关。无筋扩展基础设计时一般先选择适当的基础埋深和基础底面宽度，设基底宽度为 b，按上述要求，基础高度应满足下列条件：

$$H_0 \geqslant \frac{b-b_0}{2\tan\alpha} \tag{8-19}$$

式中　b_0——基础顶面的墙体或柱脚宽度（m）；

　　　H_0——基础高度（m）；

　　　$\tan\alpha$——基础台阶高度的宽高比允许值，按表 8-5 取值。

表 8-5　无筋扩展基础台阶宽高比的允许值

基础材料	质量要求	台阶宽高比的允许值		
		$p_k \leqslant 100$	$100 < p_k \leqslant 200$	$200 < p_k \leqslant 300$
混凝土基础	C15 混凝土	1:1.00	1:1.00	1:1.25
毛石混凝土基础	C15 混凝土	1:1.00	1:1.25	1:1.50
砖基础	砖不低于 MU10、砂浆不低于 M5	1:1.50	1:1.50	1:1.50
毛石基础	砂浆不低于 M5	1:1.25	1:1.50	—
灰土基础	体积比为 3:7 或 2:8 的灰土，其最小干密度：粉土 1.55 t/m³、粉质黏土 1.50 t/m³、黏土 1.45 t/m³	1:1.25	1:1.50	—

基础材料	质量要求	台阶宽高比的允许值		
		$p_k \leqslant 100$	$100 < p_k \leqslant 200$	$200 < p_k \leqslant 300$
三合土基础	体积比 1：2：4～1：3：6(石灰：砂：集料)，每层均虚铺 220 mm，夯至 150 mm	1：1.50	1：2.00	—

注：①p_k 为作用标准组合时基础底面处的平均压力值(kPa)；
②阶梯形毛石基础的每阶伸出宽度不宜大于 200 mm；
③当基础由不同材料叠合组成时，应对接触部分做抗压验算；
④混凝土基础单侧扩展范围内基础底面处的平均压力值超过 300 kPa 时，还应进行抗剪验算；对基底反力集中于立柱附近的岩石地基，应进行局部受压承载力验算。

【例 8-5】 某承重墙厚为 240 mm，地基土浅部为人工填土，该层土的厚度为 0.70 m，重度为 17.5 kN/m³，其下为粉土层，粉土黏粒含量 $\rho_c = 12\%$，重度为 18.4 kN/m³，经现场试验确定的地基承载力特征值 $f_{ak} = 172$ kPa，地下水在地表下 1.2 m 处，上部墙体传来的荷载效应标准值为 210 kN/m。若采用素混凝土作为基础材料，基础埋置深度为 0.8 m，试设计该墙下无筋扩展基础的宽度与高度。

解：（1）求地基承载力特征值。

粉土黏粒含量 $\rho_c = 12\%$，查表得 $\eta_b = 0.3$，$\eta_d = 1.5$。

基础埋深范围内地基土的加权平均重度 γ_m 为

$$\gamma_m = \frac{17.5 \times 0.7 + 18.4 \times 0.1}{0.8} = 17.6 (\text{kN/m}^3)$$

$$f_a = f_{ak} + \eta_d \gamma_m (d - 0.5) = 172 + 1.5 \times 17.6 \times 0.8 - 0.5 = 179.9 (\text{kPa})$$

（2）确定基础底面宽度。

$$b \geqslant \frac{F_k}{f_a - \gamma_G d} = \frac{210}{179.9 - 20 \times 0.8} = 1.28 (\text{m})$$

取 $b = 1.3$ m。由于 $b < 3.0$ m，故上述求得的 f_a 值不用进行宽度修正，此处求得的 b 值可作为最终设计值。

（3）确定基础高度。条形基础取墙长 $l = 1$ m，则基底压力为

$$p_k = \frac{F_k + G_k}{b} = \frac{210 + 20 \times 1.3 \times 0.8}{1.3} = 177.5 (\text{kPa})$$

查表 8-5，可得素混凝土基础台阶宽高比的允许取值为 1：1，即 $\tan\alpha = 1.0$。故有

$$H_0 \geqslant \frac{b - b_0}{2\tan\alpha} = \frac{1.3 - 0.24}{2 \times 1.0} = 0.53 (\text{m})$$

取基础高度 $H_0 = 0.55$ m，这样基础顶面与地表之间仍有 $0.8 - 0.55 = 0.25$(m)的距离，符合要求。

8.7 墙下钢筋混凝土条形基础结构设计

钢筋混凝土扩展基础可分为墙下钢筋混凝土条形基础和柱下钢筋混凝土独立基础。钢筋

混凝土扩展基础不受刚性角限制，设计上可以做到宽基浅埋，减少开挖工作量；还能充分利用浅层性能良好的土层作为持力层，普遍应用于单层和多层建筑物。

墙下钢筋混凝土扩展基础是砌体承重结构墙体及挡土墙、涵管下常用的基础形式。在上部荷载比较大，地基土质软弱，用一般砖石和混凝土砌体不经济时采用。

8.7.1　构造要求

墙下钢筋混凝土扩展基础构造如图 8-18 所示。如果地基不均匀或承受荷载有差异时，为了增强基础的整体性和抗弯能力，可以采用有肋的墙基础[图 8-18(b)]，肋部配置足够的纵向钢筋和箍筋。锥形基础的边缘高度不宜小于 200 mm，且两个方向的坡度不宜大于 1∶3；阶梯形基础的每阶高度，宜为 300～500 mm。垫层的厚度不宜小于 70 mm，工程上常为 100 mm，垫层混凝土强度等级宜取 C10。扩展基础底板受力钢筋的最小直径不宜小于 10 mm，间距不宜大于 200 mm，也不宜小于 100 mm。墙下钢筋混凝土条形基础纵向分布钢筋的直径不宜小于 8 mm；间距不宜大于 300 mm；每延米分布钢筋的面积应不小于受力钢筋面积的 15%。当有垫层时，钢筋保护层的厚度不应小于 40 mm，无垫层时不应小于 70 mm。混凝土强度等级不应低于 C20，且应满足耐久性要求。

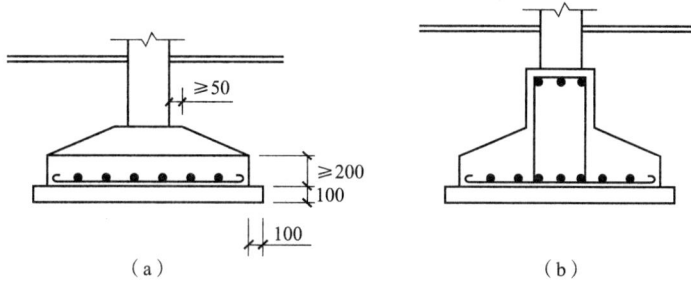

图 8-18　墙下钢筋混凝土扩展基础

(a)无肋；(b)有肋

8.7.2　结构计算

墙下钢筋混凝土条形基础的内力计算一般可按平面应变问题处理，在长度方向可取单位长度计算，即取 $l=1$ m，截面设计验算的内容主要包括基底宽度 b 和基础的高度 h 及基础底板配筋等。关于基底宽度的确定已在 8.4 节中讨论过，在此仅讨论基础高度及基础底板配筋的确定。

1. 地基净反力的概念

如前所述，基底反力为作用于基底上的总竖向荷载(包括墙或柱传下的荷载及基础自重)除以基底面积。通常认为仅由基础顶面标高以上部分传下的荷载所产生的地基反力为地基净反力，并以 p_j 表示。在进行基础的结构设计中，常需用到净反力，因为基础自重及其周围土重所引起的基底反力恰好与其自重相抵，对基础本身不产生内力。

2. 基础高度的确定

基础内不配箍筋和弯起筋，故基础高度由混凝土的受剪承载力确定。

$$V \leqslant 0.7\beta_{hs} f_t h_0 \tag{8-20}$$

$$\beta_{hs} = (800/h_0)^{1/4} \tag{8-21}$$

式中 V——相应于作用的基本组合，基础计算截面处的剪力设计值(kN/m)；

β_{hs}——受剪切承载力截面高度影响系数，当 $h_0 < 800$ mm 时，取 $h_0 = 800$ mm；当 $h_0 > 2\,000$ mm时，取 $h_0 = 2\,000$ mm；其间按线性内插法取用；

f_t——混凝土轴心抗拉强度设计值(kPa)。

在地基净反力作用下，基础底板剪力值在基础底板根部最大。

基础验算截面处(基础底板根部)的剪力设计值 V 为

$$V = \frac{b_I}{2}(p_{jmax} + p_I) \tag{8-22}$$

$$p_I = p_{jmin} + \frac{b - b_I}{b}(p_{jmax} - p_{jmin}) \tag{8-23}$$

$$p_{jmin}^{jmax} = \frac{F}{b} \pm \frac{M}{w} \tag{8-24}$$

式中 P_{jmax}、P_{jmin}——相应于作用的基本组合时的基础底面边缘最大、最小地基净反力设计值(kPa)；

P_I——相应于作用的基本组合时计算截面处的地基净反力设计值(kPa)；

F——相应于作用的基本组合时上部结构传至基础底面的竖向力设计值(kN/m)；

M——相应于作用的基本组合时作用于基础底面的力矩设计值；

w——基础底面的抵抗矩，对条形基础：$w = b^2/6$；

b_I——验算截面Ⅰ—Ⅰ距基础边缘的距离(图 8-19)；当墙体材料为混凝土时，验算截面Ⅰ—Ⅰ在墙脚处，b_I 等于基础边缘至墙脚的距离 a；当墙体材料为砖墙且墙脚伸出不大于 1/4 砖长时，验算截面Ⅰ—Ⅰ在墙面处，$b_I = a + 0.06$ m。

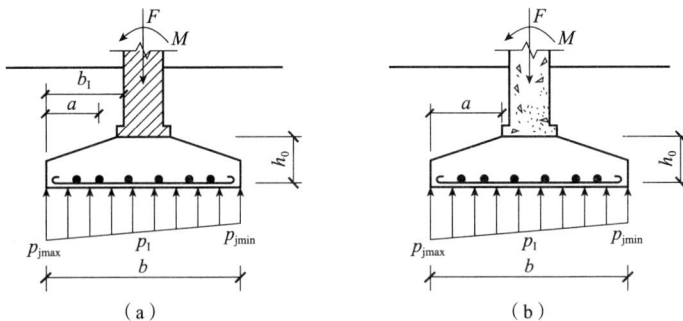

图 8-19 基础验算截面的剪力

(a)砖墙情况；(b)混凝土墙情况

当荷载无偏心时，基础验算截面的剪力可简化为如下形式计算：

$$V = b_I p_j \tag{8-25}$$

$$p_j = \frac{F}{b} \tag{8-26}$$

式中 p_j——相应于作用的基本组合时的地基净反力设计值(kPa)。

3. 基础底板的配筋

基础底板的配筋由验算截面的弯矩值决定，弯矩值按式(8-27)计算：

$$M = \frac{b_I^2}{6}(2p_{jmax} + p_I)\tag{8-27}$$

当荷载无偏心时，基础验算截面的弯矩值可简化为式(8-28)计算：

$$M = \frac{b_I^2}{2}p_j\tag{8-28}$$

弯矩确定后，可以计算沿基础长度方向每延米基础底板的配筋面积：

$$A_s = \frac{M}{0.9f_yh_0}\tag{8-29}$$

式中　A_s——钢筋面积；

　　　f_y——钢筋抗拉强度设计值(kPa)；

　　　h_0——截面有效高度(m)。

【例8-6】 已知某住宅砖墙厚为 240 mm，相应于作用的标准组合及基本组合时作用在基础顶面的轴心荷载分别为 200 kN/m 和 270 kN/m，基础埋深为 0.5 m，如图 8-20 所示。基础下经修正后的地基承载力特征值 f_a 为 108 kPa，试设计该墙下钢筋混凝土基础。

解：(1)确定基础宽度。

$$b \geqslant \frac{F_k}{f_a - \gamma_G d} = \frac{200}{108 - 20 \times 0.5} = 2.04(\text{m})$$

取基础宽度 $b = 2.1$ m。

(2)确定基础高度。墙下条形基础混凝土选用 C20，$f_t = 1.1$ N/mm²，钢筋选用 HPB300 级，$f_y = 270$ N/mm²。

地基净反力设计值

$$p_j = \frac{F}{b} = \frac{270}{2.1} = 128.6(\text{kPa})$$

基础边缘至砖墙计算截面的距离

$$b_I = \frac{1}{2} \times (2.1 - 0.24) = 0.93(\text{m})$$

基础有效高度

$$h_0 \geqslant \frac{p_j b_I}{0.7\beta_{hs}f_t} = \frac{128.6 \times 0.93}{0.7 \times 1 \times 1\,100} = 0.155(\text{m}) = 155 \text{ mm}$$

取基础高度 $h = 300$ mm，$h_0 = 300 - 40 - 5 = 255(\text{mm})(>155 \text{ mm})$

(3)基础底板配筋计算。

墙根部截面的弯矩设计值

$$M = \frac{b_I^2}{2}p_j = \frac{0.93^2}{2} \times 128.6 = 55.6(\text{kN} \cdot \text{m})$$

受力钢筋面积

$$A_s = \frac{M}{0.9f_yh_0} = \frac{55.6 \times 10^6}{0.9 \times 270 \times 255} = 897(\text{mm}^2)$$

配钢筋 $\phi14@170$，$A_s = 906$ mm² > 897 mm²，并满足最小配筋率要求。

以上受力筋沿垂直于砖墙长度方向配置，纵向分布筋取 φ8@200，置于内侧，垫层选用 C15 混凝土，基础如图 8-20 所示。

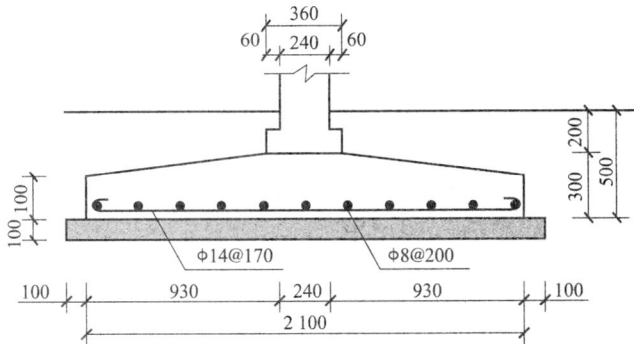

图 8-20 例 8-6 图

8.8 柱下钢筋混凝土独立基础结构设计

与墙下条形基础一样，在进行柱下钢筋混凝土独立基础设计时，一般先由地基承载力确定基础的底面尺寸，然后进行基础截面的设计和验算。基础截面设计验算的内容主要包括基础截面的抗冲切、抗剪切验算和纵、横方向的抗弯验算，并由此确定基础的高度和底板纵、横方向的配筋量。

8.8.1 构造要求

柱下钢筋混凝土独立基础，除应满足上述墙下钢筋混凝土条形基础的要求外，还应满足其他一些要求。阶梯形基础当基础高度≥600 mm 而＜900 mm 时，阶梯形基础分两级；当基础高度≥900 mm 时，则分三级。当采用锥形基础时，其边缘高度要求同墙下钢筋混凝土条形基础，顶部每边应沿柱边放出 50 mm。

柱下钢筋混凝土独立基础的受力筋应双向配置。现浇柱的纵向钢筋可通过插筋锚入基础中。插筋的数量、直径及钢筋种类应与柱内纵向钢筋相同。插入基础的钢筋，上下至少应有两道箍筋固定。插筋与柱的纵向受力筋的连接方法，应按现行《混凝土结构设计规范(2015 年版)》(GB 50010—2010)的规定执行。插筋的下端宜做成直钩放在基础底板钢筋网上。当符合下列条件之一时，可仅将四角的插筋伸至底板钢筋网上，其余插筋伸入基础的长度按锚固长度确定：柱为轴心受压或小偏心受压，基础高度≥1 200 mm；柱为大偏心受压，基础高度≥1 400 mm。

有关杯口基础的构造详见《建筑地基基础设计规范》(GB 50007—2011)。

8.8.2 结构计算

1. 基础高度的确定

当基础宽度小于等于柱宽加两倍基础有效高度($l \leqslant a_t + 2h_0$)时，基础高度由混凝土受剪承载力确定，应按图 8-21 验算柱与基础交接处及基础变阶处基础截面的受剪承载力。

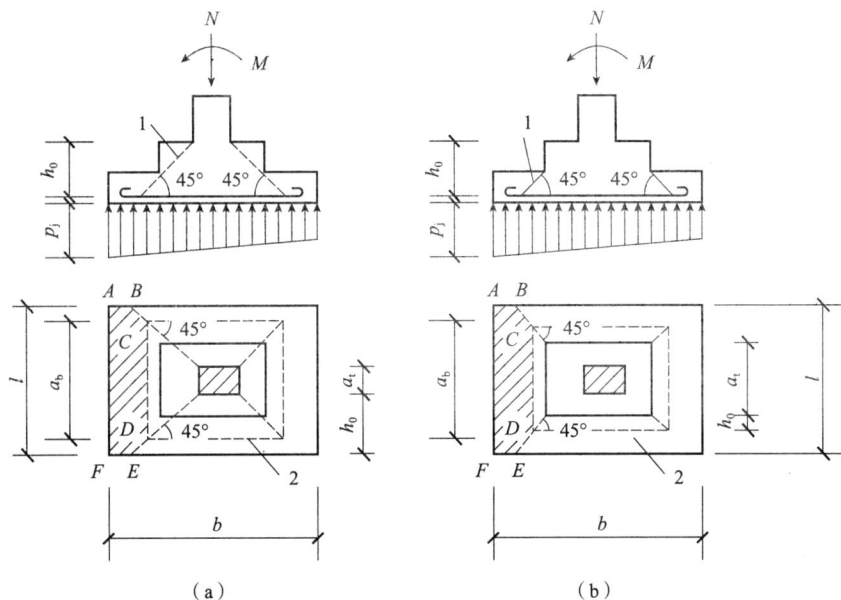

图 8-21　计算阶形基础的受冲切承载力截面位置

(a)柱与基础交接处；(b)基础变阶处

1—冲切破坏锥体最不利一侧的斜截面；2—冲切破坏锥体的底面线

当冲切破坏锥体落在基础底面以内时（$l > a_t + 2h_0$），基础高度由混凝土受冲切承载力确定。在柱荷载作用下，若基础高度（或阶梯高度）不足则容易产生冲切破坏，沿柱边或基础台阶变截面处产生近似 45°方向斜拉裂缝，形成冲切锥体，为此必须进行抗冲切验算。抗冲切验算的基本原则是基础可能冲切面以外地基净反力产生的冲切力应小于基础可能冲切面（冲切角锥体）的混凝土抗冲切力。对于矩形基础一般沿柱短边一侧先产生冲切破坏，所以，只需根据短边一侧的冲切破坏条件确定基础高度。

柱下钢筋混凝土独立基础受冲切承载力可按下列公式计算：

$$F_l \leqslant 0.7\beta_{hp}f_t a_m h_0 \tag{8-30}$$

$$a_m = [a_t + (a_t + 2h_0)]/2 = a_t + h_0 \tag{8-31}$$

$$F_l = p_j A_l \tag{8-32}$$

式中　F_l——相应于荷载效应基本组合时的冲切力（kN）；

　　　β_{hp}——冲切承载力截面高度影响系数，当 $h \leqslant 800$ mm 时，取 1.0；当 $h \geqslant 2\,000$ mm 时，取 0.9；其间按线性内插法取用；

　　　f_t——混凝土轴心抗拉强度设计值（kPa）；

　　　h_0——基础冲切破坏锥体的有效高度（m）；

　　　a_m——冲切破坏锥体最不利一侧计算长度（m）；

　　　a_t——冲切破坏锥体最不利一侧斜截面的上边长（m），当计算柱与基础交接处的受冲切承载力时，取柱宽；当计算基础变阶处的受冲切承载力时，取上阶宽；

　　　p_j——扣除基础自重及其上土重后相应于作用的基本组合时的地基净反力设计值（kPa）；

　　　A_l——冲切力的作用面积[为图 8-21(a)、(b)中的阴影面积 $ABCDEF$]，若柱截面长边、短边分别用 b_t、a_t 表示，则：

$$A_1 = \left(\frac{b}{2} - \frac{b_t}{2} - h_0 \right)l - \left(\frac{l}{2} - \frac{a_t}{2} - h_0 \right)^2 \quad (8\text{-}33)$$

若基础底面为矩形,当承受中心荷载作用时:

$$p_j = \frac{F}{A}$$

对偏心受压基础可取基础边缘处最大地基土单位面积净反力:

$$p_{jmax} = \frac{F}{A} + \frac{M}{W}$$

式中　A——矩形基础底面积(m^2);

　　　W——基础底面的抵抗矩,对矩形基础:$W = b^2 l/6$。

柱下钢筋混凝土独立基础抗冲切承载力验算步骤总结如下:

(1)在已知基础底面尺寸的前提下,按照构造要求假设基础高度 h,并假设混凝土保护层厚度,得到 h_0;

(2)当 $l \leqslant a_t + 2h_0$ 时,则按照混凝土受剪承载力求出基础高度,不必进行下面的计算;

(3)$l > a_t + 2h_0$ 时,则继续进行抗冲切验算,计算 p_j;

(4)计算 A_1,按式(8-33)计算;

(5)计算 F_1,按式(8-32)计算;

(6)计算 a_m,按式(8-31)计算,并计算抗冲切力:$0.7\beta_{hp}f_t a_m h_0$;

(7)用式(8-30)进行验算,验算通过时,假定的 h_0 就是所求值;否则,增大 h_0,重复上述步骤,直到验算满足要求为止。

2. 基础底板的配筋

在地基净反力作用下,基础沿柱的周边向上弯曲。一般矩形基础的长宽比小于 2,故为双向受弯。当弯曲应力超过基础的抗弯强度时,就发生弯曲破坏。其破坏特征是裂缝沿柱角至基础角将基础底面分裂成四块梯形面积。故配筋计算时,将基础板看成四块固定在柱边的梯形悬臂板,如图 8-22 所示。

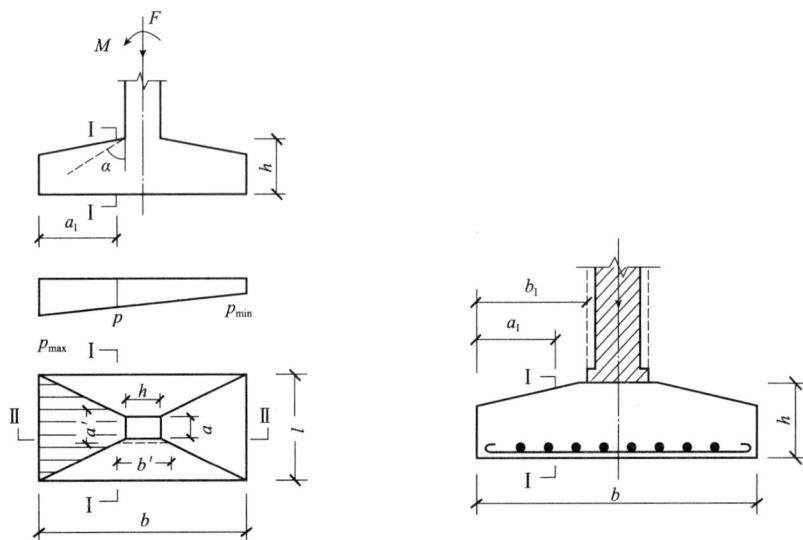

图 8-22　矩形基础底板受弯计算

在轴心荷载或单向偏心荷载作用下，对于矩形基础，当台阶的宽高比小于或等于 2.5 和偏心距小于或等于 1/6 基础宽度时，任意截面处的弯矩可按式(8-34)和式(8-35)计算：

$$M_{I} = \frac{1}{12}a_{I}^2 \left[(2l+a')\left(p_{max}+p-\frac{2G}{A}\right)+(p_{max}-p)l \right]$$

$$= \frac{1}{12}a_{I}^2 \left[(2l+a')(p_{jmax}+p_{jI})+(p_{jmax}-p_{jI})l \right] \tag{8-34}$$

$$M_{II} = \frac{1}{48}(l-a')^2(2b+b')\left(p_{max}+p_{min}-\frac{2G}{A}\right)$$

$$= \frac{1}{48}(l-a')^2(2b+b')(p_{jmax}+p_{jmin}) \tag{8-35}$$

式中 M_{I}、M_{II}——任意截面 I—I、II—II 处相应于作用的基本组合时的弯矩设计值(kN·m)；

a_{I}——任意截面 I—I 至基底边缘最大反力处的距离(m)；

p_{max}、p_{min}、p_{jmax}、p_{jmin}——相应于作用的基本组合时基础底面边缘最大、最小地基反力设计值和地基净反力设计值(kPa)；

p、p_{jI}——相应于作用的基本组合时在任意截面 I—I 处基础底面地基反力设计值、地基净反力设计值(kPa)，其值分别为

$$p = \frac{(p_{max}-p_{min})(b-a_{I})}{b} + p_{min}$$

$$p_{jI} = \frac{(p_{jmax}-p_{jmin})(b-a_{I})}{b} + p_{jmin}$$

G——考虑荷载分系数的基础自重及其上的土自重(kN)，当组合值由永久荷载控制时，作用分项系数可取 1.35。

柱下钢筋混凝土独立基础的配筋设计控制截面是柱边或阶梯形基础的变阶处，由以上公式求出相应的控制截面弯矩值，由此可计算基础底板受力钢筋面积。

垂直于 I—I 截面的受力钢筋按式(8-36)计算，即

$$A_{s} = \frac{M_{I}}{0.9f_{y}h_{0}} \tag{8-36}$$

垂直于 II—II 截面的受力钢筋按式(8-37)计算，即

$$A_{s} = \frac{M_{II}}{0.9f_{y}h_{0}} \tag{8-37}$$

当基底长短边之比 n 介于 2~3 时，基础底板短向钢筋应按下述方向布置：将短向全部钢筋面积乘以 $1-n/6$ 后求得的钢筋，均匀分布在与柱中心线重合的宽度等于基础短边的中间带宽范围内，其余的短向钢筋则均匀分布在中间带宽的两侧。长向钢筋应均匀分布在基础全宽范围内。

当基础的混凝土强度等级小于柱的混凝土强度等级时，还应验算柱下基础顶面的受压承载力。具体验算方法参照混凝土结构方面的规范。

【例 8-7】 某柱下锥形基础底面尺寸为 2 200 mm×3 000 mm，上部结构荷载标准值 F_{k}=555.55 kN，M_{k}=81.48 kN·m，柱截面尺寸为 400 mm×400 mm，地基承载力满足要求。基础所用材料为 C20 混凝土(f_{t}=1.1 MPa)和 HPB300 级钢筋(f_{y}=270 MPa)。试确定基础高度，并计算基础配筋。

解： (1)基础设计数据。根据柱下独立基础构造要求，可在基础下设置 100 mm 厚的混凝土垫层，强度级别为 C10，初步拟定基础高度 h 为 500 mm，保护层厚度为 40 mm。

基础有效高度 $h_0 = 500 - 40 - d/2 = 450$(mm)。因为 $h = 500$ mm，则 $\beta_{hp} = 1.0$。

(2)基底净反力计算。偏心荷载作用下，地基净反力设计值最大值与最小值为

$$p^{jmax}_{jmin} = \frac{F}{A} \pm \frac{M}{W} = \frac{1.35F_k}{A} \pm \frac{1.35M_k}{W} = \frac{750}{3 \times 2.2} \pm \frac{110}{3^2 \times 2.2/6} = \frac{146.9}{80.3}(\text{kPa})$$

(3)基础高度验算。

$$a_m = a_t + h_0 = 0.4 + 0.45 = 0.85(\text{m})$$

$$A_l = \left(\frac{b}{2} - \frac{b_t}{2} - h_0\right)l - \left(\frac{l}{2} - \frac{a_t}{3} - h_0\right)^2$$

$$= \left(\frac{3}{2} - \frac{0.4}{2} - 0.45\right) \times 2.2 - \left(\frac{2.2}{2} - \frac{0.4}{2} - 0.45\right)^2$$

$$= 1.67(\text{m}^2)$$

$$F_l = p_{jmax}A_l = 147 \times 1.67 = 245.5(\text{kN})$$

$$0.7\beta_{hp}f_t a_m h_0 = 0.7 \times 1 \times 1.1 \times 10^3 \times 0.85 \times 0.45$$
$$= 294.5(\text{kN})$$

所以，$F_l \leqslant 0.7\beta_{hp}f_t a_m h_0$ 成立，满足抗冲切要求，选用基础高度 $h = 500$ mm 合适。

(4)内力计算与配筋。设计控制截面 Ⅰ—Ⅰ 位于柱边处，此时相应的：

$$a' = 0.4 \text{ m}, \quad b' = 0.4 \text{ m}, \quad a_1 = \frac{3 - 0.4}{2} = 1.3(\text{m})$$

a_1 处地基净反力设计值 $p_{jⅠ}$：

$$p_{jⅠ} = \frac{(p_{jmax} - p_{jmin})(b - a_1)}{b} + p_{jmin}$$

$$= \frac{(147 - 80.3) \times (3 - 1.3)}{3} + 80.3$$

$$= 118(\text{kPa})$$

长边方向：

$$M_Ⅰ = \frac{1}{12}a_1^2\left[(2l + a')(p_{jmax} + p_{jⅠ}) + (p_{jmax} - p_{jⅠ})l\right]$$

$$= \frac{1}{12} \times 1.3^2 \times \left[(2 \times 2.2 + 0.4) \times (147 + 118) + (147 - 118) \times 2.2\right]$$

$$= 188.1(\text{kN·m})$$

短边方向：

$$M_Ⅱ = \frac{1}{48}(l - a')2(2b + b')(p_{jmax} + p_{jmin})$$

$$= \frac{1}{48} \times (2.2 - 0.4)2 \times (2 \times 3 + 0.4) \times (147 + 80.3)$$

$$= 98.2(\text{kN·m})$$

长边方向配筋：$A_{sⅠ} = \dfrac{188.1}{0.9 \times 450 \times 270} = 1\,720(\text{mm}^2)$

选用 $12\phi14@190(A_s = 1\,846 \text{ mm}^2)$。

短边方向配筋：$A_{s\text{II}} = \dfrac{98.2}{0.9 \times (450-14) \times 270} = 927(\text{mm}^2)$

选用 $12\phi10@200(A_s = 942\ \text{mm}^2)$，基础配筋如图 8-23 所示。

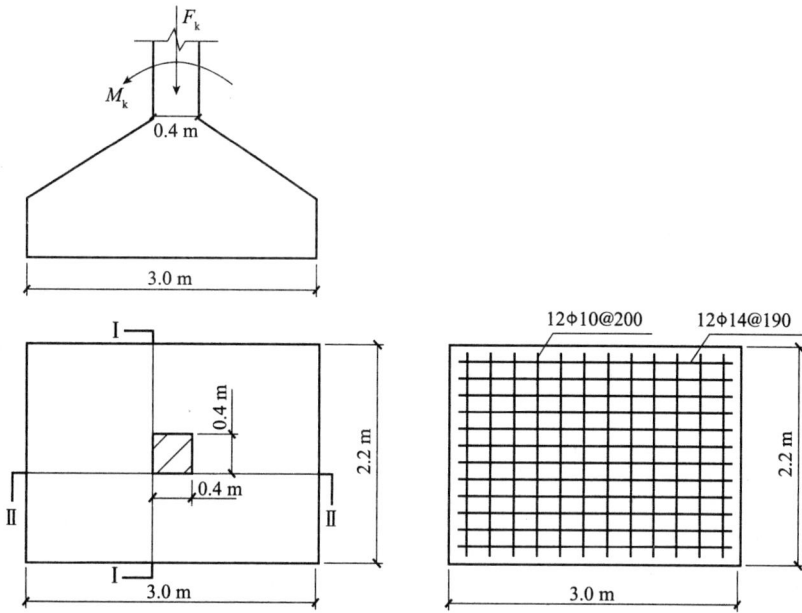

图 8-23 例 8-7 图

8.9 柱下条形基础及十字交叉条形基础

8.9.1 柱下条形基础

柱下钢筋混凝土条形基础也称为基础梁(图 8-24)，连接上部结构的柱列布置或成单向条状的钢筋混凝土基础，它具有刚度大、调整不均匀沉降能力强的优点，但相对于独立基础来说造价较高。通常在下列情况下采用：

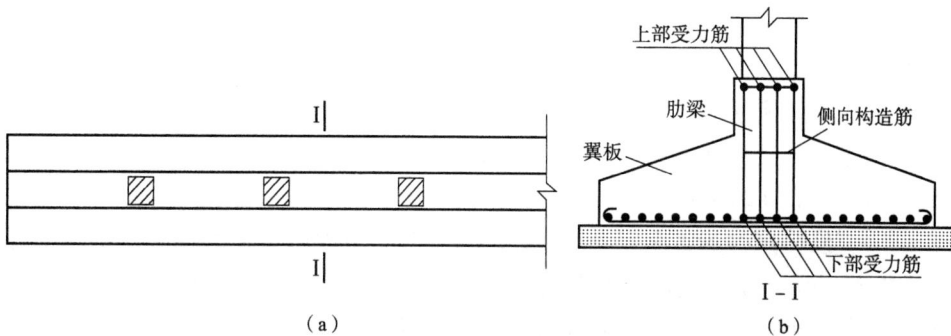

图 8-24 柱下条形基础

(a)平面图；(b)横剖面图

(1)单柱荷载较大,地基承载力不是很大,按常规设计的柱下独立基础,因基础需要底面面积大,基础之间的净距很小。为施工方便,把各基础之间的净距取消,连接在一起,即柱下条形基础。

(2)对于不均匀沉降或振动敏感的地基,为加强结构整体性,可将柱下独立基础连成条形基础。

1. 构造要求

(1)柱下条形基础一般采用倒 T 形截面,由肋梁和翼板组成。肋梁高 H 宜为 $(1/8\sim 1/4)l$(l 为柱距),翼板厚度不应小于 200 mm。当翼板厚度大于 250 mm 时,宜采用变厚度翼板,其坡度 $i\leqslant 1:3$。

(2)条形基础的端部宜向外伸出,其长度宜为第一跨距的 1/4。

(3)现浇柱与肋梁的交接处,基础肋梁的平面尺寸应大于柱的平面尺寸,肋梁每侧比柱至少宽出 50 mm。现浇柱与肋梁的交接处的平面尺寸如图 8-25 所示。

(4)基础肋梁顶部和底部的纵向受力钢筋除应满足计算要求外,顶部钢筋按计算配筋全部贯通,底部通长钢筋的面积不应少于底部受力钢筋截面总面积的 1/3。

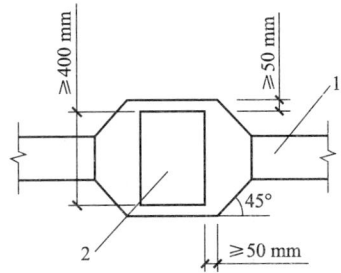

图 8-25 现浇柱与肋梁交接处的平面尺寸
1—基础梁;2—柱

(5)柱下条形基础的混凝土强度等级不应低于 C20。

2. 简化内力计算方法

根据上部结构刚度的大小,简化计算法可分为静定分析法(静定梁法)和倒梁法两种。这两种方法均假设基底反力为直线(平面)分布。为满足这一假定,要求条形基础具有足够的相对刚度。对一般柱距及中等压缩性的地基,按上述条件进行分析,条形基础的高度不应大于平均柱距的 1/6。

若上部结构的刚度很小,宜采用静定分析法。计算时,首先按直线分布假定求出基底净反力,然后将柱荷载直接作用在基础梁上。这样,基础梁上所有的作用力都已确定,故可按静力平衡条件计算任一截面 i 上的弯矩 M_i 和剪力 V_i,如图 8-26 所示。静定分析法适用上部为柔性结构,且基础本身刚度较大的条形基础。此方法未考虑与上部结构的共同作用,计算所得不利截面上的弯矩绝对值一般较大。

倒梁法假定上部结构是绝对刚性的,各柱之间没有沉降差异,因而可以把柱脚视为条形基础的固定铰支座,将基础梁按倒置的多跨连续梁(采用弯矩分配法或经验弯矩系数法)计算,而荷载为直线分布的基底净反力及除去柱的竖向集中力所余下的各种作用(包括柱传来的力矩),如图 8-27 所示。这种计算方法只考虑出现于柱间的局部弯曲,而略去沿基础全长发生的整体弯曲。因而,所得的弯矩图正负弯矩最大值较为均衡,基础不利截面的弯矩最小。倒梁法适用上部结构刚度很大的情况。

综上所述,在比较均匀的地基上,上部结构刚度较好,荷载分布和柱距较均匀,且条形基础梁的高度不小于 1/6 柱距时，基底反力可按直线分布，基础梁的内力可按倒梁法计算。

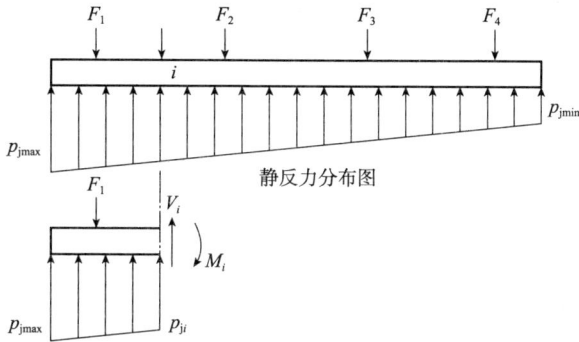

图 8-26　静力平衡法条件计算条形基础的内力

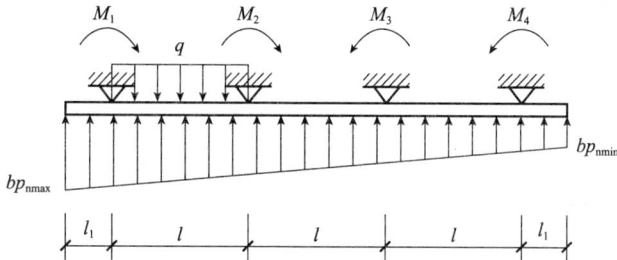

图 8-27　倒梁法计算示意

柱下条形基础的计算步骤如下：

(1)确定基础底面尺寸。将条形基础视为一狭长的矩形基础，其长度主要按构造要求决定（只要决定伸出边柱的长度），并尽量使荷载的合力作用点与基础底面形心相重合。

当中心荷载作用时，基底宽度 b 为

$$b \geqslant \frac{\sum F_{ik} + G_{wk}}{(f_a - \gamma_G d)L} \tag{8-38}$$

当偏心荷载作用时，首先按上式初定基础宽度并适当增大，然后按下式验算基础边缘最大压力是否满足要求：

$$p_{kmax} < 1.2 f_a$$

式中　$\sum F_{ik}$——相应于作用的标准组合时，各柱传来的竖向力之和(kN)；

G_{wk}——作用在基础梁上墙的自重(kN)；

d——基础平均埋深(m)；

b、L——基础梁宽、长(m)。

(2)按直线分布假设计算基底净反力。在计算基底净反力设计值时，荷载沿纵向和横向的偏心都要予以考虑。当各跨的净反力相差较大时，可依次对各跨底板进行计算，净反力可取本跨内的最大值。沿基础纵向分布的基底边缘最大和最小净反力设计值可按式(8-39)计算：

$$p_{jmin}^{jmax} = \frac{\sum F + G_w}{bL} \pm \frac{\sum M}{W} \tag{8-39}$$

式中　$\sum F$——各柱传来的竖向力设计值之和(kN)；

　　　　$\sum M$——各荷载对基础梁中点的力矩之和(kN·m)；

　　　　G_w——作用在基础梁上非均布的墙自重设计值(kN)。

(3)内力计算。当上部结构刚度很小时，可按静定分析法计算；若上部结构刚度较大，则按倒梁法计算。若采用倒梁法计算，先确定柱下条形基础的计算简图，采用弯矩分配法或经验弯矩系数等方法进行连续梁分析，再按所求得的内力进行梁截面设计。

采用倒梁法计算所得支座反力一般不等于原有的柱子传来的轴力。这是因为反力呈直线分布及视柱脚为不动铰支座都可能与事实不符。若支座反力与相应的柱轴力相差较大，可采用"基底反力局部调整法"加以调整。此法将柱荷载和相应的支座反力的差值均匀地分配在该支座两侧各1/3跨度范围内(对边支座的悬臂跨则取全部)，再解此连续梁的内力，并将计算结果进行叠加。重复上述步骤，直至满意为止。一般经过几次调整，就能满足设计精度的要求(不平衡力不超过荷载的20%)。

肋梁的配筋计算与一般的钢筋混凝土T形截面梁相似，即对跨中按T形，对支座按矩形截面计算。当柱荷载对单向条形基础有扭力作用时，应进行抗扭计算。

【例8-8】 图8-28所示的柱下单向条形基础，已选取的基础埋深为1.5 m，地基土为均匀黏土，承载力特征值为110 kPa，修正系数$\eta_b=0.3$、$\eta_d=1.6$，土的天然重度$\gamma=18\ \text{kN/m}^3$，图中的柱荷载均为标准值。试确定该条形基础的底面尺寸，并用倒梁法计算基础梁的内力。

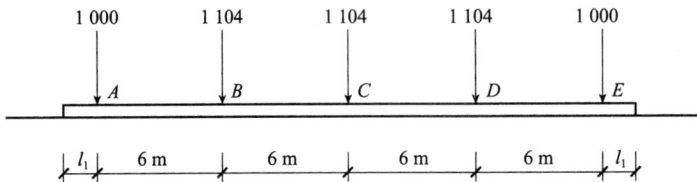

图8-28　某柱列示意(标准组合下支座处柱荷载F_{ik}，单位：kN)

解：(1)确定条形基础尺寸。

竖向力合力：$\sum F_{ik}=2\times 1\ 000+3\times 1\ 104=5\ 312(\text{kN})$

修正后的地基承载力特征值为

$$f_a=110+1.6\times 18\times(1.5-0.5)=138.8(\text{kPa})$$

由于荷载对称、地基土质均匀、两端伸出等长度悬臂，取悬臂长度为柱跨的1/4，为1.5 m，则条形基础长度为27 m。由地基承载力得到条形基础宽度b为

$$b\geqslant\frac{\sum F_{ik}}{f_a-\gamma_G dL}=\frac{5\ 312}{(138.8-20\times 1.5)\times 27}=1.81(\text{m})$$

取$b=2$ m，因$b<3$ m，不需要对地基承载力进行宽度修正。

(2)用倒梁法计算基础梁内力。

1)沿基础纵向的地基净反力设计值为(式中1.25为设计值与标准值之间的换算系数)。

$$bp_j=\frac{1.25\times\sum F_{ik}}{L}=\frac{1.25\times 5\ 312}{27}=245.9(\text{kN/m})$$

2)悬臂用弯矩分配法计算如图8-29(a)所示，其中：

$$M_A = \frac{-245.9 \times 1.5^2}{2} = -276.6 (\text{kN} \cdot \text{m})$$

3)四跨连续梁用连续梁系数法计算如图 8-29(b)所示,其中:
$$M_B = -0.107 \times 245.9 \times 6 = -947.2 (\text{KN} \cdot \text{m})$$

4)将上述 2)与 3)叠加得到条形基础的弯矩和剪力如图 8-29(c)所示,此时假定跨中弯矩最大值在上述 3)计算的 V 图。

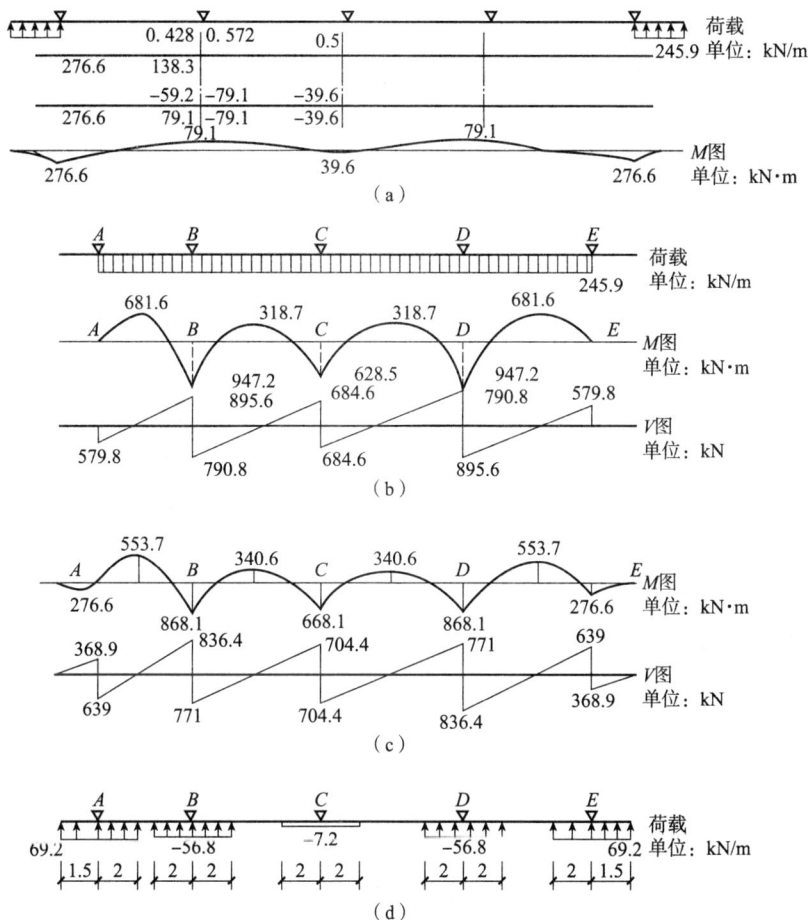

图 8-29 例 8-8 计算过程和结果

(a)条形基础弯矩分配计算示意图;(b)条形基础连续梁计算示意图;(c)条形基础弯矩剪力图;(d)支座处均布荷载示意图

5)考虑不平衡力的调整。以上分析得到支座反力为
$$R_A = R_E = 368.9 + 639 = 1\,007.9 (\text{kN})$$
$$R_B = R_D = 1\,607.4\ \text{kN},\quad R_C = 1\,408.8\ \text{kN}$$

与相应的柱荷载不等,可以按计算简图再进行连续梁分析,在支座附近的局部范围内加上均布线荷载,其值为
$$q_A = q_E = \frac{1\,000 \times 1.25 - 1\,007.9}{1.5 + 2} = 69.2 (\text{kN/m})$$

$$q_B = q_D = \frac{1\ 104 \times 1.25 - 1\ 607.4}{2+2} = -56.8(\text{kN/m})$$

$$q_C = \frac{1\ 104 \times 1.25 - 1\ 408.8}{4} = -7.2(\text{kN/m})$$

6)将上述 5)的分析结构再叠加到上述 4)上去,得到调整后的条形基础内力图。如果还有较大的不平衡力,则按上述 5)的方法调整。

8.9.2 十字交叉条形基础

当上部荷载较大、地基土较软弱,只靠单向设置柱下条形基础已不能满足地基承载力和地基变形要求时,可用双向设置的正交格形基础,又称十字交叉条形基础。十字交叉条形基础将荷载扩散到更大的基底面积上,减小基底附加压力,并且可提高基础整体刚度、减少沉降差。因此,这种基础常作为多层建筑或地基较好的高层建筑的基础。对于较软弱的地基,还可与桩基连用。

图 8-30 所示为十字交叉条形基础。十字交叉条形基础有三种节点类型,分别为中柱节点、边柱节点和角柱节点,如图 8-31 所示。

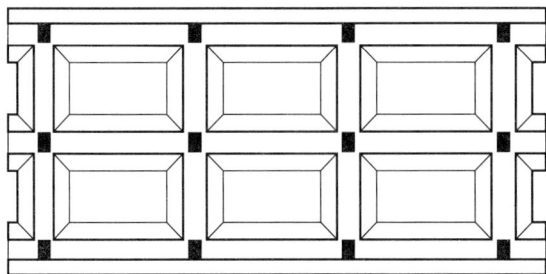

图 8-30 十字交叉条形基础平面图

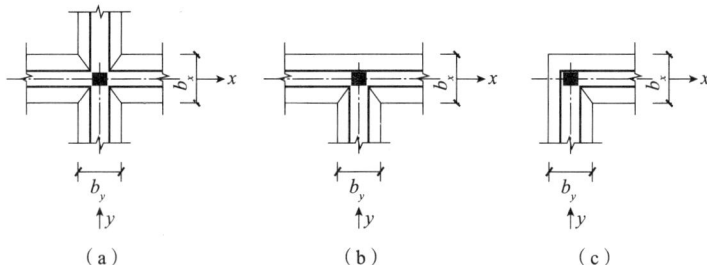

（a） （b） （c）

图 8-31 十字交叉条形基础结点类型

(a)中柱节点;(b)边柱节点;(c)角柱节点

1. 构造要求

(1)基础肋梁的高度宜为柱距的 1/8～1/4,翼板厚度不应小于 200 mm。当翼板厚度大于 250 mm 时,宜采用变厚度翼板,其坡度不宜大于 1∶3。

(2)基础的端部宜向外伸出,其长度宜为第一跨距的 1/4。

(3)混凝土强度等级不应低于 C20。

（4）基础肋梁顶部和底部的纵向受力钢筋除满足计算要求外，顶部钢筋按计算配筋全部贯通，底部通长钢筋不应少于底部受力钢筋截面总面积的 1/3。

2. 简化计算方法

十字交叉条形基础在工程中常用简化方法进行设计计算，因需要沿用柱下条形基础内力计算方法，故此类基础计算主要是解决节点处柱荷载在纵横两个方向上的分配问题。

确定交叉节点处柱荷载的分配值时，无论采用什么方法，都必须满足如下两个条件：

（1）静力平衡条件：各节点分配在纵、横基础梁上的荷载之和，应等于作用在该节点上的总荷载。

（2）变形协调条件：纵、横基础梁在交叉节点处的竖向位移应相等。

这两个条件可用公式表示为

$$F_i = F_{ix} + F_{iy} \tag{8-40}$$

$$w_{ix} = w_{iy} \tag{8-41}$$

式中　F_i——第 i 节点上的柱荷载；

　　　F_{ix}——第 i 节点分配给 x 方向条形基础的荷载；

　　　F_{iy}——第 i 节点分配给 y 方向条形基础的荷载；

　　　w_{ix}——第 i 节点分配给 x 方向的竖向位移；

　　　w_{iy}——第 i 节点分配给 y 方向的竖向位移。

为了简化计算，设交叉节点处纵、横梁之间为铰接。当一个方向的基础梁有转角时，另一个方向的基础梁内不产生扭矩；节点上两个方向的弯矩分别由同向的基础梁承担，一个方向的弯矩不致引起另一个方向基础梁的变形。这就忽略了纵、横基础梁的扭转。为了防止这种简化计算使工程出现问题，在构造上，于柱位的前后左右，基础梁都必须配置封闭型的 $\phi 10 \sim \phi 12$ 抗扭箍筋，并适当增加基础梁的纵向配筋量。

8.10　减轻不均匀沉降的措施

前面已指出，地基的过量变形将使建筑物损坏或影响其使用功能，特别是高压缩性土、膨胀土、湿陷性黄土及软硬不均等不良地基上的建筑物，由于不均匀沉降较大，如果设计时考虑不周，就更易因不均匀沉降而开裂损坏，因此如何防止或减轻不均匀沉降造成的损害，是建筑物设计中必须认真考虑的问题之一。单纯从地基基础的角度出发，通常的解决办法有以下四种：

（1）采用柱下条形基础、筏形基础和箱形基础等结构刚度较大、整体性较好的浅基础；

（2）采用桩基础或其他深基础；

（3）对地基某一深度范围或局部进行人工处理；

（4）从地基、基础、上部结构相互作用的观点出发，综合选择合理的建筑、结构、施工方案和措施。

前三种措施造价偏高，有的需要具备一定的施工条件才能采用。对于采用地基处理方案的建筑物往往还需辅以某些建筑、结构和施工措施，才能取得预期的效果。因此，对于一般的中小型建筑物，应首先考虑在建筑、结构和施工方面采取减轻不均匀沉降危害的措施，必要时才采用其他的地基基础方案。

8.10.1 建筑措施

1. 建筑物体型应力求简单

建筑物的体型设计应力求避免平面形状复杂和立面高低悬殊。平面形状复杂的建筑物，在其纵横交接处地基中附加应力叠加，将造成较大的沉降，引起墙体产生裂缝。当立面高低悬殊时，会使作用在地基上的荷载差异大，易引起较大沉降差，使建筑物倾斜和开裂（图 8-32）。因此，应尽量采用长高比较小的"一"字形建筑。当地基软弱时，砌体承重结构房屋高差不宜超过 2 层。

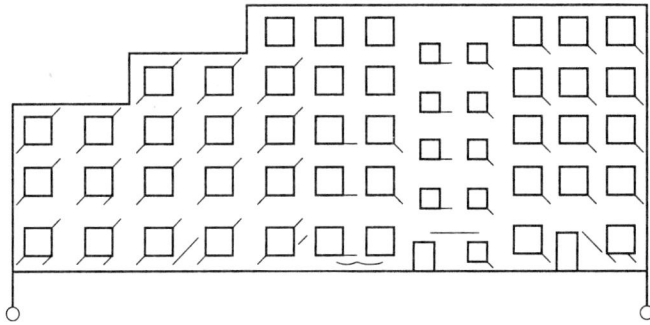

图 8-32 建筑立面高差大的建筑因沉降产生的开裂

2. 限制建筑物的长高比及合理布置纵横墙

建筑物的长高比是决定结构整体刚度的主要因素。过长的建筑物，纵墙将会因较大挠曲出现开裂（图 8-33）。一般经验认为，2、3 层以上的砖承重房屋的长高比不宜大于 2.5。对于体型简单、横墙间隔较小、荷载较小的房屋，可适当放宽比值，但一般不大于 3.0。

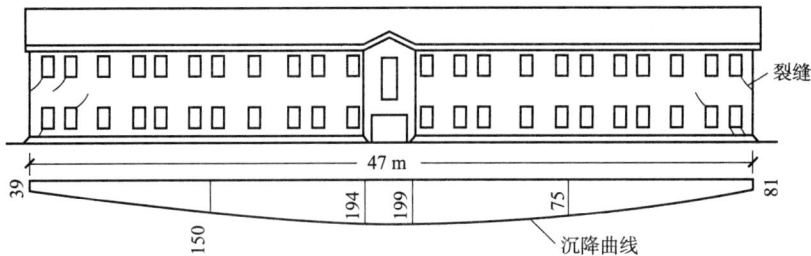

图 8-33 过长建筑物的开裂实例

合理布置纵横墙，是增强砌体承重结构房屋整体刚度的重要措施之一。一般房屋的纵向刚度较弱，故地基不均匀沉降的损害主要表现为纵墙的挠曲破坏。内、外纵墙的中断、转折，都会削弱建筑物的纵向刚度。当遇地基不良时，应尽量使内、外纵墙都贯通；另外，缩小横墙的间距，也可有效地改善房屋的整体性，从而增强其调整不均匀沉降的能力。

3. 设置沉降缝

当地基极不均匀且建筑物平面形状复杂或长度太长、高低悬殊等情况不可避免时，可在建筑物的适当部位设置沉降缝，以有效地减小不均匀沉降的危害。沉降缝是从屋面到基础把建筑物断开，将建筑物划分成若干个长高比较小、体型简单、整体刚度较好、结构类型相同、自成沉降体系的独立单元。根据《建筑地基基础设计规范》(GB 50007—2011)，沉降缝的位置宜设置在下列部位上：

(1)建筑物平面的转折部位；

(2)高度差异与荷载差异处；

(3)长高比过大的砌体承重结构或钢筋混凝土框架的适当部位；

(4)地基土压缩性显著差异处；

(5)建筑结构或基础类型不同处；

(6)分期建造房屋的交界处。

沉降缝要求有一定的宽度，以防止缝两侧单元发生互倾沉降时造成单元结构间的挤压破坏。一般沉降缝的宽度：二、三层房屋为 50～80 mm；四、五层房屋为 80～120 mm；六层及以上不小于 120 mm。

沉降缝应按相应的构造要求处理，沉降缝可结合伸缩缝、在抗震区结合防震缝设置。

4. 合理安排相邻建筑物之间的距离

邻近建筑物或地面堆载作用，会使建筑物地基的附加应力增加而产生附加沉降。在软弱地基上，相邻建筑物越近，这种附加沉降就越大，可能使建筑物产生开裂或倾斜。为减少相邻建筑物的影响，应使建筑物保持一定的间隔。在软弱地基上建造相邻的新建筑时，其基础间净间距可按表 8-6 选用。

表 8-6　相邻建筑物基础间的净距　　　　　　　　　　　　　　　　　　　　m

影响建筑的预估平均沉降量 s/mm	被影响建筑的长高比	
	$2.0 \leqslant L/H_f < 3.0$	$3.0 \leqslant L/H_f < 5.0$
70～150	2～3	3～6
160～250	3～6	6～9
260～400	6～9	9～12
＞400	9～12	≥12

注：①表中 L 为建筑物长度或沉降缝分隔的单元长度(m)；H_f 为自基础底面标高算起的建筑物高度(m)；
　　②当被影响建筑的长高比为 $1.5 < L/H_f < 2.0$ 时，其间净距可适当缩小。

5. 调整建筑物的局部标高

沉降会改变建筑物原有标高，严重时将影响建筑物的正常使用，甚至导致管道等设备的破坏。设计时可采取下列措施调整建筑物的局部标高：

(1)根据预估沉降，适当提高室内地坪和地下设施的标高；

(2)将相互有联系的建筑物各部分(包括设备)中预估沉降较大者的标高适当提高；

(3)建筑物与设备之间应留有足够的净空;

(4)有管道穿过建筑物时,应留有足够尺寸的孔洞,或采用柔性管道接头。

8.10.2 结构措施

1. 减轻建筑物自重

在基底压力中,建筑物自重(包括基础及回填土重)所占的比例很大,据统计,一般工业建筑占 40%～50%,一般民用建筑可高达 60%～80%。因而,减小沉降量常可以首先从减轻建筑物自重入手,措施如下:

(1)减轻墙体自重。许多建筑物(特别是民用建筑物)的自重,大部分以墙体自重为主,例如,砌体承重结构房屋,墙体自重占结构总重量的一半以上。为了减少这部分重量,宜选择轻型高强度墙体材料,如,轻质高强度混凝土墙板、各种空心砌块、多孔砖及其他轻质墙等,都能不同程度地达到减轻自重的目的。

(2)选用轻型结构。采用预应力钢筋混凝土结构、轻钢结构及各种轻型空间结构。

(3)减少基础和回填土重量。首先是尽可能考虑采用浅埋基础(如钢筋混凝土独立基础、条形基础、壳体基础等);如果要求大量抬高室内地坪时,底层可考虑用架空层代替室内厚填土(整板基础的效果更佳)。

2. 设置圈梁

设置圈梁可增强砌体承重墙房屋的整体性,提高墙体的抗挠、抗拉、抗剪的能力,是防止墙体裂缝产生与发展的有效措施,在地震区还起到抗震作用。因为墙体可能受到正向或反向的挠曲,一般在建筑物上下各设置一道圈梁,下面圈梁可设在基础顶面处,上面圈梁可设在顶层门窗上(可结合作为过梁)。更多层的建筑,圈梁数可相应增多。

圈梁在平面上应成闭合系统,贯通外墙及承重内纵墙的内横墙,以增强建筑物整体性。如果圈梁遇到墙体的洞,应添设加强圈梁,按图 8-34 所示的要求处理。

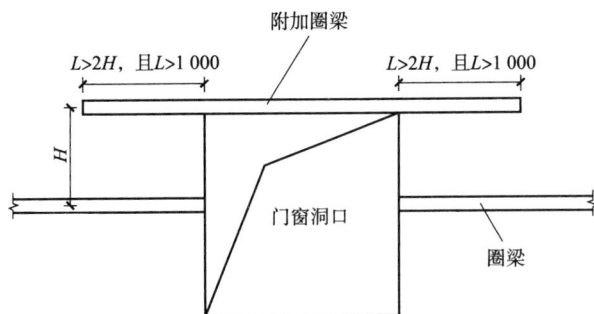

图 8-34 圈梁被墙洞中断时的处理

圈梁一般是现浇的钢筋混凝土梁,宽度可同墙厚,高度不小于 120 mm,混凝土的强度等级不低于 C15,纵向钢筋宜不少于 $\phi4@8$,箍筋间距不大于 300 mm,当兼作过梁时应适当增加配筋。

3. 减小或调整基底附加压力

(1)减小基底附加压力：除采用"减轻建筑物自重"减小基底附加压力外，还可设置地下室(或半地下室、架空层)，用挖除的土重去补偿(抵消)一部分甚至全部的建筑物重量，以达到减小沉降的目的。

(2)调整基底尺寸：按照沉降控制的要求，选择和调整基础底面尺寸，针对具体工程的不同情况考虑，尽量做到有效又经济、合理。

4. 采用对不均匀沉降欠敏感的结构形式

砌体承重结构、钢筋混凝土框架结构对不均匀沉降很敏感，而排架、三铰拱(架)等铰接结构对不均匀沉降有很大的顺从性，支座发生相对位移时不会引起很大的附加应力，故可以避免不均匀沉降的危害。铰接结构的这类结构形式通常只适用单层的工业厂房、仓库和某些公共建筑。必须注意的是，严重的不均匀沉降仍会对这类结构的屋盖系统、围护结构、吊车梁及各种纵、横连系构件造成损害，因此，应采取相应的防范措施，如避免用连续吊车梁及刚性屋面防水层、墙面加设圈梁等。

8.10.3　施工措施

在软弱地基土上进行工程建设时，采用合理的施工顺序和施工方法至关重要。这是减小或调整不均匀沉降的有效措施之一。

1. 遵照先重(高)后低(轻)的施工程序

当拟建的相邻建筑物之间轻(低)重(高)悬殊时，一般应按先重后轻的顺序施工；有时，还需要在重建建筑物竣工后一段时间，再建造轻的邻近建筑物。当高层建筑的主楼、裙楼下有地下室时，可在主楼、裙楼相交的裙楼一侧适当位置设置施工后浇带，同样以先主楼后裙楼的顺序施工，以减小不均匀沉降的影响。

2. 注意堆载、降水等对邻近建筑物的影响

在已建成的轻型建筑物和在建工程的周围，应避免长时间集中堆放大量的建筑材料或弃土，以免引起建筑物的附加沉降。

在进行降低地下水水位及开挖深基坑时，应密切注意对邻近建筑物可能产生的不利影响，必要时可采取设置止水帷幕、基坑支护等措施。

3. 注意保护坑底土体

在淤泥及淤泥质土的地基上开挖基坑时，应尽可能地保持地基土的原状结构而不受到扰动。通常在开挖基槽时，可暂不挖到基底标高，保留约 200 mm 的原状土，等施工基础垫层时采用人工临时挖去。当基础埋置在易风化的岩层上，施工时应在基坑开挖后立即铺筑垫层。如出现槽底受到扰动，可先挖去扰动部分，再用砂、碎石(砖)等回填处理。

本章小结　\\\\\

(1)常见的浅基础形式有扩展基础、柱下条形基础、十字交叉条形基础、筏形基础和箱形基础等，承载力和造价依次升高。根据建筑物和地基的情况选取最适宜的基础形式，是浅基础设计中最重要的环节。

（2）浅基础设计是一个复杂的过程，其间往往需要反复计算与验算。确定基础埋置深度时，应尽量浅埋，并综合考虑建筑物的用途、结构形式和荷载的性质与大小、场地环境条件、工程地质与水文地质条件、冻融条件等。

（3）浅基础底面尺寸设计应满足持力层地基承载力要求，即 $p_k \leqslant f_a$，且 $p_{kmax} \leqslant 1.2 f_a$。当存在软弱下卧层时，还要求传递到软弱下卧层顶面处土体的附加应力与自重应力之和不超过软弱下卧层的承载力。为了保证工程安全，必要时应进行地基变形验算。

（4）刚性基础，根据宽高比设计即可；缺点是基底面积较大时，基础的埋深过大，造成施工不便或造价过高。柔性基础的结构设计应满足抗剪、抗弯、抗冲切的要求，根据基底压力计算内力后，通常根据抗冲切、抗剪计算确定基础的高度，再按照抗弯计算确定配筋。

课后习题

1. 单选题

（1）除岩石地基外，基础最小埋置深度不宜小于（　　）m。

 A. 0.1　　　　　　B. 0.5　　　　　　C. 0.3　　　　　　D. 0.2

（2）以下建筑基础中的（　　）必须满足基础台阶宽高比的要求。

 A. 钢筋混凝土条形基础　　　　　　B. 砖石及混凝土基础

 C. 柱下条形基础　　　　　　　　　D. 钢筋混凝土独立基础

（3）（2021年注册岩土工程师真题）对于无筋扩展基础，按照《建筑地基基础设计规范》（GB 50007—2011）的规定，设计要求限制基础台阶宽高比在允许值以内，其目的是防止以下哪个选项的破坏？（　　）

 A. 基础材料抗压强度破坏　　　　　B. 基础材料抗拉强度破坏

 C. 地基承载力破坏　　　　　　　　D. 地基稳定性破坏

（4）（2021年注册岩土工程师真题）地基中存在软弱下卧层时，基础应尽量采用"宽基浅埋"，其目的是以下哪个选项？（　　）

 A. 增大软弱下卧层地基承载力

 B. 增大持力层地基承载力

 C. 减小软弱下卧层顶面处土的自重应力

 D. 减小软弱下卧层顶面处土的附加压力

（5）（2021年注册岩土工程师真题）为减小建筑物沉降和不均匀沉降，以下哪些选项的措施有效？（　　）

 A. 设置沉降缝　　　　　　　　　　B. 设置地下室

 C. 增加基础受力钢筋面积　　　　　D. 按照调整基础埋置深度

（6）（2021年注册岩土工程师真题）按照《建筑地基基础设计规范》（GB 50007—2011）的规定，计算软弱下卧层顶面处的附加压力时，考虑的影响因素包括下列哪些选项？（　　）

 A. 持力层的地基承载力　　　　　　B. 基础与上覆土的自重

 C. 地下水位埋深　　　　　　　　　D. 软弱下卧层的厚度

(7) 对于中心受荷基础，设计基础底面尺寸时要求基底平均压力 p_k 与持力层承载力特征值 f_a 应符合以下要求(　　)。

A. $p_k \geqslant f_a$ 　　　　B. $p_k \leqslant f_a$ 　　　　C. $p_k \geqslant 1.2 f_a$ 　　　　D. $p_k \leqslant 1.2 f_a$

(8) 偏心荷载作用下，相应于荷载效应标准组合时的基础底面边缘处的最大压力 $p_{k,max}$ 应满足(　　)。

A. $p_{k,max} \geqslant f_a$ 　　　　　　　　　　　　B. $p_{k,max} \leqslant f_a$

C. $p_{k,max} \geqslant 1.2 f_a$ 　　　　　　　　　　D. $p_{k,max} \leqslant 1.2 f_a$

(9) 在(　　)时，采用地基净反力。

A. 计算基础底面尺寸　　　　　　　　　　B. 验算地基承载力

C. 计算地基变形计算　　　　　　　　　　D. 计算基础底板配筋

(10) 在地基变形计算中，对于不同的结构应由不同的变形特征控制，下列不正确的是(　　)。

A. 框架结构应由局部倾斜控制

B. 高耸结构应由倾斜值控制

C. 单层排架结构应由柱基的沉降量控制

D. 高层建筑应由整体倾斜控制

(11) 在确定基础高度、计算基础内力、确定配筋时，荷载效应取(　　)。

A. 正常使用极限状态下荷载效应的标准组合

B. 承载能力极限状态下荷载效应的标准组合

C. 承载能力极限状态下荷载效应的基本标准组合

D. 正常使用极限状态下荷载效应的基本标准组合

(12) (2018 年注册岩土工程师真题)某建筑工程采用天然地基，地基土为稍密的细砂，经深宽修正后其地基承载力特征值为 180 kPa，则在地震作用效应标准组合情况下，基础边缘最大压力允许值为下列哪个选项?(　　)

A. 180 kPa　　　　B. 198 kPa　　　　C. 238 kPa　　　　D. 270 kPa

(13) (2016 年注册岩土工程师真题)某钢筋混凝土墙下条形基础，宽度 $b = 2.8$ m，高度 $h = 0.35$ m，埋深 $d = 1.0$ m，墙厚为 370 mm，上部结构传来的荷载：标准组合为 $F_1 = 288.0$ kN/m，$M_1 = 16.5$ kN·m/m；基本组合为 $F_2 = 360.0$ kN/m，$M_2 = 20.6$ kN·m/m；准永久组合为 $F_3 = 250.4$ kN/m，$M_3 = 14.3$ kN·m/m。按《建筑地基基础设计规范》(GB 50007—2011)的规定计算基础底板配筋时，基础验算截面弯矩设计值最接近下列哪个选项?(基础及其上土的平均重度为 20 kN/m)(　　)

A. 72 kN·m/m　　　　　　　　　　　　B. 83 kN·m/m

C. 103 kN·m/m　　　　　　　　　　　　D. 116 kN·m/m

(14) (2014 年注册岩土工程师真题)按照《建筑地基基础设计规范》(GB 50007—2011)的规定，下列(　　)建筑物的地基基础设计等级不属于甲级。

A. 临近地铁的 2 层地下车库

B. 软土地区三层地下室的基坑工程

C. 同一底板上主楼 12 层、裙房 3 层、平面体型呈 E 形的商住楼

D. 2 层地面卫星接收站

(15)(2014 年注册岩土工程师真题)按照《建筑地基基础设计规范》(GB 50007—2011)的规定,关于柱下钢筋混凝土独立基础的设计,下列( )是错误的?

A. 对具备形成冲切锥条件的柱基,应验算基础受冲切承载力

B. 对不具备形成冲切锥条件的柱基,应验算柱根处基础受剪切承载力

C. 基础底板应验算受弯承载力

D. 当柱的混凝土强度等级大于基础混凝土强度等级时,可不验算基础顶面的局部受压承载力

2. 判断题

(1)对于均质地基来说,增加浅基础的埋深,可以提高地基承载力,从而可以明显减小基底面积。 ( )

(2)地基基础设计仅需满足承载力的要求即可。 ( )

(3)刚性基础设计时必须满足基础台阶宽高比要求。 ( )

(4)钢筋混凝土柱下独立基础高度需满足抗冲切计算要求。 ( )

(5)若软弱下卧层验算不满足要求,可以采取增大基础底面面积或基础埋深等措施。

( )

3. 计算题

(1)某柱截面尺寸为 $400 \text{ mm} \times 400 \text{ mm}$,采用方形钢筋混凝土柱下独立基础。地基第一层土为 0.8 m 厚的杂填土,重度为 17 kN/m^3;第二层为粉质黏土层,厚为 5.4 m,重度 $\gamma = 18 \text{ kN/m}^3$,$\eta_b = 0.3$,$\eta_d = 1.6$,地基承载力特征值 $f_{ak} = 180 \text{ kPa}$。已知基础顶面传来的轴心荷载值 $F_k = 240 \text{ kN}$,基础埋深为 1.5 m,试设计基础底面尺寸。

(2)如图 8-35 所示,某住宅采用柱下条形基础,地基土表层为杂填土,厚度为 1.0 m,重度为 17 N/m^3,其下为粉质黏土层,饱和重度 $\gamma_{sat} = 19 \text{ kN/m}^3$,地下水水位距离地表 1.0 m,承载力特征值 f_{ak} 为 160 kPa,$\eta_b = 0$,$\eta_d = 1.0$,基础埋置深度为 1.5 m。若已知上部传来的竖向荷载标准值为 200 kN/m,试确定条形基础宽度。

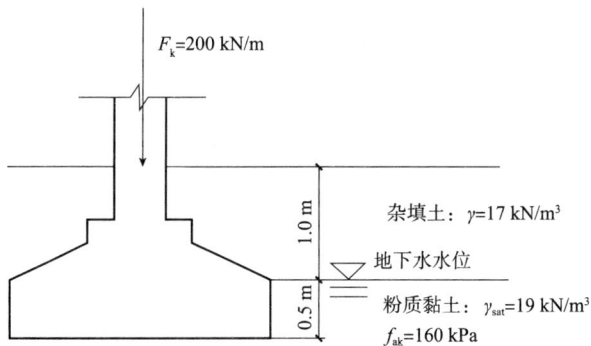

$F_k = 200 \text{ kN/m}$

杂填土:$\gamma = 17 \text{ kN/m}^3$

地下水水位

粉质黏土:$\gamma_{sat} = 19 \text{ kN/m}^3$
$f_{ak} = 160 \text{ kPa}$

1.0 m

0.5 m

图 8-35 计算题(2)图

(3)如图 8-36 所示,某柱截面尺寸为 $400 \text{ mm} \times 400 \text{ mm}$,采用钢筋混凝土柱下独立基础,作用在基础顶面的轴心荷载标准值 $F_k = 500 \text{ kN}$,$M_k = 80 \text{ kN} \cdot \text{m}$,基础埋深为 1.0 m,地基土表层为杂填土,厚度为 0.80 m,重度为 16 kN/m^3,其下为黏土层,重度为 20 kN/m^3,

$\eta_b=0.3$，$\eta_d=1.6$，地基承载力特征值为 200 kPa，若选定的基础地面尺寸 $l \times b=2$ m$\times 2$ m，试验算基础底面积是否满足地基承载力要求？

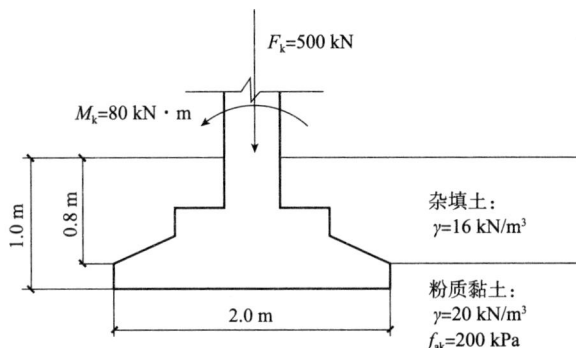

图 8-36　计算题(3)图

(4)某承重砖墙厚为 370 mm，传至条形基础顶面处的轴心荷载 $F_k=160$ kN/m。该处土层自地表起依次分布如下：第一层为粉质黏土，厚度为 2.2 m，$\gamma=17$ kN/m³，$e=0.91$，$f_{ak}=130$ kPa，$E_s=8.1$ MPa；第二层为淤泥质土，厚度为 1.6 m，$f_{ak}=65$ kPa，$E_s=2.6$ MPa；第三层为中密中砂。地下水水位在淤泥质土顶面处，基础埋置深度为 0.8 m。1)试确定基础的底面宽度(须进行软弱下卧层验算)；2)设计基础高度并配筋(可近似取作用的基本组合值为标准组合值的 1.35 倍)。

(5)某单层工业厂房柱下独立基础，柱截面尺寸为 400 mm×400 mm，相应于荷载效应标准组合时，柱传至基础顶面的荷载值 $F_k=600$ kN，$M_k=80$ kN·m，基础埋深为 1.3 m，基底尺寸 $b \times l=2.4$ m×1.6 m，基础底部设 100 mm 厚 C10 素混凝土垫层，钢筋保护层厚度为 40 mm，基础混凝土强度等级采用 C20($f_t=1.1$ N/mm²)，钢筋选用 HPB300 级($f_y=270$ N/mm²)，试设计该独立基础高度并配筋。

第 9 章

桩基础

当建筑场地浅层的土质无法满足建筑物对地基变形和强度方面的要求，而又不宜进行地基处理时，就要利用下部坚实土层或岩层作为持力层，采用深基础方案。深基础主要有桩基础、沉井和地下连续墙等几种类型。其中，以桩基础应用最广泛。

桩基础是通过承台将若干根桩的顶部连接成整体，共同承受动、静荷载的一种深基础。其中，桩是设置于岩土中的柱形受力构件，它的横截面尺寸比长度小得多。上部结构的荷载传递到承台之后再通过桩基础将荷载传递到深部较坚硬、压缩性小的土层中。大量的工程实践让人们在桩基应用中积累了丰富的经验，从而推动了桩基础的设计理论和施工工艺的发展。下面以上海中心大厦为例，介绍桩基础在实际工程中的应用。

上海中心大厦坐落在上海市浦东新区陆家嘴金融区，中心大厦高为 632 m，为地上 121 层、地下 5 层的巨型框架核心筒－伸臂桁架结构，上部总荷载约为 80 万 t，建造场地属于滨海平原地貌，土质松软，含有大量黏土。

为解决地基承载力较低的问题，该工程采用桩基础的形式，选择下部距离地面约为 80 m 的粉砂层作为桩端持力层，该层土性较佳，承载力高，土质相对较均匀，持力层厚度有保证。在软土地区建造超高层建筑，主要取决于地基基础承载力、沉降量。本项目如选用类同金茂大厦和环球金融中心的钢管桩基础，施工噪声和土体挤压效应将会给周边环境带来严重影响。因此，首选对周边环境影响小、造价低、施工周期短的后注浆钻孔灌注桩，如图 9-1 所示。

上海中心大厦共采用 995 根桩径为 1 000 mm、桩长为 82.7 m/86.7 m、混凝土强度为 C45 的后注浆钻孔灌注桩，单桩承载力达到 10 000 kN。在软土地区结构高为 600 m 以上的超高层建筑采用超大直径、超长钻孔灌注桩，在中国建筑史上还是首次。其承载力和变形能否满足设计要求还需要现场足尺试验和承载特性测试分析论证。

通过对该桩开展静载试验，计算得到的桩侧摩阻力及与常规钻孔灌注桩勘察推荐值比较可见：常规灌注桩（未注浆）有效桩长内，上部桩侧摩阻力明显低于勘察推荐值，下部与勘察推荐值接近。后注浆灌注桩有效桩长内上部桩侧摩阻力接近勘察推荐值，下部明显大于勘察推荐值，也明显大于常规钻孔灌注桩。以上表明，上海中心大厦项目采用超长钻孔灌注桩经桩端后注浆承载力明显提高，荷载变形特性得到极大的改善，桩身结构强度也完全能够满足设计要求，对周边环境的影响也较小。后注浆对保证桩基工程质量和节省造价具有较大的帮助，桩底注浆的效果明显，桩侧注浆可根据试桩的情况按照工程实际需要采用。

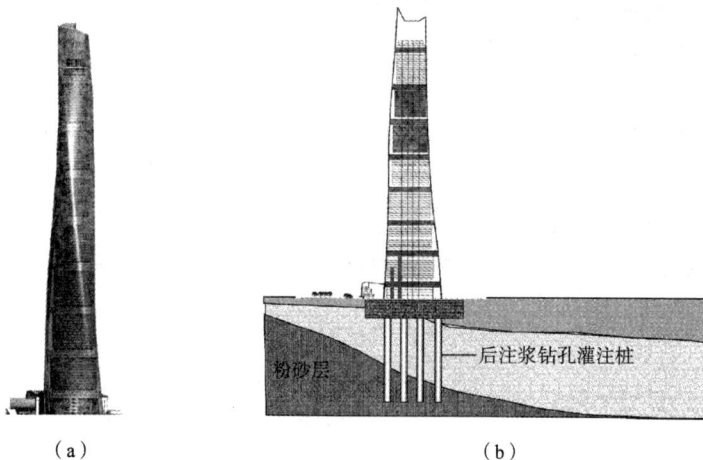

（a）   （b）

图 9-1 上海中心大厦与桩基础
(a)上海中心大厦主楼；(b)上海中心大厦桩基础

随着经济建设与城市化的高速发展，在工程实践中已经形成了各种类型的桩基础，各种桩型在构造和桩土相互作用机理上都不相同，各具特点。当软弱土层很厚，桩端达不到良好的地层时，桩基设计应考虑承载力、沉降、施工对周围环境影响等问题。因此，需要学习桩基础的设计方法，在工程实践中应详细分析地勘资料，综合考虑，精心设计施工，才能使所选基础类型发挥出最佳效益。

9.1 桩基础的适用条件与设计原则

9.1.1 桩基础的适用条件

由于桩基础承载力高、沉降量小，可以抵抗水平力和上拔力，同时，具有减振和抗震的优点。桩基础已成为在土质不良地区修建各种建筑物所普遍采用的基础形式，在高层、桥梁、港口和近海结构等工程中得到广泛应用。对下述情况，一般可考虑选用桩基础方案：

(1)天然地基承载力和变形不能满足要求的高耸建筑物。

(2)天然地基承载力基本满足要求，但沉降量过大，需利用桩基础减小沉降的建筑物，或在使用上、生产上对沉降限制严格的建筑物。

(3)重型工业厂房和荷载很大的建筑物，如仓库、料仓等。

(4)软弱地基或某些特殊性土上的各类永久性建筑物。

(5)除承受较大竖向荷载外，尚有较大的偏心荷载、水平荷载、动力或周期性荷载作用。

(6)上部结构对基础的不均匀沉降相当敏感；或建筑物受到大面积地面超载的影响。

(7)地下水水位很高，采用其他基础形式施工困难；或位于水中的构筑物基础，如桥梁、码头、采油平台等。

9.1.2　桩基础设计原则

根据《建筑桩基技术规范》(JGJ 94—2008)的要求，桩基础设计时一般应符合下列规定：

(1)桩基础应按下列两类极限状态设计：

1)承载能力极限状态：桩基达到最大承载能力、整体失稳或发生不适于继续承载的变形；

2)正常使用极限状态：桩基达到建筑物正常使用所规定的变形限值或达到耐久性要求的某项限值。

(2)根据建筑规模、功能特征、对差异变形的适应性、场地地基和建筑物体型的复杂性以及由于桩基问题可能造成建筑物破坏或影响正常使用的程度，将桩基设计分为表 9-1 所列的甲级、乙级、丙级三个设计等级。

表 9-1　建筑桩基设计等级

设计等级	建筑和地基类型
甲级	(1)重要的建筑； (2)30 层以上或高度超过 100 m 的高层建筑； (3)体型复杂且层数相差超过 10 层的高低层(含纯地下室)连体建筑； (4)20 层以上框架—核心筒结构及其他对差异沉降有特殊要求的建筑； (5)场地和地基条件复杂的 7 层以上的一般建筑及坡地、岸边建筑； (6)对相邻既有工程影响较大的建筑
乙级	除甲级、丙级以外的建筑
丙级	场地和地基条件简单，荷载分布均匀的 7 层及 7 层以下的一般建筑

(3)桩基应根据具体条件分别进行下列承载能力计算和稳定性验算：

1)应根据桩基的使用功能和受力特征分别进行桩基的竖向承载力计算和水平承载力计算；

2)应对桩身和承台结构承载力进行计算；对于桩侧土不排水抗剪强度小于 10 kPa 且长径比大于 50 的桩应进行桩身压屈验算；对于混凝土预制桩，应按吊装、运输和锤击作用进行桩身承载力验算；对于钢管桩应进行局部压屈验算；

3)当桩端平面以下存在软弱下卧层时，应进行软弱下卧层承载力验算；

4)对位于坡地、岸边的桩基，应进行整体稳定性验算；

5)对于抗浮、抗拔桩基，应进行基桩和群桩的抗拔力验算；

6)对于抗震设防区的桩基应进行抗震承载力验算。

(4)下列建筑桩基应进行沉降计算：

1)设计等级为甲级的非嵌岩桩和非深厚坚硬持力层的建筑桩基；

2)设计等级为乙级的体形复杂、荷载分布显著不均匀或桩端平面以下存在软弱土层的建筑桩基；

3)软土地基多层建筑减沉复合疏桩基础应进行沉降计算。

(5)对受水平荷载较大，或对水平位移有严格限制的建筑桩基，应计算其水平位移。

(6)应根据桩基所处的环境类别和相应的裂缝控制等级，验算桩和承台正截面的抗裂能力和裂缝宽度。

(7)桩基设计时，所采用的作用效应组合与相应的抗力应符合下列规定：

1)确定桩数和布桩时，应采用传至承台底面的荷载效应标准组合；相应的抗力应采用基桩或复合基桩承载力特征值。

2)计算荷载作用下的桩基沉降和水平位移时，应采用荷载效应准永久组合；计算水平地震作用、风载作用下的桩基水平位移时，应采用水平地震作用、风载效应标准组合。

3)验算坡地、岸边建筑桩基的整体稳定性时，应采用荷载效应标准组合；抗震设防区，应采用地震作用效应和荷载效应的标准组合。

4)在计算桩结构承载力、确定尺寸和配筋时，应采用传至承台顶面的荷载效应基本组合。当进行承台和桩身裂缝控制验算时，应分别采用荷载效应标准组合和荷载效应准永久组合。

5)桩基结构设计安全等级、结构设计使用年限和结构重要性系数 γ_0 应按现行有关建筑结构规范的规定采用；除临时性建筑外，重要性系数 γ_0 应不小于1。

6)对桩基结构进行抗震验算时，其承载力调整系数 γ_{RE} 应按现行国家标准《建筑抗震设计规范(2016年版)》(GB 50011—2010)的规定采用。

9.2 桩的分类

9.2.1 按承台与地面的相对位置分类

桩基是桩基础的简称，一般由桩和承台组成。根据承台与地面的相对位置，桩基可划分为高承台桩基和低承台桩基两种。

1. 高承台桩基

承台底面位于地面或冲刷线以上的桩基础称为高承台桩基，如图9-2(a)所示。这种桩基常处于水下，水平受力性能差，但承台可以避免水下施工，且能节省基础材料，多适用桥梁、港口工程。

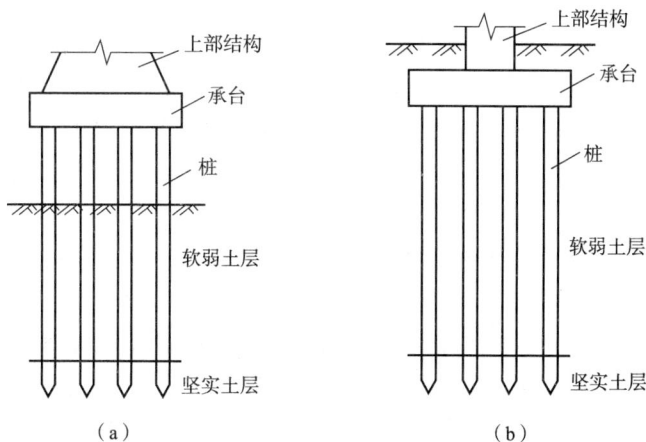

图9-2 高承台桩基和低承台桩基

(a)高承台桩基；(b)低承台桩基

2. 低承台桩基

承台底面位于底面或冲刷线以下的桩基础称为低承台桩基，如图 9-2(b) 所示。该种桩基受力性能好，具有较强的抵抗水平荷载的能力，因此在建筑工程中广泛应用。

9.2.2 按桩的承载性能分类

桩在竖向荷载作用下，桩顶荷载由桩侧摩阻力和桩端阻力共同承担。单桩竖向受荷如图 9-3 所示。由于桩的尺寸、施工方法、桩侧和桩端地基土的物理力学性质等因素不同，桩侧和桩端所分担荷载的比例是不同的。根据分担荷载的比例，桩可分为摩擦型桩和端承型桩。

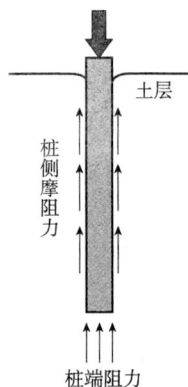

图 9-3 单桩竖向受荷

1. 摩擦型桩

摩擦型桩是指在竖向荷载作用下，桩顶荷载全部或主要由桩侧摩阻力承担的桩。根据桩侧摩阻力分担荷载的比例，摩擦型桩又可分为摩擦桩和端承摩擦桩两类。摩擦桩是指桩顶荷载绝大部分由桩侧阻力承担、桩端阻力可忽略不计的桩；端承摩擦桩是指桩顶荷载由桩侧摩阻力和桩端阻力共同承担、桩侧摩阻力分担荷载比较大的桩。

2. 端承型桩

端承型桩是指在竖向荷载作用下，桩顶荷载全部或主要由桩端阻力承担、桩侧摩阻力相对于桩端阻力较小的桩。根据桩端阻力分担荷载的比例，端承型桩又可分为端承桩和摩擦端承桩两类。端承桩是指桩顶荷载绝大部分由桩端阻力承担、桩侧摩阻力可忽略不计的桩；摩擦端承桩是指桩顶荷载由桩端阻力和桩侧摩阻力共同承担、桩端阻力分担荷载比较大的桩。

9.2.3 按桩的施工工艺分类

根据桩的施工方法，桩可分为预制桩和灌注桩两大类。

1. 预制桩

预制桩是指在工地现场或工厂制作，如图 9-4(a) 所示，然后通过不同的沉桩方式(设备)沉入地基，达到所需的深度。预制桩具有可以大量工厂化生产、施工速度快等优点，适用一般土地基；但对于较硬地基施工困难。预制桩沉桩有明显的排土作用，应考虑对邻近结构的影响，在运输、吊装、沉桩过程中应避免损坏桩身。预制桩根据不同的沉桩方式，可分为以下三种：

(1)打入桩。打入桩是靠机具动力冲击将桩体打入地基土中的成桩施工方法，如图 9-4(b) 所示。这种施工方法适用桩径较小，地基土为可塑状黏土、砂土、粉土的地基。对于含有大量漂、卵石的地基，施工较困难。打入桩伴有较大的振动和噪声，在城市建筑密集区施工应考虑对环境的影响。其主要设备包括桩架、桩锤、动力设备、起吊设备等。

(2)振动法沉桩。振动法沉桩是将大功率的振动打桩机安装在桩顶，一方面利用振动，以减少对桩的阻力；另一方面利用向下的振动力使桩沉入土中。这种方法适用可塑状黏性土和砂土。

（a）　　　　　　　　　　　　　（b）

图 9-4　预制桩

(a)预制桩的制作；(b)打入桩

（3）静压法沉桩。静压法沉桩是借助桩架自重及排架上的压重，通过液压或滑轮组提供的静力将预制桩压入土中。其适用可塑、软塑态的黏性土地基，对于砂土及其他较坚硬的土层，由于压桩阻力过大不宜采用。静压法沉桩在施工过程中无噪声、无振动，并能避免锤击时桩顶及桩身的破坏。

2. 灌注桩

灌注桩是直接在所设置桩位处成孔，然后在孔内下放钢筋笼（也有直接插筋或省去钢筋的），再浇灌混凝土而成的桩。它与预制桩相比，具有以下特点：不必考虑运输、吊桩和沉桩过程中对桩产生的内力；桩长可按土层的实际情况适当调整，不存在吊运、沉桩、接桩等工序，施工简单；无振动和噪声。灌注桩按照沉孔的方式，可分为以下几种：

（1）钻孔灌注桩。钻孔灌注桩是在预定桩位，用成孔机械排土成孔。然后，在桩孔放入钢筋笼，灌注混凝土而形成的桩体。钻孔灌注桩施工设备简单、操作方便，适用各种黏性土、砂土地基，也适用碎石、卵石土和岩层地基。钻孔灌注桩常见的成孔机械主要有正循环或反循环钻机、长（短）螺旋钻机、旋挖钻机等。图 9-5（a）所示为长螺旋钻孔灌注桩施工。

（2）挖孔灌注桩。依靠人工（用部分机械配合）挖出桩孔，然后浇筑混凝土所形成的桩称为挖孔灌注桩。其特点：不受设备的限制，施工简单，场区各桩可同时施工，挖孔直径较大，可直接观察地层情况，孔底清孔质量有保证。为确保施工安全，挖孔深度不宜太深。挖孔灌注桩一般适用无水或渗水量较小的底层，对可能发生流砂或较厚的软黏土地基，施工较为困难。

（3）冲孔灌注桩。利用钻锥不断地提锥、落锥反复冲击孔底土层，把土层中的泥沙、石块挤向四周或打成碎渣，利用掏渣筒取出，形成冲击钻孔。冲击钻孔适用含有漂卵石、大块石的土层及岩层，成孔深度一般不宜超过 50 m。

(4)冲抓成孔灌注桩。用兼有冲击和抓土作用的冲抓锤，通过钻架，由带离合器的卷扬机操纵。靠冲锤自重冲下使抓土瓣张开插入土中，然后用卷扬机提升锥头收拢抓土瓣将土抓出。冲抓成孔的特点：对地层适应性强，尤其适用于松散地层；噪声小，振动小，可靠近建筑物施工；设备简单，用套管护壁不会缩径；用抓斗可直接抓取软土、松散砂土；遇到特大漂卵石、大石块时，可换用冲击钻头破碎，再用抓斗取土。

(5)沉管灌注桩。沉管灌注桩是将带有桩靴的钢管，用锤击、振动等方法将其沉入土中 [图 9-5(b)]，然后在钢管中放入钢筋笼，灌注混凝土，形成桩体。桩靴有钢筋混凝土和活瓣式两种，前者是一次性的桩靴，后者沉管时桩尖闭合，拔管时张开。沉管灌注桩适用黏性土地基、砂土地基。由于采用了套管，可以避免钻孔灌注桩的坍孔及泥浆护壁等弊端，但桩体直径较小。在黏性土中，由于沉管的排土挤压作用对临桩有挤压影响，挤压产生的孔隙水压力易使拔管时出现混凝土桩缩颈现象。

(6)爆扩桩。成孔后，在孔内用炸药爆炸扩大孔底，浇筑混凝土而形成的桩称为爆扩桩。这种桩扩大了桩底与地基土的接触面积，提高了桩的承载力。爆扩桩适用持力层较浅、黏性土的地基。

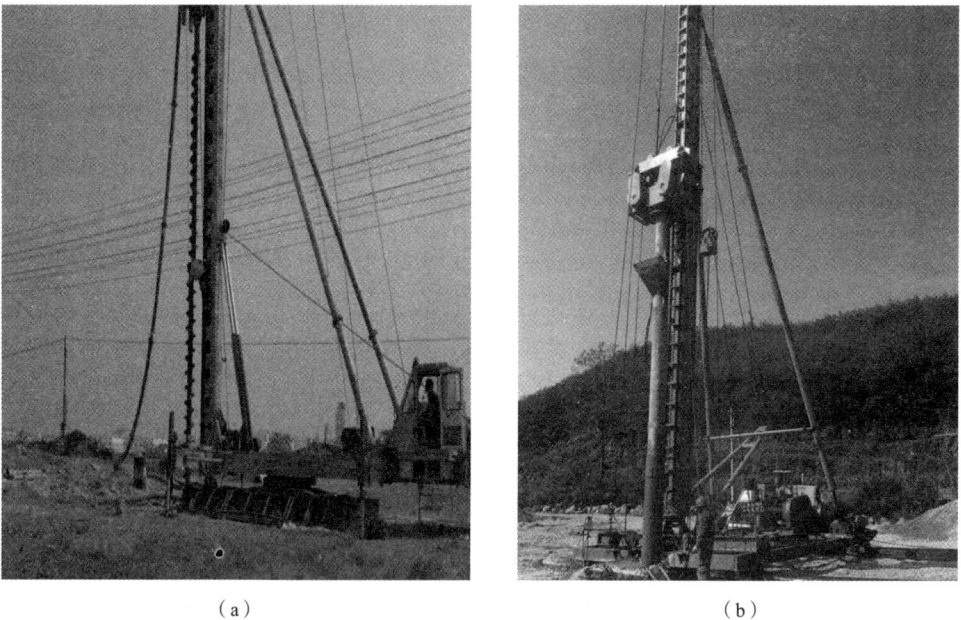

(a)   (b)

图 9-5　灌注桩

(a)钻孔灌注桩施工；(b)沉管灌注桩施工

9.2.4　按成桩工艺对桩周土的影响分类

由于桩的设置方法(打入或钻孔成桩等)的不同，桩周土所受的排挤作用也不相同。排挤作用会引起桩周土天然结构、应力状态和性质的变化，从而影响土的性质和桩的承载力。根据成桩方法对桩周土的影响，桩分为挤土桩、部分挤土桩和非挤土桩。

1. 挤土桩

实心的预制桩、下端封闭的管桩、木桩及沉管灌注桩等打入桩，在锤击、振动贯入过程中，都将桩位处的土大量排挤开，因而，使桩周土的结构受到严重扰动破坏。黏性土由于重塑作用而降低了抗剪强度(过一段时间可恢复部分强度)；而非密实的无黏性土由于振动挤密而使抗剪强度提高。

2. 部分挤土桩

开口钢管桩、H 型钢桩和开口的预应力混凝土管桩，打入时对桩周土稍有排挤作用，但土的强度和变形性质变化不大。由原状土测得的土的物理力学性质指标一般可用于估算部分挤土桩的承载力和沉降。

3. 非挤土桩

非挤土桩主要包括干作业法钻(挖)孔灌注桩、泥浆护壁法钻(挖)孔灌注桩、套管护壁法钻(挖)孔灌注桩。此类桩在成桩过程中，将与桩体积相同的土挖出，因而，桩周围的土受到较轻的扰动，但有应力松弛现象，成桩后桩侧摩阻力常有所减小。

9.2.5　按桩的使用功能分类

1. 竖向抗压桩

一般的建筑工程桩基，在正常工作条件下，主要承受从上部结构传下来的竖向荷载。竖向抗压桩应进行竖向承载力计算，必要时还需要计算桩基沉降、验算下卧层承载力及负摩阻力产生的下拉荷载。

2. 竖向抗拔桩

竖向抗拔桩是主要承受竖向上拔荷载的桩，如抗浮桩、板桩墙后的锚桩等。拉拔荷载依靠桩侧摩阻力来承担。此类桩应进行桩身强度、抗拔承载力验算。

3. 水平受荷桩

基坑工程的桩、港口码头工程中的桩，都主要承受水平荷载。水平受荷桩应进行桩身强度验算、水平承载力验算和位移验算。

4. 复合受荷桩

复合受荷桩是承受竖向、水平荷载均较大的桩，如桥梁工程中的桩。复合受荷桩应按竖向抗压桩及水平受荷桩的要求进行验算。

9.2.6　按桩径大小分类

按桩径 d 的大小，桩可分为小直径桩($d \leqslant 250$ mm)；中等直径桩(250 mm$< d < 800$ mm)；大直径桩($d \geqslant 800$ mm)。

桩径的大小影响桩的承载力现状，大直径钻(挖、冲)孔桩在成孔过程中，孔壁的松弛变形导致桩侧阻力降低的效应随桩径增大而增大，桩端阻力随直径增大而减小。这种尺寸效应与土的性质有关。黏性土、粉土与砂石土相比，尺寸效应相对较弱。

9.2.7　按桩身材料分类

按桩身材料不同，桩可分为木桩、钢筋混凝土桩、钢桩。

1. 木桩

木桩适用常年在地下水水位以下的地基。所用木材坚韧耐久，如松木、杉木和橡木等。桩长一般为 4~10 m，直径为 180~260 mm。使用时应将木桩打入最低水位以下 0.5 m，因在干湿交替的环境或是地下水水位以上部分，木桩极易腐烂，海水中木桩也易腐蚀。木桩桩顶应平正并加铁箍，以保护桩顶不被打坏。桩尖削成棱锥形，桩尖长为直径的 1~2 倍。木桩的优点是储运方便，打桩设备简单，较经济；但承载力较低，目前只适用盛产木材的地区和某些小型的工程。

2. 钢筋混凝土桩

钢筋混凝土桩可分为预制桩和灌注桩。桩截面为实心的圆形、方形或是十字形截面；当桩的直径较大时，也可做成空心的圆柱形截面。其中，灌注桩的混凝土强度等级不得小于 C25，预制桩的混凝土强度等级不宜低于 C30，预应力桩的混凝土强度等级不应低于 C40。

3. 钢桩

用各种型钢或钢管作为桩，称为钢桩。常见的钢桩有钢管桩、宽翼 I 形钢桩等。钢管桩的直径为 250~1 200 mm，长度根据设计而定。如上海宝钢一号高炉基础采用的钢管桩，其直径为 914.6 mm，壁厚为 16 mm，长为 61 m。

钢管桩的优点是承载力高，适用大型、重型的设备基础；缺点是价格高、费钢材、易锈蚀，使用不广。

9.3　单桩竖向承载力

9.3.1　单桩破坏模式

单桩在竖向荷载作用下，其破坏模式主要取决于桩身的强度、土的工程性质及构造、桩底沉降等因素，有以下几种破坏模式。

1. 屈曲破坏

当桩底支撑在坚硬的土层或岩层上，桩周土层极为软弱，桩身无约束或侧向抵抗力。桩在竖向荷载作用下，如同一细长压杆出现纵向挠曲破坏，荷载-沉降(Q-s)关系曲线为急剧破坏的陡降型，有明显的转折点，破坏特征点所对应的沉降量很小。桩的承载力取决于桩身的材料强度。穿越深厚淤泥质土层的小直径端承桩或嵌岩桩、细长的木桩等，多属于此类破坏。

2. 整体剪切破坏

当具有足够强度的桩穿过抗剪强度较低的土层，达到强度较高的土层，且桩的长度不大时，桩端压力超过持力层极限荷载，桩端土中将形成完整的剪切滑动面，土体向上挤出而破坏。荷载-沉降(Q-s)关系曲线为陡降型，有明显的转折点。一般打入式短桩、钻扩短桩等，均属于此种破坏。

3. 刺入破坏

当桩的入土深度较大或桩周土层的抗剪强度较均匀时，桩在轴向荷载作用下将出现刺入破坏。此时，桩顶荷载主要由桩侧摩阻力承受，桩端阻力极小，桩的沉降量较大。一般当桩周土质较软弱时，荷载-沉降(Q-s)关系曲线为"渐进破坏"的缓变形，无明显拐点，极限荷载难以判断，桩的承载力主要由上部结构所能承受的极限沉降确定。当桩周土的抗剪强度较高时，荷载-沉降(Q-s)关系曲线可能为陡降型，有明显拐点，桩的承载力主要取决于桩周土的强度。一般情况下，钻孔灌注桩多属于此种情况。

9.3.2　单桩竖向极限承载力的概念和确定原则

单桩竖向极限承载力是指单桩在竖向荷载作用下达到破坏状态前或出现不适于继续承载的变形时所对应的最大荷载，它取决于桩的材料强度和土的支承能力两个方面。单桩竖向承载力特征值是指单桩竖向极限承载力标准值除以安全因数后的承载力值。

《建筑桩基技术规范》(JGJ 94—2008)规定设计采用的单桩竖向极限承载力标准值 Q_{uk} 应符合下列规定：

(1)设计等级为甲级的建筑桩基，应通过单桩静载试验确定。

(2)设计等级为乙级的建筑桩基，当地质条件简单时，可参照地质条件相同的试桩资料，结合静力触探等原位测试和经验参数综合确定；其余均应通过单桩静载试验确定。

(3)设计等级为丙级的建筑桩基，可根据原位测试和经验参数确定。

单桩竖向极限承载力标准值、极限侧阻力标准值和极限端阻力标准值应按下列规定确定：

(1)单桩竖向静载试验应按现行行业标准《建筑基桩检测技术规范》(JGJ 106—2014)执行。

(2)对于大直径端承型桩，也可通过深层平板(平板直径应与孔径一致)荷载试验确定极限端阻力。

(3)对于嵌岩桩，可通过直径为 0.3 m 的岩基平板荷载试验确定极限端阻力标准值，也可通过直径为 0.3 m 的嵌岩短墩荷载试验确定极限侧阻力标准值和极限端阻力标准值。

(4)桩的极限侧阻力标准值和极限端阻力标准值宜通过埋设桩身轴力测试元件由静载试验确定，并通过测试结果建立极限侧阻力标准值和极限端阻力标准值与土层物理指标、岩石饱和单轴抗压强度，以及与静力触探等土的原位测试指标间的经验关系，以经验参数法确定单桩竖向极限承载力。

9.3.3　单桩竖向极限承载力的确定方法

1. 按静载试验确定

静载试验(图 9-6)是评价单桩承载力诸法中可靠性较高的一种方法。采用现场静载试验确定单桩竖向极限承载力标准值时，检测数量在同一条件下不应少于三根，且不宜少于总桩数的 1%；当工程桩总数在 50 根以内时，不应少于 2 根。

确定单桩竖向极限承载力时，应绘制竖向荷载-沉降(Q-s)、沉降-时间对数(s-$\lg t$)曲线，需要时也可绘制其他辅助分析所需曲线。

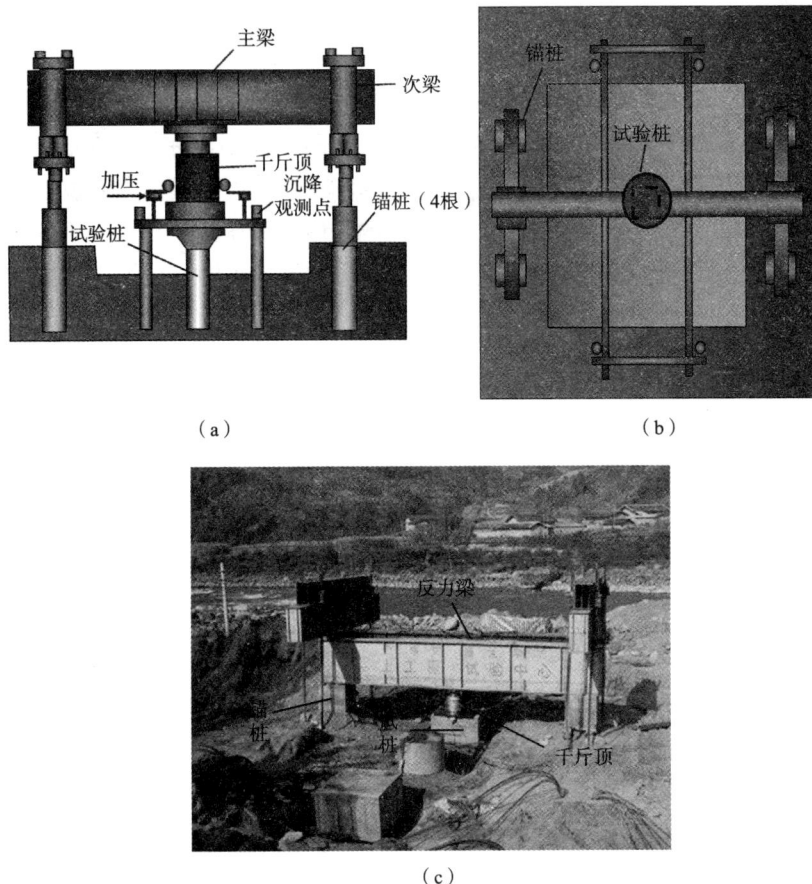

（a）

（b）

（c）

图 9-6 单桩静载试验加载装置（锚桩横梁反力装置）

（a）侧面图；（b）俯视图；（c）单桩静载试验加载照片

《建筑基桩检测技术规范》(JGJ 106—2014)规定，单桩竖向极限承载力 Q_u 可按下列方法综合分析确定：

(1)根据沉降随荷载变化的特征确定：对于陡降型 $Q\text{-}s$ 曲线，取其发生明显陡降的起始点对应的荷载值。图 9-7(a)所示的曲线①中 Q_u＝780 kN。

(2)根据沉降随时间变化的特征确定：取 $s\text{-}\lg t$ 曲线尾部出现明显向下弯曲的前一级荷载值。图 9-7(b)所示曲线中 Q_u＝1 400 kN。

(3)当出现某级荷载作用下，桩顶沉降量大于前一级荷载作用下沉降量的 2 倍，且经 24 h 尚未达到相对稳定标准，取前一级荷载值。

(4)对于缓变型 $Q\text{-}s$ 曲线，可根据沉降量确定，宜取 s＝40 mm 对应的荷载值；当桩长大于 40 m 时，宜考虑桩身弹性压缩量；对直径大于或等于 800 mm 的桩，可取 s＝0.05D（D 为桩端直径)对应的荷载值。图 9-7(a)所示的曲线②中 Q_u＝1 500 kN。

挤土桩在设置后须隔一段时间才可开始荷载试验。这是由于打桩时土中产生的孔隙水压力有待消散，且土体因打桩扰动而降低的强度也有待随时间而部分恢复。桩基静载测试开始试验的时间：预制桩在砂土中入土 7 d 后，黏性土不得少于 15 d；对于饱和软黏土不得少于 25 d；灌注桩应在桩身混凝土达到设计强度后才能进行。

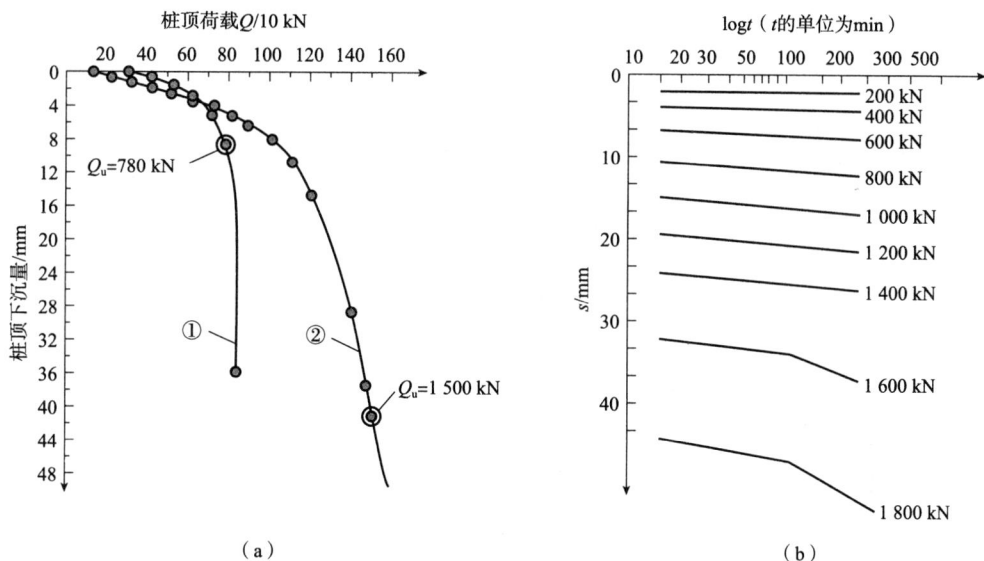

图 9-7　单桩静荷载试验曲线

(a)单桩 Q-s 曲线；(b)单桩 s-$\log t$ 曲线

试验装置主要包括加载稳压部分、提供反力部分。静荷载一般由安装在桩顶的油压千斤顶提供。千斤顶的反力可通过锚桩承担，或借压重平台上的重物来平衡，当按上述(1)～(4)条判定桩的竖向承载力未达到极限时，桩的竖向极限承载力应取最大试验荷载值。

单桩竖向极限承载力 Q_{uk} 统计值的确定应符合下列规定：

(1)参加统计的试桩结果，当满足其极差不超过平均值的 30% 时，取其平均值为单桩竖向极限承载力。

(2)当极差超过平均值的 30% 时，应分析极差过大的原因，结合工程具体情况综合确定，必要时可增加试桩数量。

(3)对桩数为 3 根或 3 根以下的柱下承台，或者工程桩抽检数量少于 3 根时，应取低值。

2. 按静力触探法确定

静力触探是将圆形的金属探头，以静力方式按一定的速率均匀压入土中。借助探头的传感器，测出探头侧阻及端阻。探头由浅入深测出各种土层的这些参数后，即可计算出单桩承载力。根据探头构造的不同，又可分为单桥探头和双桥探头两种。

(1)按单桥探头静力触探确定。根据单桥探头静力触探资料确定混凝土预制桩单桩竖向极限承载力标准值，如无当地经验，可按下式计算：

$$Q_{uk} = Q_{sk} + Q_{pk} = u\sum q_{sik}l_i + \alpha p_{sk}A_p \tag{9-1}$$

式中　Q_{sk}、Q_{pk}——总极限侧阻力标准值和总极限端阻力标准值；

　　　u——桩身周长(mm)；

　　　q_{sik}——用静力触探估算的桩周第 i 层土的极限侧阻力(kPa)；

l_i——桩周第 i 层土的厚度(mm);

α——桩端阻力修正系数,按表 9-2 取值;

p_{sk}——桩端附近的静力触探比贯入阻力标准值(平均值)(kPa);

A_p——桩端面积(mm^2)。

表 9-2　桩端阻力修正系数 α 值

桩长/m	$l<15$	$15\leqslant l\leqslant 30$	$30<l\leqslant 60$
α	0.75	0.75~0.90	0.90

注:桩长 $15\leqslant l\leqslant 30$,$\alpha$ 值按 l 值直线内插;l 为桩长(不包括桩尖高度)。

(2)当根据双桥探头静力触探资料确定混凝土预制桩单桩竖向极限承载力标准值时,对于黏性土、粉土和砂土,如无当地经验,可按下式计算:

$$Q_{uk}=Q_{sk}+Q_{pk}=u\sum l_i\beta_i f_{si}+\alpha q_c A_p \tag{9-2}$$

式中　β_i——第 i 层土桩侧阻力综合修正系数,黏性土和粉土取 $\beta_i=10.04(f_{si})^{-0.55}$,砂土取 $\beta_i=5.05(f_{si})^{-0.45}$;

f_{si}——第 i 层土的探头平均侧阻力(kPa);

α——桩端阻力修正系数,黏性土和粉土取 $2/3$,饱和砂土取 $1/2$;

q_c——桩端平面上、下探头阻力,取桩端平面以上 $4d$(d 为桩的直径或边长)范围内土层厚度的探头阻力加权平均值(kPa),然后再和桩端平面以下 $1d$ 范围内的探头阻力进行平均。

3. 按桩身结构强度确定

钢筋混凝土受压桩可看作轴心受压杆件,可根据《混凝土结构设计规范(2015 年版)》(GB 50010—2010)规定进行正截面受压承载力计算。

(1)当桩顶以下 $5d$ 范围的桩身螺旋式箍筋间距不大于 100 mm,且符合《建筑桩基技术规范》(JGJ 94—2008)相关构造规定时:

$$N\leqslant\psi_c f_c A_{ps}+0.9 f'_y A'_s \tag{9-3}$$

式中　N——荷载效应基本组合下的桩顶轴向压力设计值(kN);

f_c——混凝土轴心抗压强度设计值(kPa);

f'_y——纵向主筋抗压强度设计值(kPa);

A_{ps}——桩身的横截面面积(m^2);

A'_s——纵向主筋截面面积(m^2);

ψ_c——基桩成桩工艺系数,混凝土预制桩、预应力混凝土空心桩取 0.85;干作业非挤土灌注桩取 0.90;泥浆护壁和套管护壁非挤土灌注桩、部分挤土灌注桩以及挤土灌注桩取 0.7~0.8;软土区挤土灌注桩取 0.6。

(2)当桩身配筋不符合上述构造规定时:

$$N\leqslant\psi_c f_c A_{ps} \tag{9-4}$$

式中字母含义同式(9-3)。

4. 按经验参数法确定

（1）一般预制桩及小直径灌注桩（桩径 $d<800$ mm）的单桩极限承载力标准值。根据土的物理指标与承载力参数之间的经验关系确定单桩竖向极限承载力标准值时，可按下式计算：

$$Q_{uk}=Q_{sk}+Q_{pk}=u\sum q_{sik}l_i+q_{pk}A_p \tag{9-5}$$

式中　Q_{sk}——单桩总极限侧阻力标准值（kN）；

Q_{pk}——单桩总极限端阻力标准值（kN）；

q_{sik}——桩侧第 i 层土的极限侧阻力标准值（kPa）；若无当地经验值，q_{sik} 按表 9-3 取值；

q_{pk}——桩端极限端阻力标准值（kPa），无当地经验时，可按表 9-4 取值；

u——桩身周长（m）；

A_p——桩端面积（m²）；

l_i——桩周第 i 层土的厚度（m）。

（2）大直径的单桩（桩径 $d\geqslant800$ mm）竖向极限承载力标准值。

$$Q_{uk}=Q_{sk}+Q_{pk}=u\sum\psi_{si}q_{sik}l_i+\psi_p q_{pk}A_p \tag{9-6}$$

式中　q_{sik}——桩侧第 i 层土极限端阻力标准值，如无当地经验值，可按表 9-3 取值，对于扩底桩变截面以上 $2d$ 长度范围不计侧阻力；

q_{pk}——桩径为 800 mm 的极限端阻力标准值，可通过深层荷载板试验确定，当不能进行深层荷载板试验时，可采用当地经验值或按表 9-4 取值；对于干作业挖孔（清底干净）桩可按表 9-5 确定；

ψ_{si}、ψ_p——大直径桩侧阻、端阻尺寸效应系数，按表 9-6 取值；

u——桩身周长，当人工挖孔桩桩周护壁为振捣密实的混凝土时，桩身周长可按护壁外直径计算。

其余字母含义同式(9-5)。

表 9-3　桩的极限侧阻力标准值 q_{sik}　　　　kPa

土的名称	土的状态		混凝土预制桩	泥浆护壁钻（冲）孔桩	干作业钻孔桩
填土	—		22～30	20～28	20～28
淤泥	—		14～20	12～18	12～18
淤泥质土	—		22～30	20～28	20～28
黏性土	流塑	$I_L>1$	24～40	21～38	21～38
	软塑	$0.75<I_L\leqslant1$	40～55	38～53	38～53
	可塑	$0.50<I_L\leqslant0.75$	55～70	53～68	53～66
	硬可塑	$0.25<I_L\leqslant0.50$	70～86	68～84	66～82
	硬塑	$0<I_L\leqslant0.25$	86～98	84～96	82～94
	坚硬	$I_L\leqslant0$	98～105	96～102	94～104

土的名称	土的状态		混凝土预制桩	泥浆护壁钻(冲)孔桩	干作业钻孔桩
红黏土	$0.7<a_w\leqslant1.0$		13~32	12~30	12~30
	$0.5<a_w\leqslant0.7$		32~74	30~70	30~70
粉土	稍密	$e>0.9$	26~46	24~42	24~42
	中密	$0.75\leqslant e\leqslant0.9$	46~66	42~62	42~62
	密实	$e<0.75$	66~88	62~82	62~82
细粉砂	稍密	$10<N\leqslant15$	24~48	22~46	22~46
	中密	$15<N\leqslant30$	48~66	46~64	46~64
	密实	$N>30$	66~88	64~86	64~86
中砂	中密	$15<N\leqslant30$	54~74	53~72	53~72
	密实	$N>30$	74~95	72~94	72~94
粗砂	中密	$15<N\leqslant30$	74~95	74~95	76~98
	密实	$N>30$	95~116	95~116	98~120
砾砂	稍密	$5<N_{63.5}\leqslant15$	70~110	50~90	60~100
	中密(密实)	$N_{63.5}>15$	116~138	116~130	112~130
圆砾、角砾	中密、密实	$N_{63.5}>10$	160~200	135~150	135~150
碎石、卵石	中密、密实	$N_{63.5}>10$	200~300	140~170	150~170
全风化软质岩	—	$30<N\leqslant50$	100~120	80~100	80~100
全风化硬质岩	—	$30<N\leqslant50$	140~160	120~140	120~150
强风化软质岩	—	$N_{63.5}>10$	160~240	140~200	140~220
强风化硬质岩	—	$N_{63.5}>10$	220~300	160~240	160~260

注：①对于尚未完成自重固结的填土和以生活垃圾为主的杂填土，不计算其侧阻力；
②a_w为含水比，$a_w=w/w_l$，w为土的天然含水率，w_l为土的液限；
③N为标准贯入击数；$N_{63.5}$为重型圆锥动力触探击数；
④全风化、强风化软质岩和全风化、强风化硬质岩系其指母岩分别为$f_{rk}\leqslant15$ MPa、$f_{rk}>30$ MPa的岩石。

表 9-4 桩的极限端阻力标准值 q_{pk}

kPa

土的名称	土的状态	混凝土预制桩桩长 l/m				泥浆护壁钻(冲)孔桩桩长 l/m				干作业钻孔桩桩长 l/m		
		$l \leqslant 9$	$9 < l \leqslant 16$	$16 < l \leqslant 30$	$l > 30$	$5 \leqslant l < 10$	$10 \leqslant l < 15$	$15 \leqslant l < 30$	$30 \leqslant l$	$5 \leqslant l < 10$	$10 \leqslant l < 15$	$15 \leqslant l$
黏性土	软塑 $0.75 < I_L \leqslant 1$	210~850	650~1 400	1 200~1 800	1 300~1 900	150~250	250~300	300~450	300~450	200~400	400~700	700~950
	可塑 $0.50 < I_L \leqslant 0.75$	850~1 700	1 400~2 200	1 900~2 800	2 300~2 600	350~450	450~600	600~750	750~800	500~700	800~1 100	1 000~1 600
	硬可塑 $0.25 < I_L \leqslant 0.50$	1 500~2 300	2 300~3 300	2 700~3 600	3 600~4 400	800~900	900~1 000	1 000~1 200	1 200~1 400	850~1 100	1 500~1 700	1 700~1 900
	硬塑 $0 < I_L \leqslant 0.25$	2 500~3 800	3 800~5 500	5 500~6 000	6 000~6 800	1 100~1 200	1 200~1 400	1 400~1 600	1 600~1 800	1 600~1 800	2 200~2 400	2 600~2 800
粉土	中密 $0.75 \leqslant e \leqslant 0.90$	950~1 700	1 400~2 100	1 900~2 700	2 500~3 400	300~500	500~650	650~750	750~850	800~1 200	1 200~1 400	1 400~1 600
	密实 $e < 0.75$	1 500~2 600	2 100~3 000	2 700~3 600	3 600~4 400	650~900	750~950	900~1 100	1 100~1 200	1 200~1 700	1 400~1 900	1 600~2 100
粉砂	稍密 $10 < N \leqslant 15$	1 000~1 600	1 500~2 300	1 900~2 700	2 100~3 000	350~500	450~600	600~700	650~750	500~950	1 300~1 600	1 500~1 700
	中密、密实 $N > 15$	1 400~2 200	2 100~3 000	3 000~4 500	3 800~5 500	600~750	750~900	900~1 100	1 100~1 200	900~1 000	1 700~1 900	1 700~1 900

续表

土的名称	土的状态		混凝土预制桩桩长 l/m				泥浆护壁钻(冲)孔桩桩长 l/m				干作业钻孔桩桩长 l/m		
			$l≤9$	$9<l≤16$	$16<l≤30$	$l>30$	$5≤l<10$	$10≤l<15$	$15≤l<30$	$30≤l$	$5≤l<10$	$10≤l<15$	$15≤l$
细砂	中密,密实	$N>15$	2500~4000	3600~5000	4400~6000	5300~7000	650~850	900~1200	1200~1500	1500~1800	1200~1600	2000~2400	2400~2700
中砂		$N>15$	4000~6000	5500~7000	6500~8000	7500~9000	850~1050	1100~1500	1500~1900	1900~2100	1800~2400	2800~3800	3600~4400
粗砂		$N>15$	5700~7500	7500~8500	8500~10000	9500~11000	1500~1800	2100~2400	2400~2600	2600~2800	2900~3600	4000~4600	4600~5200
砾砂	中密,密实	$N>15$	6000~9500		9000~10500		1400~2000		2000~3200		3500~5000		
角砾,圆砾		$N_{63.5}>10$	7000~10000		9500~11500		1800~2200		2200~3600		4000~5500		
碎石,卵石		$N_{63.5}>10$	8000~11000		10500~13000		2000~3000		3000~4000		4500~6500		
全风化软质岩	—	$30<N≤50$	4000~6000				1000~1600				1200~2000		
全风化硬质岩	—	$30<N≤50$	5000~8000				1200~2000				1400~2400		
强风化软质岩	—	$N_{63.5}>10$	6000~9000				1400~2200				1600~2600		
强风化硬质岩	—	$N_{63.5}>10$	7000~11000				1800~2800				2000~3000		

注：①砂土和碎石类土中桩的极限端阻力取值，宜综合考虑土的密实度，桩端进入持力层的深径比 h_b/d，土越密实，h_b/d 越大，取值越高；

②预制桩的岩石极限端阻力指桩端支承于中、微风化基岩表面或进入强风化岩、软质岩一定深度条件下极限端阻力；

③全风化、强风化软质岩和全风化、强风化硬质岩指其母岩分别为 $f_{rk}≤15$ MPa、$f_{rk}>30$ MPa 的岩石。

表 9-5　干作业挖孔桩(清底干净，$D=800$ mm)极限端阻力标准值 q_{pk}　　　　kPa

土名称		状态		
黏性土		$0.50<I_L\leqslant0.75$	$0.50<I_L\leqslant0.75$	$0.50<I_L\leqslant0.75$
		800~1 800	1 800~2 400	2 400~3 000
粉土			$0.75\leqslant e\leqslant0.90$	$e<0.75$
			1 000~1 500	1 500~2 000
砂土碎石类土		稍密	中密	密实
	粉砂	500~700	800~1 100	1 200~2 000
	细砂	700~1 100	1 200~1 800	2 000~2 500
	中砂	1 000~2 000	2 200~3 200	3 500~5 000
	粗砂	1 200~2 200	2 500~3 500	4 000~5 500
	砾砂	1 400~2 400	2 600~4 000	5 000~7 000
	圆砾、角砾	1 600~3 000	3 200~5 000	6 000~9 000
	卵石、碎石	2 000~3 000	3 300~5 000	7 000~11 000

注：①当桩进入持力层的深度 h_b 分别：$h_b\leqslant D$，$D<h_b\leqslant4D$，$h_b>4D$ 时，q_{pk} 可相应取低、中、高值；
　　②砂土密实度可根据标贯击数判定，$N\leqslant10$ 为松散，$10<N\leqslant15$ 为稍密，$15<N\leqslant30$ 为中密，$N>30$ 为密实；
　　③当桩的长径比 $l/d\leqslant8$ 时，q_{pk} 宜取较低值；
　　④当对沉降要求不严时，q_{pk} 可取高值。

表 9-6　大直径灌注桩侧阻尺寸效应系数 ψ_{si}、端阻尺寸效应系数 ψ_p

土类型	黏性土、粉土	砂土、碎石类土
ψ_{si}	$(0.8/d)^{1/5}$	$(0.8/d)^{1/3}$
ψ_p	$(0.8/D)^{1/4}$	$(0.8/D)^{1/3}$

注：当为等直径桩时，表中 $D=d$。

（3）嵌岩灌注桩的单桩竖向极限承载力标准值。桩端置于完整、较完整基岩的单桩极限承载力，由桩周土总极限侧阻力和嵌岩段总极限阻力组成。当根据岩石单轴抗压强度确定单桩竖向极限承载力标准值时，可按式(9-7)计算：

$$Q_{uk}=Q_{sk}+Q_{rk}=u\sum q_{sik}l_i+\zeta_r f_{rk}A_p \tag{9-7}$$

式中　Q_{sk}，Q_{rk}——分别为土的总极限侧阻力标准、嵌岩段总极限阻力标准值(kPa)；

　　　　q_{sik}——桩周第 i 层土的极限侧阻力标准值(kPa)；若无当地经验时，q_{sik} 按表 9-3 取值；

　　　　f_{rk}——岩石饱和单轴抗压强度标准值，黏土岩取天然湿度单轴抗压强度标准值；

　　　　ζ_r——嵌岩段侧阻和端阻综合系数，与嵌岩深径比 h_r/d、岩石软硬程度和成桩工艺有关，可按表 9-7 采用；表中数值适用于泥浆护壁成桩，对于干作业成桩(清底干净)和泥浆护壁成桩后注浆，ζ_r 应取表列数值的 1.2 倍。

表 9-7　嵌岩段侧阻和端阻综合系数 ζ_r

嵌岩深径比 h_r/d	0	0.5	1	2	3	4	5	6	7	8
极软岩、软岩	0.60	0.80	0.95	1.18	1.35	1.48	1.57	1.63	1.66	1.7
较硬岩、坚硬岩	0.45	0.65	0.81	0.90	1.00	1.04	—	—	—	—

注：①极软岩、软岩指 $f_{rk} \leqslant 15$ MPa，较硬岩、坚硬岩指 $f_{rk} > 30$ MPa，介于两者之间可内插取值。
　　②h_r 为桩身嵌岩深度，当岩面倾斜时，以坡下方为准，当 h_r/d 为非表列值时，ζ_r 可内插取值。

9.3.4　单桩竖向承载力特征值

按上述方法确定单桩竖向极限承载力标准值 Q_{uk} 后，单桩竖向承载力特征值 R_a 可用下式表示：

$$R_a = Q_{uk}/K \tag{9-8}$$

式中　K——安全系数，取 $K=2$。

对于端承型桩基、桩数少于 4 根的摩擦型柱下独立桩基，或由于地层土性、使用条件等因素不宜考虑承台效应时，基桩竖向承载力特征值应取单桩竖向承载力特征值。

9.3.5　桩负摩阻力

当土体相对于桩身向下位移时，土体不仅不能起扩散桩身轴向力的作用，反而会产生下拉的摩阻力，使桩身的轴力增大。该下拉的摩阻力称为负摩阻力，如图 9-8(a)所示。负摩阻力的存在，增大了桩身荷载和桩基的沉降。

1. 产生条件

产生负摩阻力的条件，可归纳为三类情况：第一类情况为桩周土在自重作用下固结沉降或浸水导致土体结构破坏、强度降低而固结(湿陷)，如桩穿越较厚松散填土、自重湿陷性黄土、欠固结土层进入相对较硬土层；第二类情况为外界荷载作用导致桩周土固结沉降，如桩周存在软弱土层，邻近桩侧地面承受局部较大的长期荷载或大面积地面堆载(包括填土)；第三类情况为因降水导致桩周土中有效应力增大而固结。软土地区由密集桩群施工造成的土隆起和随后的再固结，也会产生桩侧负摩阻力。

2. 中性点及其位置的确定

桩侧负摩阻力并不是发生于整个软弱压缩土层中，产生负摩阻力的范围就是桩侧土层对桩产生相对下沉的范围。桩侧土层的压缩取决于地表荷载大小和土层的压缩性质，并随深度逐渐减少；而桩在荷载作用下，其位移量由桩身压缩量和桩端下沉量两部分组成。因此，桩周土的下沉量有可能在某一深度处与桩身的位移量相等，此处不产生摩阻力。在此深度以上，桩周土下沉量大于桩身位移量，桩身受到向下的负摩阻力；在此深度以下，桩的位移量大于桩周土的下沉量，桩身受到向上的正摩阻力，正负摩阻力的交点位置称为中性点。桩土之间的相对位移、桩侧摩阻力分布如图 9-8(b)、(c)所示。

中性点深度 l_n 应按桩周土层沉降与桩沉降相等的条件确定，也可参照表 9-8 确定。

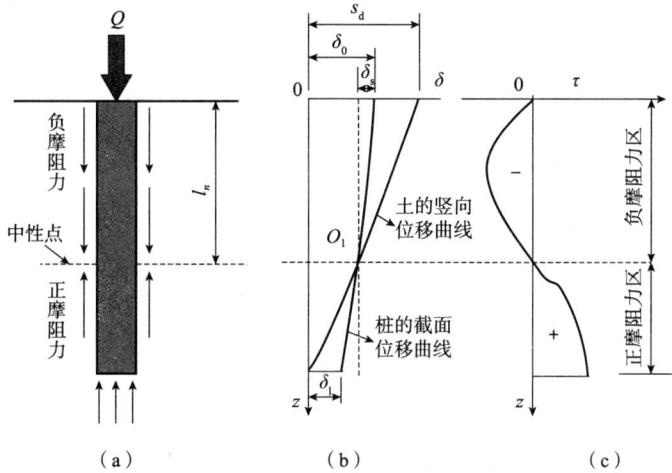

图 9-8 桩的负摩阻力分布与中性点

(a)正负摩阻力；(b)位移曲线；(c)桩侧摩阻力分布

表 9-8 中性点深度 l_n

持力层性质	黏性土、粉土	中密以上砂土	砾石、卵石	基岩
中性点深度比 l_n/l_0	0.5～0.6	0.7～0.8	0.9	1.0

注：①l_n、l_0分别为自桩顶算起的中性点深度和桩周软弱土层下限深度；
②桩穿过自重湿陷性黄土层时，l_n可按表列值增大 10%（持力层为基岩除外）；
③当桩周土层固结与桩基固结沉降同时完成时，取 $l_n = 0$；
④当桩周土层计算沉降量小于 20 mm 时，l_n应按表列值乘以 0.4～0.8 折减。

3. 减少负摩阻力的措施

对位于欠固结土层、湿陷性土层、冻融土层、液化土层、地下水水位变动范围，以及受地面堆载影响发生沉降的土层中的预制混凝土桩和钢桩，一般采用涂以软沥青涂层的办法来减少负摩阻力，涂层施工时应注意不要将涂层扩展到需利用桩侧正摩阻力的桩身部分。涂层宜采用软化点较低的沥青，一般为 50 ℃～65 ℃，在 25 ℃时的针入度为 40～70 mm。在涂层施工前，应先将表面清洗干净；然后将沥青加热到 150 ℃～180 ℃，喷射或浇淋在桩表面上，喷浇厚度为 6～10 mm。一般来说，沥青涂层越软和越厚，减小的负摩阻力也越大。国际上使用的 SL 沥青复合材料，对减低负摩阻力作用的效果甚佳。

对穿过欠固结等支承于坚硬持力层上的灌注桩，可采用下列措施减少负摩阻力：

(1)在沉降土层范围内插入比钻孔直径小 50～100 mm 的预制混凝土桩段，然后用高稠度膨润土泥浆填充预制桩段外围形成隔离层；

(2)对干作业成孔灌注桩可在沉降土层范围内的孔壁先铺设双层筒形塑料薄膜，然后浇筑混凝土，从而在桩身与孔壁之间形成可自由滑动的塑料薄膜隔离层。

9.4 群桩基础

群桩基础在竖向荷载作用下，由于承台、基桩、地基土三者相互作用，使各基桩的桩侧摩阻力和桩端阻力的发挥程度、沉降等性状发生变化而与单桩不同，在进行群桩基础设计时，应综合考虑桩的间距、桩的尺寸、桩的类型、地基土的性质、布置方式等因素，确定群桩的承载能力。在特殊条件下，还应进行软弱下卧层承载力和桩基沉降的验算。

9.4.1 桩顶作用效应计算

对于一般建筑物和受水平力（包括力矩与水平剪力）较小的高层建筑群桩基础，应按式(9-9)～式(9-11)计算柱、墙、核心筒群桩中基桩或复合基桩的桩顶作用效应。桩顶效应计算简图如图 9-9 所示。

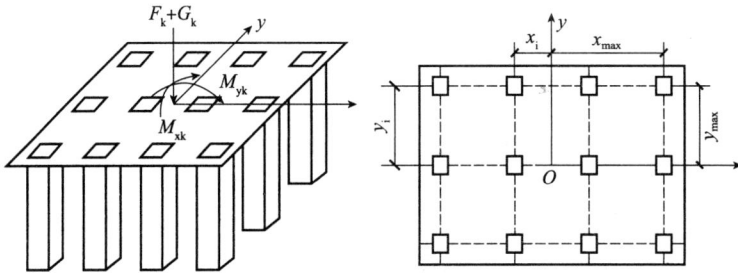

图 9-9　桩顶效应计算简图

轴心竖向力作用下的竖向力：

$$N_k = \frac{F_k + G_k}{n} \tag{9-9}$$

偏心竖向力作用下的竖向力：

$$N_{ik} = \frac{F_k + G_k}{n} \pm \frac{M_{xk} y_i}{\sum y_j^2} \pm \frac{M_{yk} x_i}{\sum x_j^2} \tag{9-10}$$

水平力：

$$H_{ik} = \frac{H_k}{n} \tag{9-11}$$

式中　F_k——荷载效应标准组合下，作用于承台顶面的竖向力；

$\quad\quad G_k$——桩基承台和承台上土自重标准值，对稳定的地下水水位以下部分应扣除水的浮力；

$\quad\quad N_k$——荷载效应标准组合轴心竖向力作用下，基桩或复合基桩的平均竖向力（kN）；

$\quad\quad N_{ik}$——荷载效应标准组合偏心竖向力作用下，第 i 基桩或复合基桩的竖向力（kN）；

$\quad\quad M_{xk}$，M_{yk}——荷载效应标准组合下，作用于承台底面，绕通过桩群形心的 x、y 主轴的力矩（kN·m）；

$\quad\quad x_i x_j$，$y_i y_j$——第 i、j 基桩或复合基桩至 y、x 轴的距离（m）；

$\quad\quad H_k$——荷载效应标准组合下，作用于桩基承台底面的水平力（kN）；

$\quad\quad H_{ik}$——荷载效应标准组合下，作用于第 i 基桩或复合基桩的水平力（kN）；

$\quad\quad n$——桩基中的桩数。

9.4.2 复合基桩竖向承载力特征值

根据《建筑桩基技术规范》(JGJ 94—2008)规定，对于端承型桩基、桩数少于 4 根的摩擦型下独立桩基或由于地层土性、使用条件等因素不宜考虑承台效应时，基桩竖向承载力特征值取单柱竖向承载力特征值，即 $R=R_{\mathrm{a}}$。

对于符合下列条件之一的摩擦型桩基，宜考虑承台效应确定其复合基桩的竖向承载力特征值：

(1)上部结构整体刚度较好、体型简单的建(构)筑物。

(2)对差异沉降适应性较强的排架结构和柔性构筑物。

(3)按变刚度调平原则设计的桩基刚度相对弱化区。

(4)软土地基的减沉复合疏桩基础。

考虑承台效应的复合基桩竖向承载力特征值可按下列公式确定：

不考虑地震作用时：

$$R=R_{\mathrm{a}}+\eta_{\mathrm{c}}f_{\mathrm{ak}}A_{\mathrm{c}} \tag{9-12}$$

考虑地震作用时：

$$R=R_{\mathrm{a}}+\frac{\zeta_{\mathrm{a}}}{1.25}\eta_{\mathrm{c}}f_{\mathrm{ak}}A_{\mathrm{c}} \tag{9-13}$$

$$A_{\mathrm{c}}=\frac{(A-nA_{\mathrm{ps}})}{n} \tag{9-14}$$

式中　η_{c}——承台效应系数，可按表 9-9 取值。

f_{ak}——承台下 1/2 承台宽度且不超过 5 m 深度范围内各层土的地基承载力特征值按厚度加权的平均值(kPa)。

A_{c}——计算基桩所对应的承台底净面积(m²)。

A_{ps}——桩身截面面积(m²)。

A——承台计算域面积(m²)。对于柱下独立桩基，A 为承台总面积；对于桩筏基础，A 为柱、墙筏板的 1/2 跨距和悬臂边 2.5 倍筏板厚度所围成的面积；桩集中布置于单片墙下的桩筏基础，取墙两边各 1/2 跨距围成的面积，按条基计算 η_{c}。

ζ_{a}——地基抗震承载力调整系数，应按现行国家标准《建筑抗震设计规范(2016 年版)》(GB 50011—2010)采用。

表 9-9　承台效应系数 η_{c}

B_{c}/l　＼　S_{a}/d	3	4	5	6	＞6
≤0.4	0.06～0.08	0.14～0.17	0.22～0.26	0.32～0.38	0.50～0.80
0.4～0.8	0.08～0.10	0.17～0.20	0.26～0.30	0.38～0.44	
＞0.8	0.10～0.12	0.20～0.22	0.30～0.34	0.44～0.50	
单排桩条形承台	0.15～0.18	0.25～0.30	0.38～0.45	0.50～0.60	

注：①表中 S_{a}/d 为桩中心距与桩径之比，B_{c}/l 为承台宽度与桩长之比。当计算基桩为非正方形排列时，$S_{\mathrm{a}}=\sqrt{A/n}$，其中，$A$ 为承台计算域面积，n 为总桩数。

②对于桩布置于墙下的箱、筏承台，η_{c} 可按单排桩条形承台取值。

③对于单排桩条形承台，当承台宽度小于 $1.5d$ 时，η_{c} 按非条形承台取值。

④对于采用后注浆灌注桩的承台，η_{c} 宜取低值。

⑤对于饱和黏性土中的挤土桩基、软土地基上的桩基承台，η_{c} 宜取低值的 80%倍。

【例 9-1】 某场地土层情况自上而下为：①杂填土，厚度为 1 m；②粉土，厚度为 6.5 m，中密，$e=0.85$，$f_{ak}=145$ kPa，$q_{sa2}=50$ kPa；③粉质黏土，很厚，$I_L=0.5$，$f_{ak}=160$ kPa，$q_{sa3}=80$ kPa，$q_{pk}=2\,300$ kPa。承台尺寸如图 9-10 所示，承台底埋深为 2 m，其下有 4 根截面尺寸为 350 mm×350 mm 的混凝土预制桩基，桩长为 16 m。不考虑地震效应，试按经验参数法预估考虑承台效应后基桩承载力特征值。

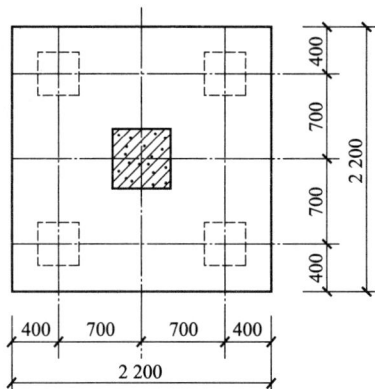

图 9-10 桩基承台尺寸

解：桩周长 $u=4\times0.35=1.4$（m），截面面积 $A_p=0.122\,5$ m²，单桩竖向极限承载力标准值为

$$Q_{uk}=u\sum q_{sik}l_i+q_{pk}A_p$$
$$=1.4\times(50\times5.5+80\times10.5+0.122\,5\times2\,300)$$
$$=1\,842.8(\text{kN})$$

单桩竖向承载力特征值：$R_a=\dfrac{Q_{uk}}{2}=\dfrac{1\,842.8}{2}=921.4$（kN）

基桩所对应的承台底净面积：

$$A_c=(A-nA_{ps})/n$$
$$=(2.2\times2.2-4\times0.122\,5)\div4$$
$$=1.087\,5(\text{m}^2)$$

承台宽度为 2.2 m，承台上下 1/2 承台宽度为 1.1 m 小于 5 m，取承台底为 5 m 范围内土的承载力特征值 $f_{ak}=145$ kPa。桩的等效直径 $d=2b\sqrt{\pi}=0.395$ m。

$S_a=1.4$ m，$S_a/d=1.4\div0.395=3.54$（m），$B_c/l=2.2\div16=0.137\,5$，查表 9-9，取 $\eta_c=0.11$，则考虑承台效应后基桩承载力特征值

$$R=R_a+\eta_c f_{ak}A_c$$
$$=921.4+0.11\times145\times1.087\,5$$
$$=939(\text{kN})$$

9.4.3 桩基竖向承载力验算

(1)荷载效应标准组合。

轴心竖向力作用下：

$$N_k\leqslant R \tag{9-15}$$

偏心竖向力作用下除满足式(9-12)外，还应满足下式的要求：

$$N_{kmax}\leqslant 1.2R \tag{9-16}$$

(2)地震作用效应和荷载效应标准组合。

轴心竖向力作用下：

$$N_{Ek}\leqslant 1.25R \tag{9-17}$$

偏心竖向力作用下，除满足式(9-17)外，还应满足下式的要求：

$$N_{Ekmax}\leqslant 1.5R \tag{9-18}$$

式中　N_k——荷载效应标准组合轴心竖向力作用下，基桩或复合基柱的平均竖向力(kN)；

　　　N_{kmax}——荷载效应标准组合偏心竖向力作用下，桩顶最大竖向力(kN)；

　　　N_{Ek}——地震作用效应和荷载效应标准组合下，基桩或复合基桩的平均竖向力(kN)；

　　　N_{Ekmax}——地震作用效应和荷载效应标准组合下，基桩或复合基桩的最大竖向力(kN)；

　　　R——基桩或复合基桩的竖向承载力特征值(kN)。

【例 9-2】　某办公楼柱下桩基，柱截面尺寸为 400 mm×600 mm，地质剖面如图 9-11(a)所示，柱传至承台顶面处的相应于作用效应的标准组合值：$F_k=2\,100$ kN，$M_k=300$ kN·m，$H_k=50$ kN。承台埋深为 1.8 m，承台高度为 0.8 m，地下水在地面以下 3.8 m 处。该建筑场地地层分布及土性指标从上至下依次为：①杂填土，土层厚为 1.8 m；②粉质黏土，土层厚为 2 m，$q_{sik}=35$ kPa；③饱和软黏土，土层厚为 4.5 m，$q_{sik}=40$ kPa；④黏土，未穿透，$q_{sik}=70$ kPa，$q_{pk}=4\,500$ kPa；采用截面边长为 400 m 的混凝土预制桩，黏土为持力层，桩端进入持力层深度为 1 m，桩数 $n=4$ 根，桩的平面布置如图 9-11(b)所示，承台面积为 2.4 m×2.4 m，若不考虑承台效应，试计算单桩竖向承载力特征值，并进行基桩竖向承载力验算。

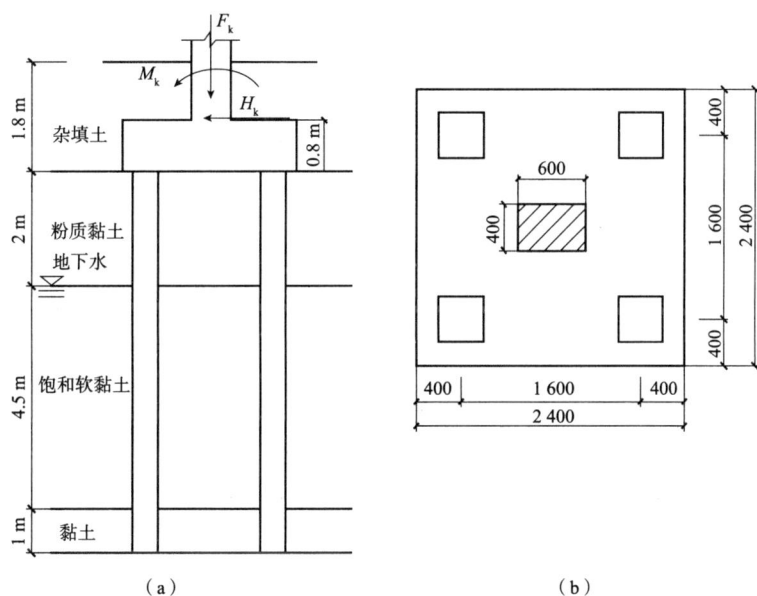

图 9-11　地质剖面及桩的平面布置

(a)地质剖面；(b)桩的平面布置

解：(1)求 Q_{uk}。

$$Q_{uk}=u\sum q_{sik}l_i+q_{pk}A_p$$
$$=4\times0.4\times(35\times2+40\times4.5+70\times1)+4\,500\times0.4\times0.4=1\,232\,(kN)$$

(2)求 R_a。

单桩竖向承载力特征值：$R_a=\dfrac{Q_{uk}}{2}=\dfrac{123\,2}{2}=616\,(kN)$

不考虑承台效应，基桩竖向承载力特征值应取单桩竖向承载力特征值，$R=R_a$。

(3)基桩竖向承载力验算。

承台以上土重及承台重：

$$G_k = \gamma_G dA = 20 \times 2.4 \times 2.4 \times 1.8 = 207.36 \text{(kN)}$$

基桩的平均竖向力：

$$N_k = \frac{F_k + G_k}{n} = \frac{2\,100 + 207.36}{4} = 576.84 \text{(kN)}$$

桩顶最大竖向力：

$$N_{kmax} = \frac{F_k + G_k}{n} + \frac{(M_k + H_k h)x_{max}}{\sum x_j^2}$$

$$= 576.84 + \frac{(300 + 50 \times 0.8) \times 0.8}{4 \times 0.8^2} = 683.09 \text{(kN)}$$

经比较，得

$$N_k = 576.84 \text{ kN} < R = 616 \text{(kN)}$$

$$N_{kmax} = 683.09 \text{ kN} < 1.2R = 1.2 \times 616 = 739.2 \text{(kN)}$$

基桩竖向承载力满足要求。

9.4.4 桩基软弱下卧层承载力验算

桩距不超过 $6d$ 的群桩基础，当桩端平面以下软弱下卧层承载力与桩端持力层相差过大（低于持力层的 1/3）且荷载引起的局部压力超出其承载力过多时，将引起软弱下卧层侧向挤出，桩基偏沉，严重者引起整体失稳。采用与浅基础类似的方法，按下式验算软弱下卧层的承载力（图 9-12）：

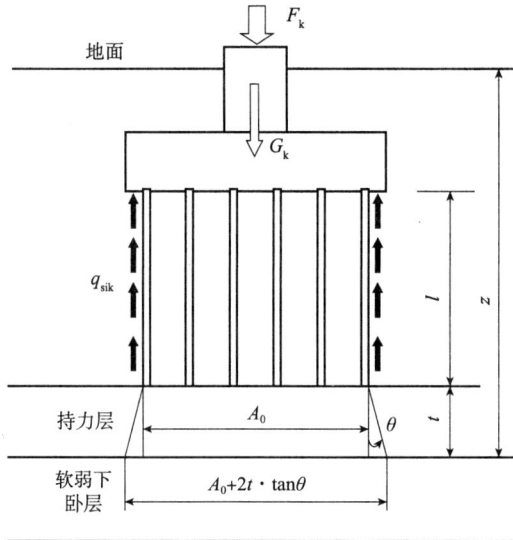

图 9-12　软弱下卧层承载力验算

$$\sigma_z + \gamma_m z \leqslant f_{az} \tag{9-19}$$

$$\sigma_z = \frac{(F_k + G_k) - 1.5(A_0 + B_0) \cdot \sum q_{sik} l_i}{(A_0 + 2t\tan\theta)(B_0 + 2t\tan\theta)} \tag{9-20}$$

式中　σ_z——作用于软弱下卧层顶面的附加应力(kPa);

　　　γ_m——软弱层顶面以上各土层重度(地下水位以下取浮重度)的加权平均值;

　　　t——硬持力层厚度(m);

　　　f_{az}——软弱下卧层经深度 z 修正的地基承载力特征值(kPa);

　　　A_0,B_0——桩群外缘矩形底面的长、短边边长(m);

　　　q_{sik}——桩周第 i 层土的极限侧阻力标准值,无当地经验值时,可根据成桩工艺按表 9-3 取值;

　　　θ——桩端硬持力层压力扩散角,按表 9-10 取值。

表 9-10　桩端硬持力层压力扩散角 θ

E_{s1}/E_{s2}	$t=0.25B_0$	$t \geqslant 0.50B_0$
1	4°	12°
3	6°	23°
5	10°	25°
10	20°	30°

注:①E_{s1}、E_{s2} 为硬持力层、软弱下卧层的压缩模量;

　　②当 $t < 0.25B_0$ 时,取 $\theta=0°$,必要时,宜通过试验确定;当 $0.25B_0 < t < 0.50B_0$ 时,可内插取值。

对于软弱下卧层承载力验算公式着重说明以下四点:

(1)验算范围。规定在桩端平面以下受力层范围存在低于持力层承载力 1/3 的软弱下卧层。实际工程持力层以下存在相对软弱土层是常见现象,只有当强度相差过大时才有必要验算。因下卧层地基承载力与桩端持力层差异过小,土体的塑性挤出和失稳也不致出现。

(2)传递至桩端平面的荷载,按扣除实体基础外表面总极限侧阻力的 3/4 而非 1/2 总极限侧阻力。这是主要考虑荷载传递机理,在软弱下卧层进入临界状态前基桩侧阻平均值已接近极限。

(3)桩端荷载扩散。持力层刚度越大扩散角越大,这是基本性状,这里所规定的压力扩散角与《建筑地基基础设计规范》(GB 50007—2011)一致。

(4)软弱下卧层承载力只进行深度修正。这是因为下卧层受压区应力分布并非均匀,呈内大外小形式,不应进行宽度修正;考虑到承台底面以上土已挖除且可能和土体脱空,因此,修正深度从承台底部计算至软弱土层顶面。另外,既然是软弱下卧层,即多为软弱黏性土,故深度修正系数取 1。

9.4.5　桩基沉降计算

1. 桩基沉降计算要求

根据《建筑地基基础设计规范》(GB 50007—2011)及《建筑桩基技术规范》(JGJ 94—2008)规定,当设计等级为甲级的桩基础,或体型复杂、荷载不均匀,或桩端以下存在软弱土层的设计等级为乙级的桩基础,或摩擦型桩基,应进行沉降计算。桩基础的沉降量不得超过建筑物的沉降变形允许值(包括沉降量、沉降差、整体倾斜和局部倾斜等)。

由于土层厚度与性质不匀、荷载差异、体型复杂、相互影响等因素引起的地基沉降变形对于砌体承重结构应由局部倾斜控制；对于多层或高层建筑和高耸结构应由整体倾斜值控制，当其结构为框架、框架-剪力墙、框架-核心筒结构时，还应控制柱（墙）之间的差异沉降。桩基的沉降允许变形值如无当地经验值时，可按桩基规范相关规定、上部结构对桩基沉降变形的适应能力和使用要求确定。

嵌岩桩、设计等级为丙级的建筑物桩基、对沉降无特殊要求的条形基础下不超过两排桩的桩基、吊车工作级别 A5 及 A5 以下的单层工业厂房且桩端下为密实土层的桩基，可不进行沉降验算。当有可靠地区经验值时，对地质条件不复杂、荷载均匀、对沉降无特殊要求的端承型桩基也可不进行沉降验算。

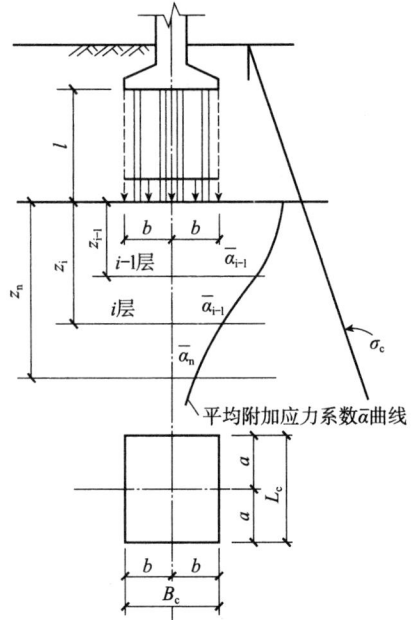

图 9-13　桩基沉降计算

2. 桩基沉降计算方法

对于桩中心距不大于 6 倍桩径的桩基，其最终沉降量计算可采用等效作用分层总和法。等效作用面位于桩端平面，等效作用面积为桩承台投影面积，等效作用附加压力近似取桩承台底平均附加压力。等效作用面以下的应力分布以各向同性均质直线变形体理论为依据。桩基沉降计算模式如图 9-13 所示，桩基任一点最终沉降量可用角点法按下式计算：

$$s = \psi \cdot \psi_e \cdot s' = \psi \cdot \psi_e \cdot \sum_{j=1}^{m} p_{0j} \sum_{i=1}^{n} \frac{z_{ij}\bar{\alpha}_{ij} - z_{(i-1)j}\bar{\alpha}_{(i-1)j}}{E_{si}} \tag{9-21}$$

$$\psi_e = C_0 + \frac{n_b - 1}{C_1(n_b - 1) + C_2} \tag{9-22}$$

$$n_b = \sqrt{n \cdot B_c / L_c} \tag{9-23}$$

式中　s——桩基最终沉降量(mm)；

s'——采用布辛奈斯克解，按实体深基础分层总和法计算出的桩基沉降量(mm)；

ψ——桩基沉降计算经验系数，当无当地可靠经验值时可按表 9-11 确定；

ψ_e——桩基等效沉降系数，按式(9-19)确定；

n_b——矩形布桩时的短边布桩数，当布桩不规则时可按式(9-20)近似计算，要求 $n_b > 1$；

　　　$n_b = 1$ 时，则可按单桩、单排桩、桩中心距大于 6 倍桩径的疏桩基础的沉降计算；

C_0、C_1、C_2——根据群桩距径比 s_a/d、长径比 l/d 及基础长宽比 L_c/B_c 进行确定；

L_c、B_c、n——分别为矩形承台的长、宽及总桩数；

m——角点法计算点对应的矩形荷载分块数；

P_{0j}——第 j 块矩形底面在荷载效应准永久组合下的附加压力(kPa)；

n——桩基沉降计算深度范围内所划分的土层数；

E_{si}——等效作用面以下第 i 层土的压缩模量(MPa)，采用地基土在自重压力至自重压力加附加压力作用时的压缩模量；

z_{ij}、$z_{(i-1)j}$——桩端平面第 j 块荷载作用面至第 i 层土、第 $i-1$ 层土底面的距离(m);

$\bar{\alpha}_{ij}$、$\bar{\alpha}_{(i-1)j}$——桩端平面第 j 块荷载计算点至第 i 层土、第 $i-1$ 层土底面深度范围内平均附加应力系数。

表 9-11　桩基沉降计算经验系数 ψ

$\bar{E}_s$/MPa	$\leqslant 10$	15	20	35	$\geqslant 50$
ψ	1.2	0.9	0.65	0.50	0.40

注：①$\bar{E}_s$ 为沉降计算深度范围内压缩模量的当量值，可按下式确定：$\bar{E}_s=\dfrac{\sum A_i}{\sum(A_i/E_{si})}$，$A_i$ 为第 i 层土附加压力系数沿土层厚度的积分值，可近似按分块面积计算;

②ψ 可根据 $\bar{E}_s$ 内插取值。

对于桩基沉降计算经验系数 ψ 需说明的是：对于采用后注浆施工工艺的灌注桩，桩基沉降计算经验系数应根据桩端持力层土层类别，乘以 0.7(砂、砾、卵石)～0.8(黏性土、粉土)的折减系数;饱和土中采用预制桩时，应根据桩距、土质、沉桩速率和顺序等因素，乘以 1.3～1.8 的挤土效应系数，土的渗透性低、桩距小、桩数多、沉桩速率大时取大值。

计算矩形桩基中点沉降时，桩基沉降量可按下式简化计算：

$$s=\psi \cdot \psi_e \cdot s'=4\psi \cdot \psi_e \cdot p_0 \sum_{i=1}^{n}\frac{z_i\bar{\alpha}_i-z_{(i-1)}\bar{\alpha}_{(i-1)}}{E_{si}} \tag{9-24}$$

式中　p_0——在荷载效应准永久组合下承台底的平均附加压力;

$\bar{\alpha}_i$、$\bar{\alpha}_{(i-1)}$——桩端平面第 j 块荷载计算点至第 i 层土、第 $i-1$ 层土底面深度范围内平均附加应力系数。

桩基沉降计算深度 z_n 应按应力比法确定，即相应深度处的附加应力 σ_z 与土的自重应力 σ_c 应符合下列公式要求：

$$\sigma_z \leqslant 0.2\sigma_c \tag{9-25}$$

$$\sigma_z=\sum_{j=1}^{m}a_i p_{0i} \tag{9-26}$$

式中　a_j——附加应力系数，可根据角点法划分的矩形长宽比及深宽比获得。

对于不规则布桩，等效桩距比按下列公式近似计算：

$$s_a/d=\sqrt{A}/(\sqrt{n}\cdot d) \tag{9-27}$$

$$s_a/d=0.886\sqrt{A}/(\sqrt{n}\cdot b) \tag{9-28}$$

式中　A——为桩基承台总面积;

b——为方形桩截面边长。

计算桩基沉降时，应考虑相邻基础的影响，采用叠加原理计算;桩基等效沉降系数可按独立基础计算。当桩基形状不规则时，可采用等效矩形面积计算桩基等效沉降系数，等效矩形的长宽比可根据承台实际尺寸和形状确定。

【例 9-3】　某高层住宅采用满堂布桩的钢筋混凝土桩筏基础，地基的土层分布如图 9-14 所示。采用钻孔灌注桩，桩径 $d=1.0$ m，桩长 $=25$ m，桩距 $s_a=3$ m，桩距径比 $s_a/d=3$，布桩不规则，总桩数 $n=48$ 根。筏形基础长 $L_c=24$ m，宽 $B_c=24$ m。相应于荷载效应准永久组合时筏板底平均附加压 $p_0=620$ kPa，无地下水。计算矩形桩基中点沉降量 s。

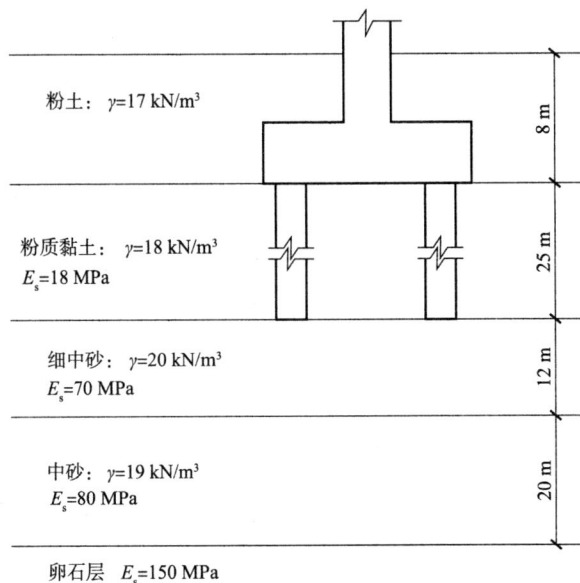

图 9-14 地基的土层分布

解： $s_a/d=3$，按桩中心距不大于 6 倍的桩径的桩基沉降量计算。

(1)确定桩基沉降计算深度 z_n。

当取 $z_n=12$ m 时，$0.2\sigma_c=0.2\times(17\times8+18\times25+20\times12)=165.2$(kPa)

划分小矩形长 $a=12$ m，$b=12$ m，$a/b=1$，$z/b=12/12=1$，查《建筑桩基技术规范》(JGJ 94—2008)附录 D 得 $a_j=0.175$。

按式(9-23)计算深度 $z_n=12$ m 处的附加应力 σ_z：

$$\sigma_z=\sum_{j=1}^m a_j p_{0j}=4\times0.175\times620=434\text{(kPa)}$$

$\sigma_z=434$ kPa $>0.2\sigma_c=165.2$ kPa，不满足。

当取 $z_n=24$ m 时，$0.2\sigma_c=0.2\times(17\times8+18\times25+20\times12+19\times12)=210.8$(kPa)

划分小矩形长 $a=12$ m，$b=12$ m，$a/b=1$，$z/b=24/12=2$，查《建筑桩基技术规范》(JGJ 94—2008)附录 D 得 $a_j=0.084$。

按式(9-26)计算深度 $z_n=24$ m 处的附加应力 σ_z：

$$\sigma_z=\sum_{j=1}^m a_j p_{0j}=4\times0.084\times620=208.32\text{(kPa)}$$

$\sigma_z=208.32$ kPa $<0.2\sigma_c=210.8$ kPa，满足。

故沉降计算深度 $z_n=24$ m。

(2)确定桩基等效沉降系数 ψ_e。由于布桩不规则，按式(9-23)计算短边布桩数：

$$n_b=\sqrt{n\cdot B_c/L_c}=\sqrt{48\times24/24}=6.928>1$$

$s_a/d=3$，$l/d=25/1=25$，$L_c/B_c=24/24=1$，查《建筑桩基技术规范》(JGJ 94—2008)附录 E 得 $C_0=0.063$，$C_1=1.500$，$C_2=7.822$。

按式(9-22)计算桩基等效沉降系数:

$$\psi_e = C_0 + \frac{n_b - 1}{C_1(n_b - 1) + C_2} = 0.063 + \frac{6.928 - 1}{1.5 \times (6.928 - 1) + 7.822} = 0.418$$

(3)确定 ψ 和 s'。过矩形中点作四个小矩形,桩基沉降量计算过程见表9-12。

表9-12　桩基沉降量 s'

z/m	a/b	z_i/b	$\bar{\alpha}_{ij}$	$z_i\bar{\alpha}_i$/mm	$z_i\bar{\alpha}_i - z_{i-1}\bar{\alpha}_{i-1}$ /mm	E_{si}/ MPa	$s' = 4p_0 \dfrac{(z_i\bar{\alpha}_i - z_{(i-1)}\bar{\alpha}_{(i-1)})}{E_{si}}$ /mm
0	1	0	0.25	0	—	70	—
12	1	1.0	0.225 2	2 702.4	2 702.4	70	95.742
24	1	2.0	0.174 6	4 190.4	1 488.0	80	46.128

计算沉降深度范围内压缩模量的当量 $\bar{E}_s$:

$$\bar{E}_s = \frac{\sum A_i}{\sum (A_i/E_{si})} = \frac{4 \times 2\ 702.4 + 4 \times 1\ 488}{\dfrac{4 \times 2\ 702.4}{70} + \dfrac{4 \times 1\ 488}{80}} = 73.25 (\text{MPa})$$

查表9-11,取 $\psi = 0.4$。

(4)计算矩形桩基中点沉降量 s。

按式(9-24)计算:

$$s = \psi \cdot \psi_e \cdot s' = 0.4 \times 0.418 \times (95.742 + 46.128) = 23.72 (\text{mm})$$

9.5　桩基础的设计

　　桩基础的设计应力求选型恰当、经济合理、安全适用,桩和承台应有足够的强度、刚度和耐久性,地基则应有足够的承载力和不产生过大的变形。充分掌握必要的设计资料,这些资料包括建筑物类型、荷载、场地和地基的工程勘测结果,桩基础材料来源和施工设备情况及当地的设计、施工和运行经验等,低承台桩基的设计和计算可按下列步骤进行:

　　(1)选定桩的持力层、桩的类型和几何尺寸,初拟承台底面标高。

　　(2)确定单桩或基桩承载力特征值。

　　(3)确定桩的数量及其平面布置。

　　(4)验算桩基承载力和沉降量。

　　(5)必要时,验算桩基水平承载和变形。

　　(6)桩身结构设计。

　　(7)桩基承台设计与计算。

　　(8)绘制桩基和承台施工图。

9.5.1　桩型、桩长和截面尺寸的选择

　　桩类和桩型的选择是桩基础设计中的重要环节,应根据结构类型及层数、荷载情况、地层条件和施工能力等,合理地选择桩的类别(预制桩或灌注桩)、桩的截面尺寸和长度、桩端

持力层，并确定桩的承载性状(端承型或摩擦型)。

场地的地层条件、各类型桩的成桩工艺和适用范围，是桩类选择应考虑的主要因素。当土中存在大孤石、废金属及花岗岩残积层中未风化的石英脉时，预制桩将难以穿越；当土层分布很不均匀时，混凝土预制桩的预制长度较难掌握；在场地土层分布比较均匀的条件下，采用质量易于保证的预应力高强度混凝土管桩比较合理。对于软土地区的桩基，应考虑桩周土自重固结、蠕变、大面积堆载及施工中挤土对桩基础的影响，在层厚较大的高灵敏度流塑黏性土中(如我国东南沿海的淤泥和淤泥质土)，不宜采用大片密集有挤土效应的桩基础，否则，这类土的结构破坏严重，致使土体强度明显降低，如果加上相邻各桩的相互影响，这类桩基础的沉降和不均匀沉降都将显著增加，这时宜采用承载力高而桩数较少的基础。同一结构单元宜避免采用不同类型的桩。

桩的长度主要取决于桩端持力层的选择。桩端持力层是影响基桩承载力的关键性因素，不仅制约桩端阻力，而且影响侧阻力的发挥，因此，选择较硬土层为桩端持力层至关重要；其次，应确保桩端进入持力层的深度，有效发挥其承载力。进入持力层的深度除考虑承载性状外还应同成桩工艺可行性相结合。

桩端宜进入坚硬土层或岩层，采用端承型桩或嵌岩桩；当坚硬土层的埋深很深时，则宜采用摩擦型桩，桩端应尽量达到低压缩性、中等强度的土层上。桩端全断面进入持力层的深度，对于黏性土、粉土不宜小于 $2d$，砂土不宜小于 $1.5d$，碎石类土不宜小于 $1d$。当存在软弱下卧层时，桩端以下硬持力层厚度不宜小于 $3d$。对于嵌岩桩，嵌岩深度应综合荷载、上覆土层、基岩、桩径、桩长诸因素确定；对于嵌入倾斜的完整和较完整岩的全断面深度不宜小于 $0.4d$，且不小于 0.5 m，倾斜度大于 30% 的中风化岩，宜根据倾斜度及岩石完整性适当加大嵌岩深度；对于嵌入平整、完整的坚硬岩和较硬岩的深度不宜小于 $0.2d$，且不应小于 0.2 m。

当土层比较均匀、坚实土层层面比较平坦时，桩的施工长度常与设计桩长比较接近；但当场地土层复杂，或者桩端持力层层面起伏不平时，桩的施工长度则常与设计桩长不一致。

因此，在勘察工作中，应尽可能仔细地探明可作为持力层的地层层面标高，以避免浪费和方便施工。为保证桩的施工长度满足设计桩长的要求，打入桩的入土深度应按桩端设计标高和最后贯入度(经试打确定)两方面控制。对于打进可塑或硬塑黏性土中的摩擦型桩，其承载力主要由桩侧摩阻力提供，沉桩深度宜按桩端设计标高控制，同时以最后贯入度做参考，并尽可能使同一承台或同一地段内各桩的桩端实际标高大致相同。而打到基岩面或坚实土层的端承型桩，其承载力主要由桩端阻力提供，沉桩深度宜按最后贯入度控制，同时以桩端设计标高做参考，并要求各桩的贯入度比较接近。大直径的钻(冲、挖)孔桩则以取出的岩屑(可分辨出风化程度)为主，结合钻进速度等来确定施工桩长。

桩型及桩长初步确定以后，根据单桩或基桩承载力大小的要求，定出桩的截面尺寸，桩的截面尺寸选择应考虑的主要因素是成桩工艺和结构的荷载情况。从楼层数和荷载大小来看(如为工业厂房可将荷载折算为相应的楼层数)，10 层以下的建筑桩基础，可考虑采用直径 500 mm 左右的灌注桩和边长为 400 mm 的预制桩；10～20 层的可采用直径 800～1 000 mm 的灌注桩和边长 450～500 mm 的预制桩；20～30 层的可用直径 1 000～1 200 mm 的钻(冲、挖)孔灌注桩和边长或直径等于或大于 500 mm 的预制桩；30～40 层的可用直径大于 1 200 mm

的钻(冲、挖)孔灌注桩和直径为 $500\sim550$ mm 的预应力混凝土管桩与大直径钢管桩。楼层更多的高层建筑所采用的挖孔灌注桩直径可达 5 m 左右。

桩的截面尺寸确定之后,应初步确定承台底面标高。承台埋深的选择主要从结构要求和方便施工的角度来考虑,一般情况下,承台底面高程的确定原则与浅基础相同,其底面埋深不应小于 0.5 m。季节性冻胀土上的承台埋深,应考虑地基土的冻胀性的影响,并应考虑是否需要采取相应的防冻害措施。膨胀土上的承台,其埋深与此类似。

9.5.2 确定单桩或基桩承载力特征值

初定出承台底面标高后,便可按 9.3 节内容计算单桩或基桩竖向承载力。

9.5.3 确定桩的数量及其平面布置

1. 桩的根数

初步估定桩数时,根据前述方法确定单桩承载力特征值 R_a 后,可按下述方法估算桩数。当桩基础为轴心受压时,桩数 n 应满足下式的要求:

$$n \geqslant \frac{F_k + G_k}{R_a} \tag{9-29}$$

式中 F_k——相应于荷载效应标准组合时,作用于桩基础承台顶面的竖向力;

G_k——桩基础承台及承台上土自重标准值。

偏心受压时,对于偏心距固定的桩基础,如果桩的布置使得群桩横截面的重心与荷载合力作用点重合时,则仍可按式(9-29)估算桩数;否则,桩根数应按上式确定的数量增加 $10\%\sim20\%$。所选的桩数是否合适,需待各桩受力验算后确定。如有必要,还要通过桩基础软弱下卧层承载力和桩基础沉降验算才能最终确定。

承受水平荷载的桩基础,在确定桩数时,还应满足对桩的水平承载力的要求。此时,可以简单地取各单桩水平承载力之和作为桩基础的水平承载力。这样做通常是偏于安全的。

应当指出,在灵敏度高的软弱黏土中,宜采用桩距大、桩数少的桩基。

2. 桩在平面上的布置

基桩的布置是桩基概念设计的重要内涵,是合理设计、优化设计的主要环节。经验证明,桩的布置合理与否,对发挥桩的承载力、减小建筑物的沉降,特别是不均匀沉降是至关重要的。因此,桩在平面上的布置应遵循一定原则。

基桩最小中心距应符合表 9-13 的规定。此规定基于两个因素:第一,有效发挥桩的承载力,群桩试验表明对于非挤土桩,桩距为$(3\sim4)d$ 时,侧阻和端阻的群桩效应系数接近或略大于 1,砂土、粉土略高于黏性土,考虑承台效应的群桩效应系数则均大于 1。但桩基的变形因群桩效应而增大,也即桩基的竖向支承刚度因桩土相互作用而降低。基桩最小中心距所考虑的第二个因素是成桩工艺。对于非挤土桩而言,无须考虑挤土效应问题;对于挤土桩,为减小挤土负面效应,在饱和黏性土和密实土层条件下,桩距应适当加大。因此,最小桩距的规定,考虑了非挤土、部分挤土和挤土效应,同时考虑桩的排列与数量等因素。

表 9-13　基桩的最小中心距

土类与成桩工艺		排数不小于 3 排且桩数不小于 9 根的摩擦型桩桩基	其他情况
非挤土灌注桩		$3d$	$3d$
部分挤土桩	非饱和土、饱和非黏性土	$3.5d$	$3d$
	饱和黏性土	$4d$	$3.5d$
挤土桩	非饱和土、饱和非黏性土	$4d$	$3.5d$
	饱和黏性土	$4.5d$	$4d$
钻、挖孔扩底桩		$2D$ 或 $D+2$ m$(D>2$ m$)$	$1.5D$ 或 $D+1.5$ m$(D>2$ m$)$
沉管夯扩、钻孔挤扩桩	非饱和土、饱和非黏性土	$2.2D$ 且 $4d$	$2D$ 且 $3.5d$
	饱和黏性土	$2.5D$ 且 $4.5d$	$2.2D$ 且 $4d$

注：①d——圆桩设计直径或方桩设计边长，D——扩大端设计直径。
②当纵横向桩距不相等时，其最小中心距应满足"其他情况"一栏的规定。
③当为端承桩时，非挤土灌注桩的"其他情况"一栏可减小至 $2.5d$。

考虑力系的最优平衡状态，桩群承载力合力点宜与竖向永久荷载合力作用点重合，以减小荷载偏心的负面效应。当桩基受水平力时，应使基桩受水平力和力矩较大方向有较大的抗弯截面模量，以增强桩基的水平承载力，减小桩基的倾斜变形。

对于桩箱基础、剪力墙结构桩筏（含平板和梁板式承台）基础，宜将桩布置于墙下。为改善承台的受力状态，特别是降低承台的整体弯矩、冲切力和剪切力，宜将桩布置于墙下和梁下，并适当弱化外围。

框架-核心筒结构的优化布桩：对于框架-核心筒结构桩筏基础应按荷载分布考虑相互影响，将桩相对集中布置于核心筒和柱下；外围框架柱宜采用复合桩基，有合适桩端持力层时，桩长宜减小。为减小差异变形、优化反力分布、降低承台内力，应按变刚度调平原则布桩。也就是根据荷载分布，做到局部平衡，并考虑相互作用对于桩土刚度的影响，强化内部核心筒和剪力墙区，弱化外围框架区。调整基桩支承刚度的具体做法：对于刚度强化区，采取加大桩长（有多层持力层）或加大桩径（端承型桩）、减小桩距（满足最小桩距）等措施；对于刚度相对弱化区，除调整桩的几何尺寸外，宜按复合桩基设计。由此改变传统设计带来的碟形沉降和马鞍形反力分布，降低冲切力、剪切力和弯矩，优化承台设计。

另外，还应注意以下两个方面：

(1)在有门洞的墙下布桩时，应将桩设置在门洞的两侧。梁式或板式承台下的群桩，布桩时应多布设在柱、墙下，减少梁和板跨中的桩数，以使梁、板中的弯矩尽量减小。

(2)为了节省承台用料和减少承台施工的工作量，在可能情况下，墙下应尽量采用单排桩基础，柱下的桩数也应尽量减少。一般来说，桩数较少而桩长较大的摩擦型桩基础，无论在承台的设计和施工方面，还是在提高群桩的承载力以及减小桩基础沉降量方面，都比桩数多而桩长小的桩基础优越。如果由于单桩承载力不足而造成桩数过多、布桩不够合理时，宜重新选择桩的类型及几何尺寸。

3. 布桩方法举例

桩的平面布置可采用对称式、梅花式、行列式和环状排列。为使桩基在其承受较大弯矩的方向上有较大的抵抗矩，也可采用不等距排列，此时，对柱下单独桩基础和整片式的桩基础，宜采用外密内疏的布置方式。

在工程实践中，桩群的常用平面布置形式：柱下桩基础多采用对称多边形，墙下桩基础采用梅花式或行列式，筏形基础或箱形基础下宜尽量沿柱网、肋梁或隔墙的轴线设置，如图 9-15 所示。

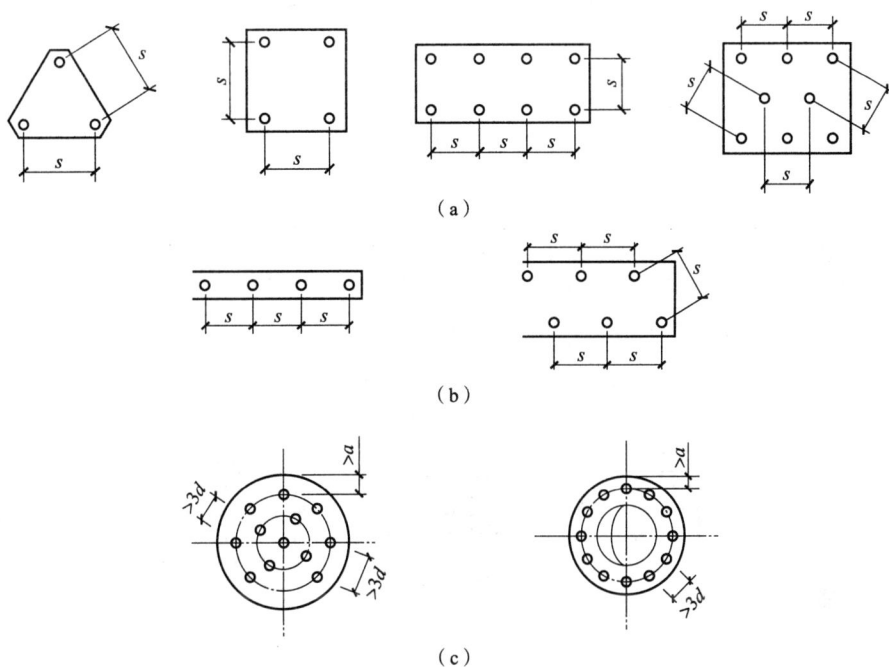

图 9-15　桩的常用布置形式
(a)柱下桩基础；(b)墙下桩基础；(c)圆(环)形桩基础

9.5.4　桩基承载力与沉降的验算

对于需要考虑承台效应，或偏心受压，或持力层下存在软弱下卧层的桩基础，应验算桩基承载力，具体计算方法可参考 9.4.2～9.4.4 节。需要验算沉降变形的桩基，还应计算沉降变形量，其沉降量不得超过建筑物的沉降变形允许值，具体计算方法可参考 9.4.5 节。

9.5.5　桩身结构设计

1. 桩身构造要求

(1)混凝土预制桩。混凝土预制桩的截面边长不宜小于 200 mm，预应力混凝土预制实心桩的截面边长不宜小于 350 mm。预制桩大样如图 9-16 所示。预制桩的混凝土强度等级不应低于 C30；预应力混凝土实心桩的混凝土强度等级不应低于 C40；预制桩纵向钢筋的混凝土保护层厚度不宜小于 30 mm。

预制桩的桩身配筋应按吊运、打桩及桩在使用中的受力等条件计算确定。采用锤击法沉桩时，预制桩的最小配筋率不宜小于 0.8%。静压法沉桩时，最小配筋率不宜小于 0.6%，主筋直径不宜小于 14 mm，打入桩桩顶以下 $(4\sim5)d$ 长度范围内箍筋应加密，并设置钢筋网片。

预制桩的分节长度应根据施工条件及运输条件确定；每根桩的接头数量不宜超过 3 个。

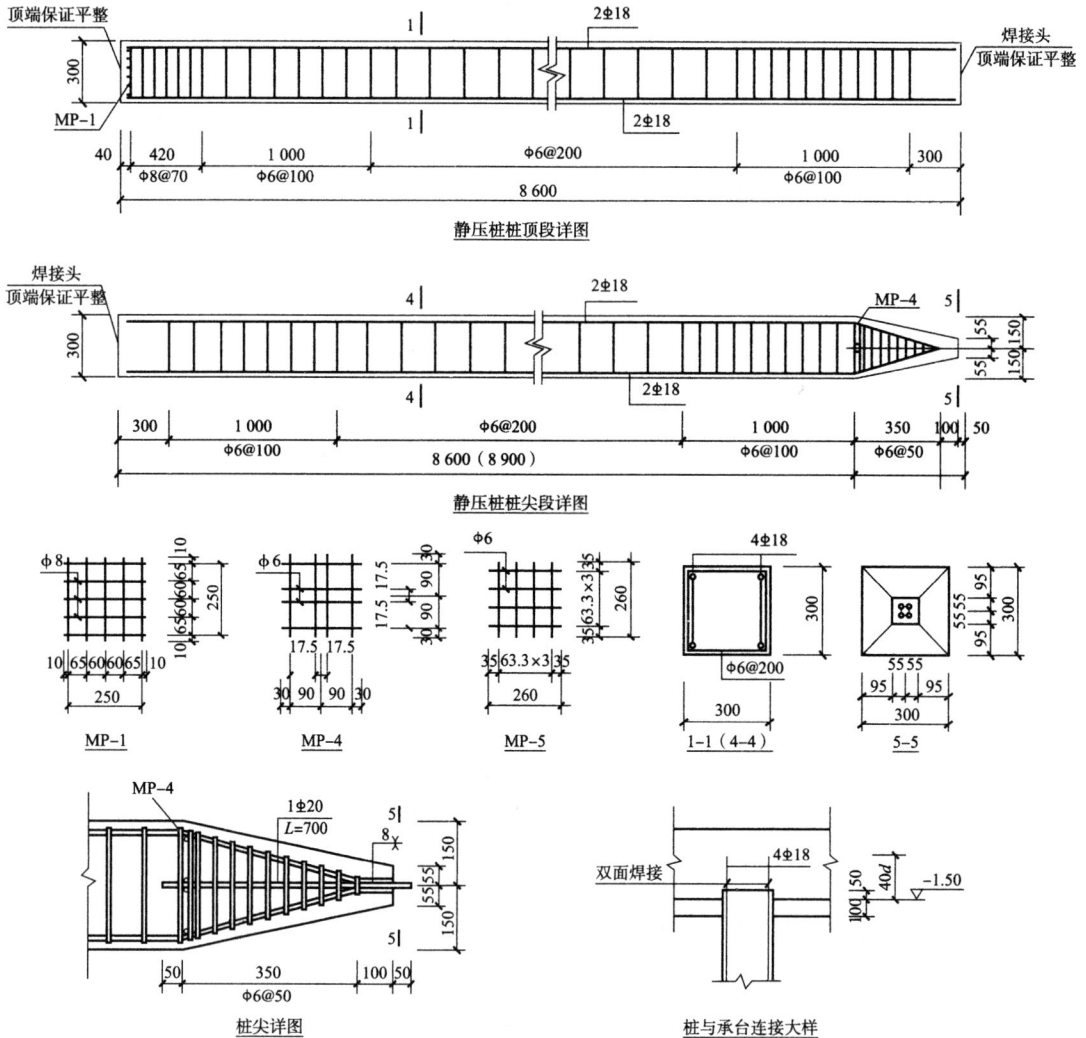

图 9-16 混凝土预制桩大样

(2)灌注桩。当桩身直径为 300~2 000 mm 时，正截面配筋率可取 0.65%~0.2%(小直径桩取高值)；对受荷载特别大的桩、抗拔桩和嵌岩端承桩应根据计算确定配筋率，并不应小于上述规定值。对于抗压桩和抗拔桩，主筋不应少于 6φ10；对于受水平荷载的桩，主筋不应小于 8φ12；纵向主筋应沿桩身周边均匀分布，其净距不应小于 60 mm。

端承型桩和位于坡地、岸边的基桩应沿桩身等截面或变截面通长配筋；摩擦型灌注桩配筋长度不应小于 2/3 桩长，当受水平荷载时，配筋长度还不宜小于 $4.0/\alpha(\alpha$ 为桩的水平变形系数）；抗拔桩及因地震作用、冻胀或膨胀力作用而受拔力的桩，应等截面或变截面通长配筋。

箍筋应采用螺旋式，直径不应小于 6 mm，间距宜为 200～300 mm；受水平荷载较大的桩基、承受水平地震作用的桩基及考虑主筋作用计算桩身受压承载力时，桩顶以下 5d 范围内的箍筋应加密，间距不应大于 100 mm；当钢筋笼长度超过 4 m 时，应每隔 2 m 设置一道直径不小于 12 mm 的焊接加劲箍筋。

桩身混凝土强度等级不得小于 C25，混凝土预制桩尖强度等级不得小于 C30；灌注桩主筋的混凝土保护层厚度不应小于 35 mm，水下灌注桩的主筋混凝土保护层厚度不得小于50 mm。

2. 桩身结构设计

(1)灌注桩。灌注桩在竖向荷载作用下，一般可分为轴心受压桩和偏心受压桩。轴心受压灌注桩桩身强度可按 9.3.3 节的方法计算；偏心受压时，可根据《混凝土结构设计规范（2015 年版）》(GB 50010—2010)按偏心受压计算桩身截面所需的受力钢筋，实际配筋还需满足构造要求。

(2)混凝土预制桩。混凝土预制桩在设计时需满足使用中的强度要求，计算方法同灌注桩，同时，桩身配筋还需满足吊运、打桩过程中的强度验算。预制桩吊运时单吊点和双吊点的设置，应按吊点（或支点）跨间正弯矩与吊点处的负弯矩相等的原则进行布置，如图 9-17所示。考虑预制桩吊运时可能受到冲击和振动的影响，计算吊运弯矩和吊运拉力时，可将桩身重力乘以 1.5 的动力系数。

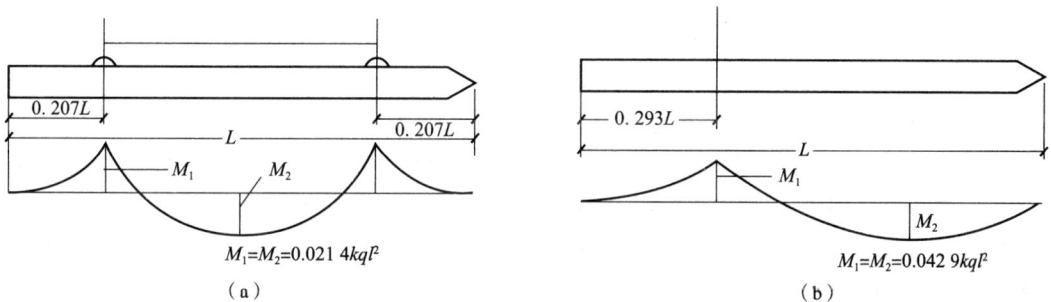

图 9-17　预制桩的吊点位置和弯矩图
(a)双点起吊时；(b)单点起吊时

9.5.6　承台设计与计算

桩基承台分为柱下独立承台、柱下或墙下条形承台，以及筏形承台和箱形承台等。承台的作用是将各桩连接成整体，把上部结构传来的荷载转换、调整、分配于各桩。因而，承台应有足够的强度和刚度。承台设计包括确定承台的材料、几何形状、高度、底面标高、平面尺寸，以及应按《混凝土结构设计规范（2015 年版）》(GB 50010—2010)满足抗冲切、抗剪切、抗弯承载力和局部承压承载力计算外，还应符合构造要求。

1. 承台的构造要求

(1)承台的尺寸构造要求。承台的尺寸与桩数和桩距有关，应通过经济技术综合比较确定。

按照要求，柱下独立桩基承台的最小宽度不应小于 500 mm，边桩中心至承台边缘的距离不应小于桩的直径或边长，且桩的外边缘至承台边缘的距离不应小于 150 mm。对于墙下条形承台梁，桩的外边缘至承台梁边缘的距离不应小于 75 mm，承台的最小厚度不应小于 300 mm。高层建筑平板式和梁板式筏形承台的最小厚度不应小于 400 mm，多层建筑墙下布桩的筏形承台的最小厚度不应小于 200 mm。

（2）承台的钢筋配置要求。柱下独立桩基承台钢筋应通长配置，如图 9-18 所示。对四柱以上（含四桩）承台宜按双向均匀布置，对三桩的三角形承台应按三向板带均匀布置，且最里面的三根钢筋围成的三角形应在柱截面范围内。承台纵向受力钢筋的直径不应小于 12 mm，间距不应大于 200 mm。柱下独立桩基承台的配筋率不应小于 0.15%。

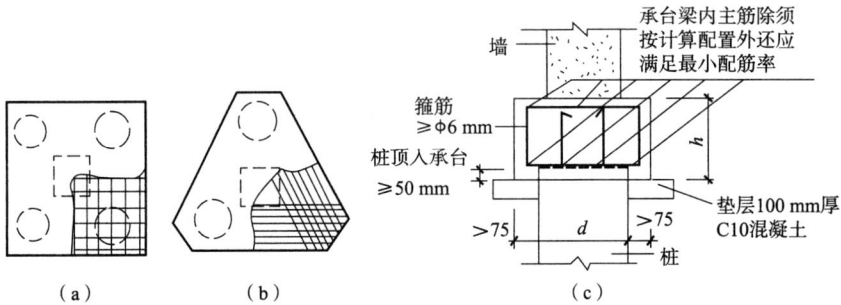

图 9-18　承台配筋

(a)矩形承台配筋；(b)三桩承台配筋；(c)墙下承台梁配筋

条形承台梁的纵向主筋的最小配筋率应符合现行国家标准《混凝土结构设计规范（2015年版）》(GB 50010—2010)的规定，主筋直径不应小于 12 mm，架立筋直径不应小于 10 mm，箍筋直径不应小于 6 mm。

筏形承台板或箱形承台板在计算中，当仅考虑局部弯矩作用时，考虑到整体弯曲的影响，在纵横两个方向的下层钢筋配筋率不宜小于 0.15%；上层钢筋应按计算配筋率全部连通。当筏板的厚度大于 2 000 mm 时，宜在板厚中间部位设置直径不小于 12 mm、间距不大于 300 mm 的双向钢筋网。

承台底面钢筋的混凝土保护层厚度，当有混凝土垫层时，不应小于 50 mm，无垫层时不应小于 70 mm；此外，还不应小于桩头嵌入承台内的长度。

（3）桩与承台的连接构造。桩嵌入承台内的长度对中等直径桩不宜小于 50 mm；对大直径桩不宜小于 100 mm。混凝土桩的桩顶纵向主筋应锚入承台，其锚入长度不宜小于 35 倍纵向主筋直径。对于大直径灌注桩，当采用一柱一桩时可设置承台或将桩与柱直接连接。

（4）柱与承台的连接构造。对于一柱一桩基础，柱与桩直接连接时，柱纵向主筋锚入桩身内长度不应小于 35 倍纵向主筋直径。对于多桩承台，柱纵向主筋应锚入承台不小于 35 倍纵向主筋直径；当承台高度不满足锚固要求时，竖向锚固长度不应小于 20 倍纵向主筋直径，并向柱轴线方向呈 90°弯折。当有抗震设防要求时，对于一、二级抗震等级的柱，纵向主筋锚固长度应乘以 1.15 的系数；对于三级抗震等级的柱，纵向主筋锚固长度应乘以 1.05 的系数。

(5)承台与承台之间的连接构造。一柱一桩时，应在桩顶两个主轴方向上设置连系梁。当桩与柱的截面直径之比大于 2 时，可不设连系梁。两桩桩基的承台，应在其短向设置连系梁。有抗震设防要求的柱下桩基承台，宜沿两个主轴方向设置连系梁。连系梁顶面宜与承台顶面位于同一标高。连系梁宽度不宜小于 250 mm，其高度可取承台中心距的 1/10～1/15，且不宜小于 400 m。

2. 承台冲切计算

当桩基承台的有效高度不足时，承台将产生冲切破坏。承台冲切有两种破坏方式：一种是柱对承台的冲切；另一种是角桩对承台的冲切。冲切破坏锥体斜面与承台底面的夹角≥45°，柱边冲切破坏锥体的顶面在柱与承台交界处或承台变阶处，底面在桩顶平面处(图 9-19)；而角桩冲切破坏锥体的顶面在角桩内边缘处，底面在承台上方。

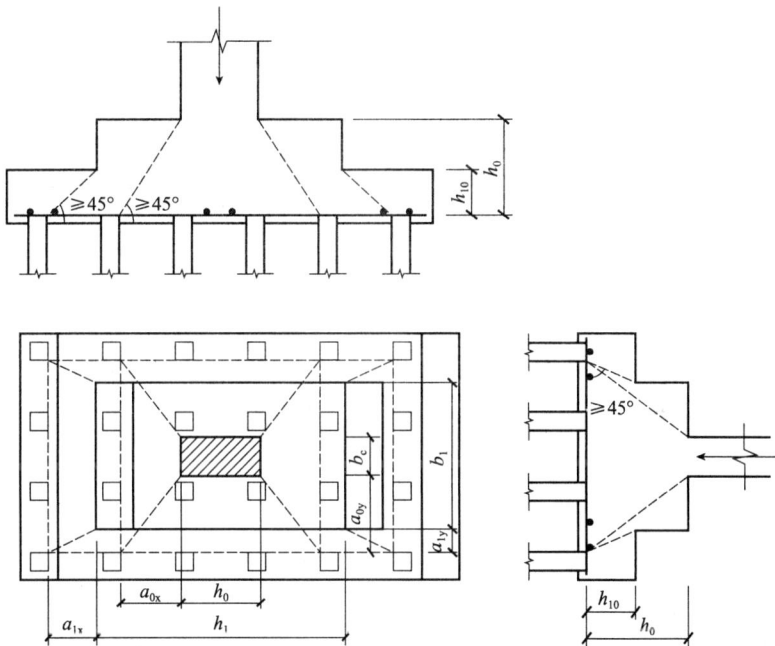

图 9-19　柱对承台冲切计算

(1)柱对承台的冲切计算。对于圆柱及圆桩，计算时应将其截面换算成方柱及方桩，即取换算柱截面边长 $b_c=0.8d_c$(d_c 为圆柱直径)，换算桩截面边长 $b_p=0.8d$(d 为圆桩直径)。

1)对于柱下矩形独立承台受柱冲切的承载力可按下式计算：

$$F_l\leqslant 2[\beta_{0x}(b_c+a_{0y})+\beta_{0y}(h_c+a_{0x})]\beta_{hp}f_t h_0 \tag{9-30}$$

$$F_l=F-\sum Q_i \tag{9-31}$$

$$\beta_{0x}=\frac{0.84}{\lambda_{0x}+0.2} \tag{9-32}$$

$$\beta_{0y}=\frac{0.84}{\lambda_{0y}+0.2} \tag{9-33}$$

$$\lambda_{0x}=\frac{a_{0x}}{h_0} \tag{9-34}$$

$$\lambda_{0y} = \frac{a_{0y}}{h_0} \tag{9-35}$$

式中　F_l——不计承台及其上土重，作用在冲切破坏锥体上相应于作用的基本组合的冲切力设计值；

　　　β_{hp}——受冲切承载力截面高度影响系数，当 h 不大于 800 mm 时，β_{hp} 取 1.0，当 $h \geqslant$ 2 000 mm 时，β_{hp} 取 0.9. 其间按线性内插法取用；

　　　f_t——承台混凝土轴心抗拉强度设计值；

　　　h_0——冲切破坏锥体的有效高度；

　　　β_{0x}、β_{0y}——柱(墙)冲切系数；

　　　λ_{0x}、λ_{0y}——冲跨比，当 λ 值小于 0.25 时取 0.25，当 λ 大于 1.0 时，取 1.0，其间按线性内插法取值；

　　　a_{0x}、a_{0y}——x、y 方向柱边离最近桩边的水平距离；

　　　h_c、b_c——x、y 方向柱截面边长；

　　　F——柱根部轴力设计值；

　　　$\sum Q_i$——冲切破坏锥体范围内各桩的净反力设计值之和。

2)对于柱下矩形独立阶形承台受上台阶冲切的承载力可按下列公式计算：

$$F_l \leqslant 2[\beta_{1x}(b_1 + a_{1y}) + \beta_{1y}(h_1 + a_{1x})]\beta_{hp}f_t h_{10} \tag{9-36}$$

$$\beta_{1x} = \frac{0.84}{\lambda_{1x} + 0.2} \tag{9-37}$$

$$\beta_{1y} = \frac{0.84}{\lambda_{1y} + 0.2} \tag{9-38}$$

$$\lambda_{1x} = \frac{a_{1x}}{h_{10}} \tag{9-39}$$

$$\lambda_{1y} = \frac{a_{1y}}{h_{10}} \tag{9-40}$$

式中　β_{1x}、β_{1y}——柱(墙)冲切系数；

　　　h_1、b_1——x、y 方向承台上阶的边长；

　　　λ_{1x}、λ_{1y}——冲跨比，当 $\lambda \leqslant 0.25$ 时取 0.25，当 $\lambda \geqslant 1.0$ 时，取 1.0，其间按线性内插法取值；

　　　h_{10}——承台变阶处冲切破坏锥体的有效高度；

　　　a_{1x}、a_{1y}——x、y 方向承台上阶边离最近桩边的水平距离。

(2)角桩对承台的冲切计算。

1)多桩矩形承台受角桩冲切的承载力应按下式计算：

$$N_l \leqslant [\beta_{1x}(c_2 + a_{1y}/2) + \beta_{1y}(c_1 + a_{1x}/2)]\beta_{hp}f_t h_0 \tag{9-41}$$

$$\beta_{1x} = \frac{0.56}{\lambda_{1x} + 0.2} \tag{9-42}$$

$$\beta_{1y} = \frac{0.56}{\lambda_{1y} + 0.2} \tag{9-43}$$

式中　N_l——扣除承台和其上填土自重后角桩桩顶相应于作用的基本组合时的竖向力设计值；

　　　β_{1x}、β_{1y}——角桩冲切系数；

a_{1x}、a_{1y}——从承台底角桩顶内缘引 45°冲切线与承台顶面或承台变阶处相交点至角桩内边缘的水平距离；当柱(墙)边或承台变阶处位于该 45°线以内时，则取由柱(墙)边或承台变阶处与桩内边缘连线为冲切锥体的锥线，如图 9-20 所示；

h_0——冲切破坏锥体的有效高度；

λ_{1x}、λ_{1y}——角桩冲跨比，其值满足 0.25～1.0，$\lambda_{1x}=a_{1x}/h_0$、$\lambda_{1y}=a_{1y}/h_0$。

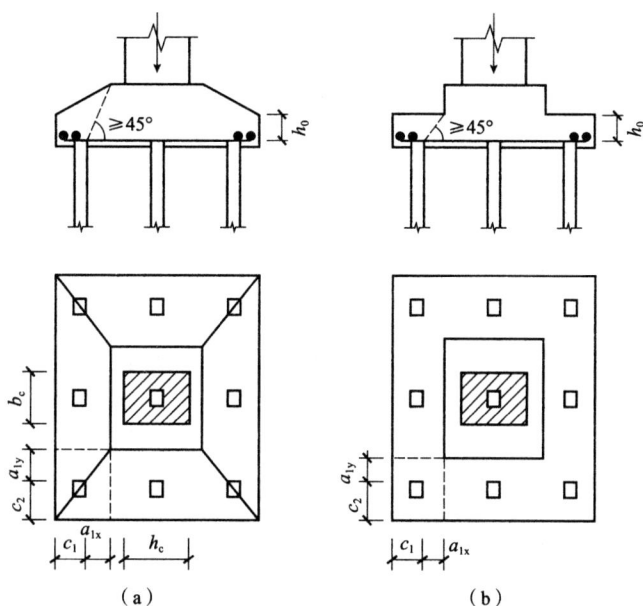

图 9-20　矩形承台角桩冲切计算

(a)锥形承台；(b)阶形承台

2)三桩三角形承台受角桩冲切的承载力应按下式计算：

底部角桩：

$$N_1 \leqslant \beta_{11}(2c_1+a_{11})\beta_{hp}\tan\frac{\theta_1}{2}f_t h_0 \tag{9-44}$$

$$\beta_{11}=\frac{0.56}{\lambda_{11}+0.2} \tag{9-45}$$

顶部角桩：

$$N_1 \leqslant \beta_{12}(2c_2+a_{12})\beta_{hp}\tan\frac{\theta_2}{2}f_t h_0 \tag{9-46}$$

$$\beta_{12}=\frac{0.56}{\lambda_{12}+0.2} \tag{9-47}$$

式中　λ_{11}、λ_{12}——角桩冲跨比，其值满足 0.25～1.0，$\lambda_{11}=a_{11}/h_0$、$\lambda_{1y}=a_{12}/h_0$；

a_{11}、a_{12}——从承台底角桩顶内边缘引 45°冲切线与承台顶面相交点至角桩内边缘的水平距离，如图 9-21 所示；当柱(墙)边或承台变阶处位于该 45°线以内时，则取由柱(墙)边或承台变阶处与桩内边缘连线为冲切锥体的锥线。

3. 承台受剪切计算

柱(墙)下桩基承台，应分别对柱(墙)边、变阶处和桩边连线形成的斜截面进行受剪承载力计算，如图 9-22 所示。当承台悬挑边有多排基桩形成多个斜截面时，应对每个斜截面的受剪承载力进行验算。

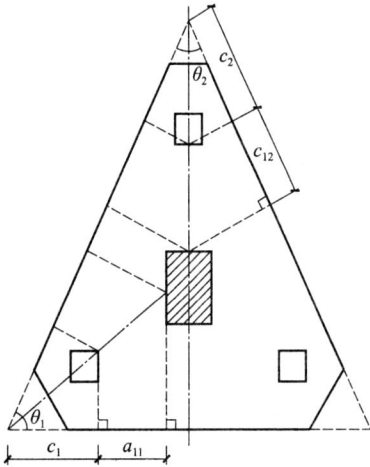

图 9-21　三桩三角形承台角桩冲切计算

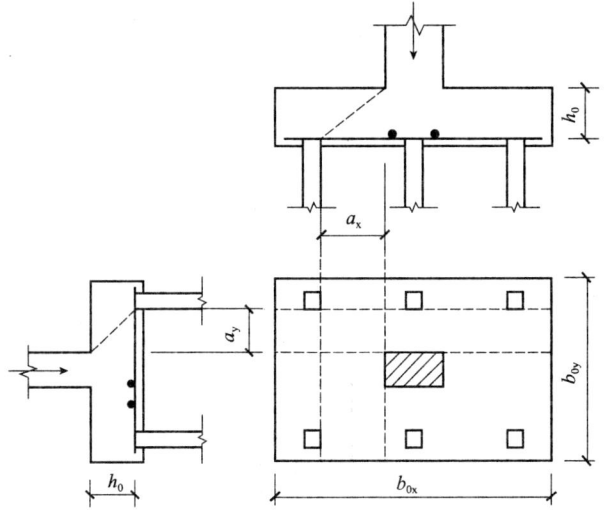

图 9-22　承台斜截面受剪计算示意

承台斜截面受剪承载力可按下式计算：

$$V \leqslant \beta_{hs} \alpha f_t b_0 h_0 \tag{9-48}$$

$$\alpha = \frac{1.75}{1+\lambda} \tag{9-49}$$

$$\beta_{hs} = (800/h_0)^{1/4} \tag{9-50}$$

式中　V——不计承台及其上土重，在荷载效应基本组合下，斜截面的最大剪力设计值；

f_t——承台混凝土抗拉强度设计值；

b_0——承台计算截面处的有效宽度；

h_0——承台计算截面处的有效高度；

α——承台剪切系数；

λ——计算截面的剪跨比，$\lambda_x = a_x/h_0$、$\lambda_y = a_y/h_0$，此处 a_x、a_y 为柱(墙)边或承台变阶处到 y、x 方向计算一排桩的桩边的水平距离；当 $\lambda < 0.25$ 时，取 $\lambda = 0.25$；当 $\lambda > 3$ 时，取 $\lambda = 3$；

β_{hs}——受剪切承载力截面高度影响系数，当 $h_0 \leqslant 800$ mm 时，h_0 取 800 mm；$h_0 \geqslant 2\,000$ mm 时，h_0 取 2 000 mm；其间按线性内插法取值。

阶梯形承台变阶处及锥形承台的计算宽度 b_0 按以下方法确定：

(1)对于阶梯形承台应分别在变阶处($A_1 - A_1$，$B_1 - B_1$)、柱边处($A_2 - A_2$，$B_2 - B_2$)进行斜截面受剪承载力计算，如图 9-23 所示。

计算变阶处截面($A_1 - A_1$，$B_1 - B_1$)的斜截面受剪承载力时，其截面有效高度均为 h_{10}，截面计算宽度分别为 b_{y1} 和 b_{x1}。

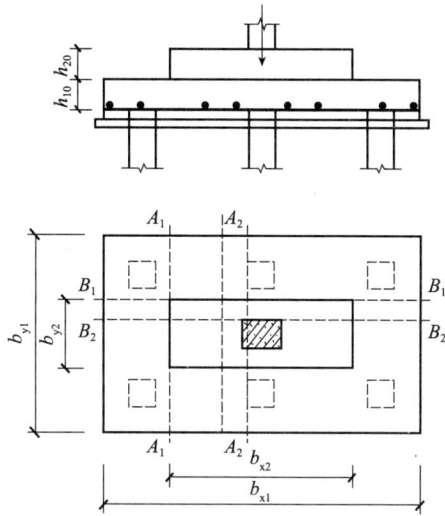

图 9-23　阶梯形承台斜截面受剪计算

计算柱边截面($A_2 - A_2$，$B_2 - B_2$)的斜截面受剪承载力时，其截面有效高度均为 $h_{10} +$ h_{20}，截面计算宽度为

对于 $A_2 - A_2$

$$b_{y0} = \frac{b_{y1}h_{10} + b_{y2}h_{20}}{h_{10} + h_{20}} \tag{9-51}$$

对于 $B_2 - B_2$

$$b_{x0} = \frac{b_{x1}h_{10} + b_{x2}h_{20}}{h_{10} + h_{20}} \tag{9-52}$$

(2)对于锥形承台应对变阶处及柱边处($A - A$，$B - B$)两个截面进行受剪承载力计算，如图 9-24 所示，截面有效高度均为 h_0，截面的计算宽度为

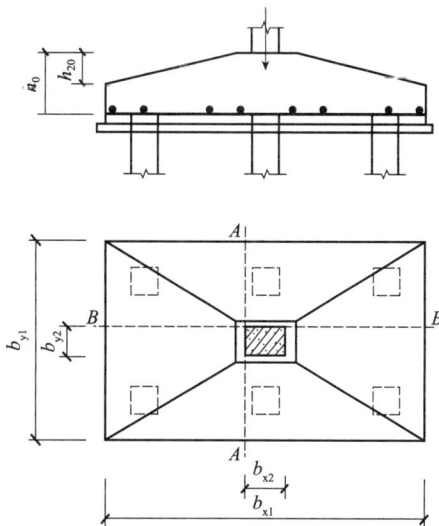

图 9-24　锥形承台斜截面受剪计算

对于 $A-A$

$$b_{y0} = \left[1 - 0.5\frac{h_{20}}{h_0}\left(1 - \frac{b_{y2}}{b_{y1}}\right)\right]b_{y1} \tag{9-53}$$

对于 $B-B$

$$b_{x0} = \left[1 - 0.5\frac{h_{20}}{h_0}\left(1 - \frac{b_{x2}}{b_{x1}}\right)\right]b_{x1} \tag{9-54}$$

4. 承台受弯计算

(1)柱下两桩形承台和多桩矩形承台。根据承台模型试验资料,柱下多桩矩形承台在配筋不足情况下将产生弯曲破坏,其破坏特征呈梁式破坏。所谓梁式破坏,是指挠曲裂缝在平行于柱边两个方向交替出现,承台在两个方向交替呈梁式承担荷载,最大弯矩产生在平行于柱边两个方向的屈服线处。利用极限平衡原理可推导得两个方向的承台正截面弯矩计算公式。

承台弯矩的计算截面应取在柱边和承台高度变化处[杯口外侧或台阶边缘,如图 9-25(a)所示],并按下式计算:

$$M_x = \sum N_i y_i \tag{9-55}$$

$$M_y = \sum N_i x_i \tag{9-56}$$

式中　M_x、M_y——绕 x 轴和 y 轴方向计算截面处的弯矩设计值;

　　　　x_i、y_i——垂直 x 轴和 y 轴方向自桩轴线到相应计算截面的距离;

　　　　N_i——不计承台及其上土重,在荷载效应基本组合下的基桩或复合基桩竖向反力设计值。

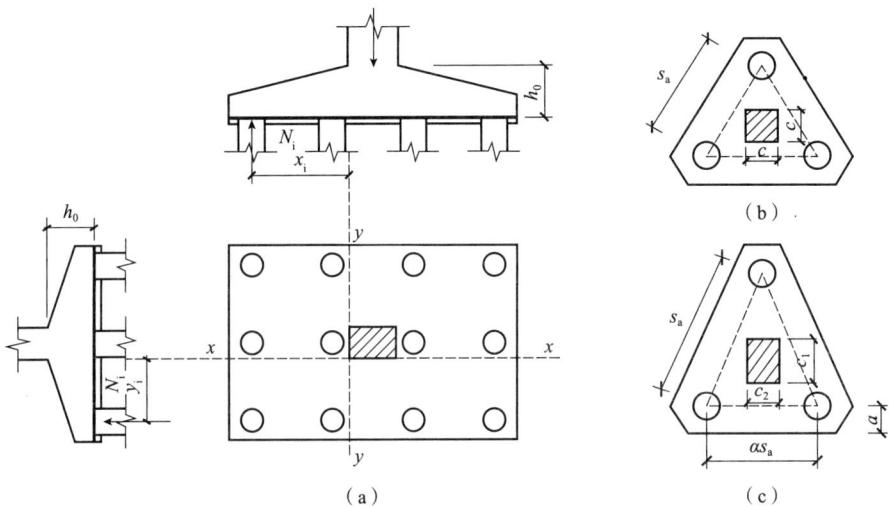

图 9-25　承台弯矩计算示意图

(a)矩形多桩承台;(b)等边三桩承台;(c)等腰三桩承台

(2)等边三桩承台[图 9-25(b)]。

$$M = \frac{N_{max}}{3}\left(s_a - \frac{\sqrt{3}}{4}c\right) \tag{9-57}$$

式中　M——通过承台形心至各边缘正交截面范围内板带的弯矩设计值；

　　　N_{max}——不计承台及其上土重，在荷载效应基本组合下三桩中最大基桩或复合基桩竖向反力设计值；

　　　s_a——桩中心距；

　　　c——方柱边长，圆柱时 $c=0.8d(d$ 为圆柱直径$)$。

(3)等腰三桩承台[图 9-25(c)]。

$$M_1=\frac{N_{max}}{3}\left(s_a-\frac{0.75}{\sqrt{4-\alpha^2}}c_1\right) \tag{9-58}$$

$$M_2=\frac{N_{max}}{3}\left(s_a-\frac{0.75}{\sqrt{4-\alpha^2}}c_2\right) \tag{9-59}$$

式中　M_1、M_2——通过承台形心至两腰边缘和底边边缘正交截面范围内板带的弯矩设计值；

　　　s_a——长向桩中心距；

　　　α——短向桩中心距与长向桩中心距之比，当 α 小于 0.5 时，应按变截面的二桩承台设计；

　　　c_1、c_2——垂直于、平行于承台底边的柱截面边长。

5. 局部受压计算

当承台混凝土强度等级低于柱或桩的混凝土强度等级时，应验算柱下或桩上承台的局部受压承载力。

【例 9-4】　某一设计等级为乙级的柱下建筑桩基，该建筑场地地层分布及土性指标从上至下依次为：①人工填土，土层厚 1.7 m，$\gamma=16$ kN/m³；②粉质黏土，土层厚 2 m，$\gamma=18.7$ kN/m³，$E_s=8.5$ MPa，$q_{sik}=45$ kPa；③黏土，土层厚 5 m，$\gamma=19.1$ kN/m³，$E_s=6$ MPa，$q_{sik}=40$ kPa；④中砂，土层厚 4.6 m，$\gamma=20$ kN/m³，$N_{63.5}=20$，$E_s=20$ MPa，$q_{sik}=72$ kPa，$q_{pk}=5100$ kPa；⑤粉质黏土，土层厚 8.6 m，$\gamma=19.8$ kN/m³，$E_s=8$ MPa；⑥密实砾石层，$\gamma=20.2$ kN/m³，$N_{63.5}=40$，未贯穿。地下水水位于地表下 3.7 m 处。柱截面尺寸为 450 mm×600 mm，相应于荷载效应标准组合时作用于柱底的荷载为 $F_k=2\,900$ kN，$M_k=330$ kN·m，$H_k=60$ kN。拟采用混凝土预制桩基础，桩的方形截面边长为 350 mm×350 mm，桩身混凝土强度等级选用 C30，钢筋选用 HPB300 级，承台埋置深度为 1.7 m。不考虑承台效应，试设计该桩基础。

解：(1)桩长的确定。根据荷载和地质条件，承台埋深为 1.7 m，以第④层中砂为桩端持力层。桩端全断面进入持力层中砂不小于 1.5d，取 1 m，桩长 $l=2+5+1=8(m)$。

(2)确定单桩竖向承载力特征值。

1)按经验参数法确定单桩竖向承载力特征值，按式(9-5)计算得

$$Q_{uk}=u\sum q_{sik}l_i+q_{pk}A_p$$
$$=4\times0.35\times(45\times2+40\times5+72\times1)+5\,100\times0.35\times0.35=1\,131.6(kN)$$

单桩竖向承载力特征值为

$$R_a=\frac{Q_{uk}}{2}=\frac{1\,131.6}{2}=565.8(kN)$$

不考虑承台效应，基桩竖向承载力特征值应取单桩竖向承载力特征值，$R=R_a$。

2)根据桩身结构强度确定单桩竖向承载力特征值。根据桩身材料强度确定，初选配筋率 $\rho = 0.45\%$，基桩成桩工艺系数 $\psi_c = 0.85$。C30 混凝土抗压强度设计值 $f_c = 14.3 \text{ N/mm}^2$，HPB300 级钢筋抗压强度设计值 $f_y' = 270 \text{ N/mm}^2$。按式(9-3)计算得

$$R_a = \frac{Q_{uk}}{2}$$

$$= \frac{\psi_c f_c A_{ps} + 0.9 f_y' A_s'}{2}$$

$$= \frac{0.85 \times 14.3 \times 350 \times 350 + 0.9 \times 270 \times 350 \times 350 \times 0.45\%}{2 \times 1\,000} = 811.5 (\text{kN})$$

单桩竖向承载力特征值取两项计算值的最小者，即取 $R_a = 565.8 \text{ kN}$。

(3)确定桩的数量及其平面布置。

考虑偏心作用，$n \geqslant \dfrac{1.1 F_k}{R_a} = \dfrac{1.1 \times 2\,900}{565.8} = 5.6$，取桩数为 6 根。

取桩距 $3d = 1.05 \text{ m}$，边桩中心到承台边缘取 0.35 m，初定承台尺寸为 $2.8 \text{ m} \times 1.75 \text{ m}$，承台高 0.8 m。桩的平面布置如图 9-26 所示。

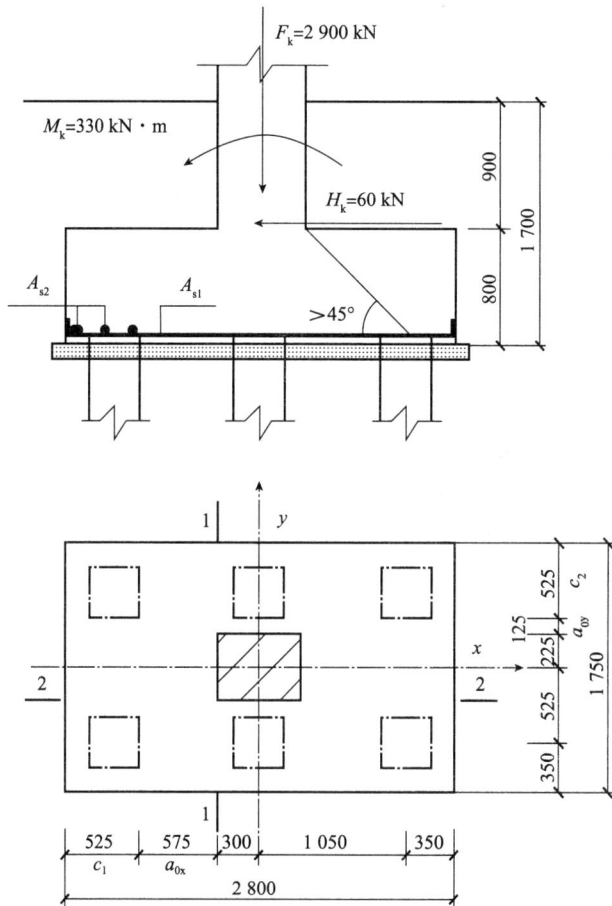

图 9-26 桩的平面布置

（4）桩基竖向承载力验算。基桩的平均竖向力和桩顶最大竖向力为

$$N_k=\frac{F_k+G_k}{n}=\frac{2\,900+20\times2.8\times1.75\times1.7}{6}=511(kN)<565.8\ kN$$

$$N_{kmax}=\frac{F_k+G_k}{n}+\frac{(M_k+H_kh)x_{max}}{\sum x_j^2}$$

$$=511+\frac{(330+60\times0.8)\times1.05}{4\times1.05^2}=601(kN)<1.2\times565.8\ kN=679\ kN$$

（5）荷载效应基本组合值和基桩净反力设计值。相应于作用的基本组合时作用于柱底的荷载设计值为

$$F=1.35F_k=1.35\times2\,900=3\,915(kN)$$

$$M=1.35M_k=1.35\times330=446(kN\cdot m)$$

$$H=1.35H_k=1.35\times60=81(kN)$$

基桩最大净反力设计值和平均值分别为

$$N_{max}=\frac{F}{n}+\frac{(M+Hh)x_{max}}{\sum x_j^2}=\frac{3\,915}{6}+\frac{(446+81\times0.8)\times1.05}{4\times1.05^2}=652.5+121.6=774(kN)$$

$$N=\frac{F}{n}=\frac{3\,915}{6}=652.5(kN)$$

（6）承台受冲切承载力验算。承台设计：采用 C30 混凝土，$f_t=1.43\ N/mm^2$；配置 HRB400 级钢筋，$f_y=360\ N/mm^2$；垫层采用 C15 混凝土，垫层厚为 100 mm，桩顶伸入承台 50 mm，钢筋保护层厚度为 50 mm，承台有效高度 $h_0=h-0.05-0.015=0.735(m)$。

1）承台受柱冲切验算。$a_{0x}=0.575\ m$，$a_{0y}=0.125\ m$，冲跨比 $\lambda_{0x}=a_{0x}/h_0=0.78$，$\lambda_{0y}=a_{0y}/h_0=0.17<0.25$。取 $\lambda_{0y}=0.25$。冲切系数：

$$\beta_{0x}=\frac{0.84}{0.2+\lambda_{0x}}=\frac{0.84}{0.2+0.78}=0.86,\quad \beta_{0y}=\frac{0.84}{0.2+\lambda_{0y}}=\frac{0.84}{0.2+0.25}=1.87$$

作用于冲切破坏锥体上的冲切力设计值为

$$F_l=F-\sum Q_i=3\,915-0=3\,915(kN)$$

$$2[\beta_{0x}(b_c+a_{0y})+\beta_{0y}(h_c+a_{0x})]\beta_{hp}f_th_0$$

$$=2\times[0.86\times(0.45+0.125)+1.87\times(0.6+0.575)]\times1\times1\,430\times0.735$$

$$=5658(kN)>F_l=3\,915\ kN$$

满足要求。

2）承台角桩冲切验算。从角桩内边缘至承台外边缘的距离：$c_1=c_2=0.35+0.35/2=0.525(m)$，$a_{1x}=a_{0x}=0.575\ m$，$a_{1y}=a_{0y}=0.125\ m$，角桩冲跨比 $\lambda_{1x}=\lambda_{0x}$，$\lambda_{1y}=\lambda_{0y}$。角桩冲切系数：

$$\beta_{1x}=\frac{0.56}{0.2+\lambda_{1x}}=\frac{0.56}{0.2+0.78}=0.57,\quad \beta_{1y}=\frac{0.56}{0.2+\lambda_{1y}}=\frac{0.56}{0.2+0.25}=1.24$$

$$[\beta_{1x}(c_2+a_{1y}/2)+\beta_{1y}(c_1+a_{1x}/2)]\beta_{hp}f_th_0$$

$$=[0.57\times(0.525+0.125/2)+1.24\times(0.525+0.575/2)]\times1\times1\,430\times0.735$$

$$=1\,411(kN)>N_{max}=774\ kN$$

角桩冲切验算满足要求。

（7）承台受剪切承载力验算。

1）垂直于 x 方向截面的抗剪计算，即对 1—1 斜截面。

剪跨比与以上的冲跨比相同，$\lambda_x = \lambda_{0x}$。剪切系数：

$$\alpha = \frac{1.75}{1+\lambda_x} = \frac{1.75}{1+0.78} = 0.983$$

$$\beta_{hs}\alpha f_t b_0 h_0 = 1 \times 0.983 \times 1\,430 \times 1.75 \times 0.735$$
$$= 1\,808(\text{kN}) > 2N_{max} = 2 \times 774 = 1\,548\ \text{kN}$$

满足要求。

2)垂直于 y 方向截面的抗剪计算，即对 2—2 斜截面。

剪跨比：$\lambda_y = \lambda_{0y}$，剪切系数：

$$\alpha = \frac{1.75}{1+\lambda_y} = \frac{1.75}{1+0.25} = 1.4$$

$$\beta_{hs}\alpha f_t b_0 h_0 = 1 \times 1.4 \times 1\,430 \times 2.8 \times 0.735$$
$$= 4\,120(\text{kN}) > 3N = 3 \times 652.5 = 1\,957.5(\text{kN})$$

满足要求。

(8)承台受弯承载力计算。

1)垂直于 x 轴方向截面处弯矩计算。

$$M_y = \sum N_i x_i = 774 \times 2 \times (1.05-0.3) = 1\,161(\text{kN} \cdot \text{m})$$

$$A_{s1} = \frac{M_y}{0.9 f_y h_0}$$

$$= \frac{1\,161 \times 10^6}{0.9 \times 360 \times 735}$$

$$= 4\,875(\text{mm}^2) > A_{s1\,min} = 0.15\% bh = 0.15\% \times 1\,750 \times 800 = 2\,100(\text{mm}^2)$$

纵筋布置于承台底部的下排，选用钢筋 16Φ20，实际面积 $A_{s1} = 5\,027\ \text{mm}^2$，沿平行于 x 轴方向均匀布置。

2)垂直于 y 轴方向截面处弯矩计算。

$$A_{s2} = \frac{M_x}{0.9 f_y h_0}$$

$$= \frac{587 \times 10^6}{0.9 \times 360 \times 735}$$

$$= 2\,465(\text{mm}^2) < A_{s2\,min} = 0.15\% bh = 0.15\% \times 2\,800 \times 800 = 3\,360(\text{mm}^2)$$

纵筋布置于承台底部的上排，选用钢筋 22Φ14，实际面积 $A_{s2} = 3\,387\ \text{mm}^2$，沿平行 y 轴方向均匀布置。

本章小结

(1)桩基础在高层建筑、桥梁及港口工程中应用广泛。按照桩基的设计等级进行承载能力和稳定性、变形、抗裂验算，验算中采用的作用效应组合与相应的抗力应符合规范及相关规定要求。

(2)根据桩的承载性能、施工方法、成桩方法对桩周土的影响、桩的使用功能可把桩划分为各种类型。单桩的破坏模式有屈曲破坏、桩端土整体剪切破坏、刺入破坏三种，单桩的承载力需综合分析静载试验、原位测试和经验参数法确定。

(3)在实际工程中多采用群桩基础。竖向荷载下的群桩基础,各基桩的承载力发挥和沉降性状往往与相同情况下的单桩有着显著的差别;承台底部产生的土反力也将分担部分荷载,因此设计时必须综合考虑桩群的工作特点,以确定桩群的承载能力。

(4)对于特殊条件下的桩基竖向承载力的计算也不能忽略,例如存在软弱下卧层,必须针对具体地基基础情况进行具体细致的力学分析计算。变形计算也是桩基设计中不可或缺的一环。

(5)承台的作用是将桩连接成一个整体,并把建筑物的荷载传递到桩上,因而承台应有足够的强度和刚度,以防止冲切破坏、剪切破坏、弯曲破坏、局部承压破坏。

课后习题

一、选择题

(1)下列桩型中属于挤土桩的是( )。

    A. 钻孔灌注桩   B. 冲孔灌注桩

    C. 沉管灌注桩   D. 敞口钢管桩

(2)某直径为 400 mm,桩长为 10 m 的预制桩,桩的极限端阻力标准值 $q_{pk}=3\,000$ kPa,桩的极限侧阻力标准值 $q_{sik}=100$ kPa,按经验参数法确定单桩竖向极限承载力标准值为( ) kN。

    A. 1 633   B. 1 257   C. 777   D. 1 737

(3)(2021 年注册岩土工程师真题)预制方桩界面边上 0.5 m,入土深度为 20 m,相应于标准组合的桩顶竖向受压荷载 $N_g=600$ kN,桩周地面大面积堆载产生负摩阻力,负摩阻力平均值 $q=20$ kPa。中性点位于桩顶下 12 m,其桩身最大轴力最接近下列哪个选项?( )

    A. 480 kN   B. 600 kN

    C. 840 kN   D. 1 080 kN

(4)桩基设计时,应采用荷载效应准永久组合的是( )。

    A. 确定桩数和布桩   B. 计算风载作用下桩基沉降

    C. 计算桩基承载力   D. 验算桩基稳定性

(5)《建筑桩基技术规范》(JGJ 94—2008)规定,荷载效应标准组合,且在偏心竖向力作用下的基桩,其承载力应符合下列哪个条件?( )

    A. $N_{kmax}\leqslant1.5R$ B. $N_{kmax}\leqslant R$

    C. $N_{kmax}\leqslant1.2R$ D. $N_k\leqslant1.25R$

(6)下列情况中,会在桩侧产生负摩阻力的是( )。

    A. 地下水位上升   B. 桩顶荷载过大

    C. 地下水位下降   D. 桩顶荷载过小

(7)确定单桩的承载力时,在同一条件下,进行静荷载试验的桩数不宜少于总桩数的 1%,且不应少于( )根。

    A. 3   B. 5   C. 7   D. 10

(8)桩端持力层为黏性土、粉土时,桩端进入该层的深度不宜小于(　　)。

    A. 1 倍桩径　　　　B. 1.5 倍桩径　　　　C. 2 倍桩径　　　　D. 500 mm

(9)(2018 年注册岩土工程师真题)关于桩基设计计算,下列哪种说法符合《建筑桩基技术规范》(JGJ 94—2008)的规定?(　　)

    A. 确定桩身配筋时,应采用荷载效应标准组合

    B. 确定桩数时,应采用荷载效应标准组合

    C. 计算桩基沉降时,应采用荷载效应基本组合

    D. 计算水平地震作用、风载作用下的桩基水平位移时,应采用水平地震作用、风载效应频遇组合

二、判断题

(1)桩基础具有承载力高、沉降量小而均匀、稳定性好等优点。　　　　　　　　　(　　)

(2)承受轴心竖向荷载的桩基,在荷载效应标准组合下的承载力特征值 R 应符合 $R \leqslant N_k$ 的要求。　　　　　　　　　　　　　　　　　　　　　　　　　　　　　　　　(　　)

(3)根据桩的承载性状不同,桩可分为挤土桩、部分挤土桩、非挤土桩。　　　　(　　)

(4)桩周地面存在大面积堆载时,应考虑桩侧负摩阻力的作用。　　　　　　　　(　　)

(5)基桩承台发生冲切破坏的主要原因是承台底板受弯钢筋配筋不足。　　　　　(　　)

三、计算题

(1)某灌注桩,桩径 $d=0.8$ m,桩长 $l=16$ m。从桩顶往下土层分布为 0~2 m 填土, $q_{sik}=35$ kPa;2~12 m 淤泥, $q_{sik}=18$ kPa;12~14 m 黏土, $q_{sik}=50$ kPa;14 m 以下为密实粗砂层, $q_{sik}=80$ kPa, $q_{pk}=2\ 600$ kPa,该层厚度大,桩未穿透。试计算单桩竖向极限承载力标准值 Q_{uk},以及单桩竖向承载力特征值 R_a。

(2)(2018 年注册岩土工程师真题改编)某建筑场地地层条件:地表以下 10 m 内为黏性土,10 m 以下为深厚均质砂层。场地内进行了三组相同施工工艺试桩,试桩结果见表 9-14。根据试桩结果估算,在其他条件均相同时,直径为 800 mm、长度为 16 m 桩的单桩竖向承载力特征值应该是多少?

表 9-14　三组试桩结果

组别	桩径/mm	桩长/m	桩顶埋深/m	试桩数量/根	单桩极限承载力标准值/kN
第一组	600	15	5	5	2 402
第二组	600	20	5	3	3 156
第三组	800	20	5	3	4 396

(3)某试验大厅柱下桩基,柱截面尺寸为 450 mm×600 mm,作用在承台顶面的荷载标准值为 $F_k=1\ 600$ kN, $M_k=210$ kN·m, $H_k=50$ kN。承台埋深为 1.4 m,桩数 $n=6$ 根。确定桩基竖向承载力特征值 $R_a=521$ kN,桩的平面布置如图 9-27 所示,承台底面尺寸为 3.2 m×2.0 m,承台高度为 0.9 m。试计算桩基最大和最小竖向力设计值,并进行基桩承载力验算。

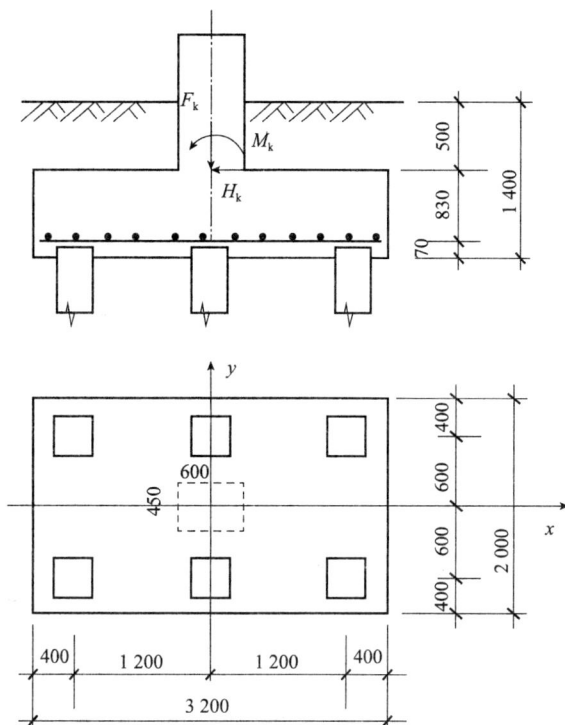

图 9-27　计算题(3)图

(4)某场地土层情况(自上而下)：第一层杂填土，厚度为 2.0 m；第二层为淤泥，软塑状态，厚度为 6.5 m，$q_{sik} = 26$ kPa；第三层为粉质黏土，厚度较大，$q_{sik} = 72$ kPa，$q_{pk} = 1\ 800$ kPa。现需设计一框架内柱(截面尺寸为 400 mm×400 mm)的预制桩基础。相应于荷载效应标准组合时作用于柱底的荷载：竖向力 $F_k = 1\ 850$ kN，弯矩 $M_k = 135$ kN·m，水平力 $H_k = 75$ kN，初选的预制桩截面尺寸为 400 mm×400 mm；承台埋置深度为 2 m，混凝土强度等级为 C30，配置 HRB335 级钢筋。试设计该桩基础。

第 10 章

计算机辅助软件

10.1 概　述

在进行岩土边坡稳定计算、浅基础设计、深基础设计时，采用手工计算费时且易出错，特别是多种工况计算，会出现因人而异的情况。为了推进工程建设的标准化发展，让设计过程更标准化和规范化，国内外的工程师们开发了较多的与岩土工程相关的软件，如 MIDAS、理正、GEO5 和 FLAC3D 等。本章主要介绍在国内应用较多的理正软件(图 10-1)。

图 10-1　理正软件界面

10.2　边坡稳定分析软件介绍

边坡失稳破坏是岩土工程中常遇到的工程问题之一。造成的危害及治理费用均非常可观。因此，客观地、正确地评估边坡稳定状况，是摆在工程技术人员面前的一道难题。为满足工程技术人员的工程实际需要，主要介绍"理正边坡稳定分析"软件。

(1)本软件符合通用标准、《堤防工程设计规范》(GB 50286—2013)、《碾压式土石坝设计规范》(SL 274—2020)、《浙江省海塘工程技术规定》、《建筑边坡工程技术规范》(GB 50330—2013)、《有色金属矿山排土场设计标准》(GB 50421—2018)、《水电工程边坡设计规范》(NB/T 10512—2021)、《水利水电工程边坡设计规范(附条文说明)》(SL 386—2007)、《铁路路基设计规范(极限状态法)》(Q/CR 9127—2018)10 个标准的规定，可以满足不同行业的要求。

(2)本软件提供三种地层分布模式(等厚地层、倾斜地层、复杂地层)，可满足各种地层条件的要求。

(3)本软件可进行边坡的稳定安全系数、剩余下滑力和锚杆(索)设计的计算。

(4)本软件提供多种方式计算边坡的稳定安全系数。

(5)本软件提供多种情况下的锚杆设计，锚杆设计包括锚固力计算、锚固段长度计算及锚杆(索)的配筋面积计算，对于不同的规范而言，锚杆设计的公式和参数是不同的。

(6)本软件提供的自动搜索最小稳定安全系数的方法，是理正技术人员研制、开发的，并应用到软件中，取得良好的效果。一般情况下，都可以得到最优解。但是对于较复杂的地质条件，建议先指定区域搜索、分不同精度进行分析，逐步逼近最优解，这样才能既快又准。

(7)对于圆弧滑动稳定计算，本软件提供瑞典条分法、简化 Bishop 法及 Janbu 法三种方法；对于折线滑动稳定计算，本软件提供简化 Bishop 法、简化 Janbu 法、摩根斯顿—普赖斯法三种方法。用户可以根据不同的要求采用不同的方法。

(8)本软件针对水利行业做了大量工作，除水利的堤防、碾压土石坝规范外，还有海堤规范；可按不同工况、施工期、稳定渗流期、水位降落期计算堤坝的稳定性(包括总应力法及有效应力法)。

(9)软件可考虑地震作用、外加荷载及锚杆、锚索、土工布等对稳定的影响；详细考虑水的作用，包括堤坝内部、外部水的作用。尤其方便的是可以将渗流软件分析的流场数据直接应用到稳定分析，使计算结果更逼近真实状况。

(10)具有图文并茂的交互界面、计算书；具有对计算过程的信息查询及计算过程图形显示功能，可视化程度高；并有及时地提示指导，帮助用户使用软件。

本软件适用水利、公路、铁路等行业岩土在工程建设中遇到的边坡(主要是土质边坡，岩石边坡可参考)稳定分析。

10.2.1 操作流程及操作指南

1. 操作流程

操作流程如图 10-2 所示。

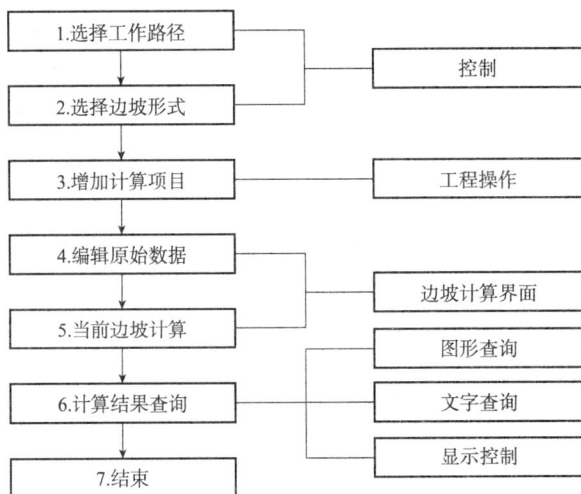

图 10-2 操作流程

2. 操作指南

(1)选择工作路径(图 10-3)。注意：此处指定的工作路径是所有岩土模块的工作路径。进入某一计算模块后，还可以通过按钮"选工程"重新指定此模块的工作路径。

(2)选择计算项目，如图 10-4 所示。

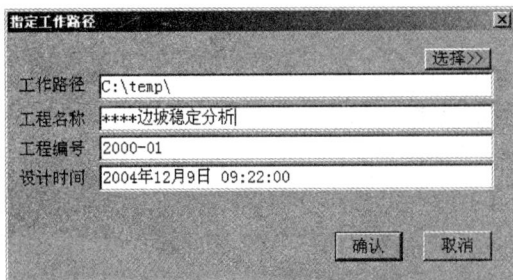

图 10-3 指定工作路径

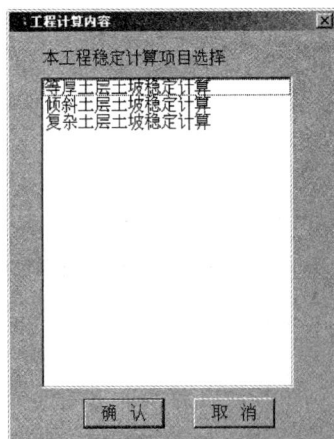

图 10-4 选择计算项目

(3)增加计算项目：选择"工程操作"菜单中的"增加项目"选项或单击"增加"按钮来新增一个计算项目(图 10-5)。

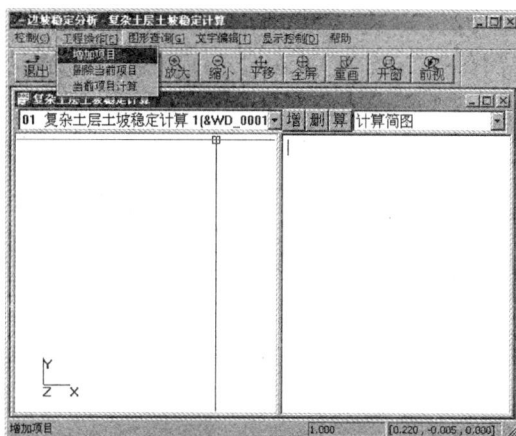

图 10-5　增加计算项目

10.2.2　边坡稳定分析

按照规范要求和工程实际，结合软件特点进行分析计算。

1. 建模

打开理正岩土计算软件 7.0 版本→直接交互坡线节点→导入 dxf 文件→导入渗流计算接口文件(图 10-6)。

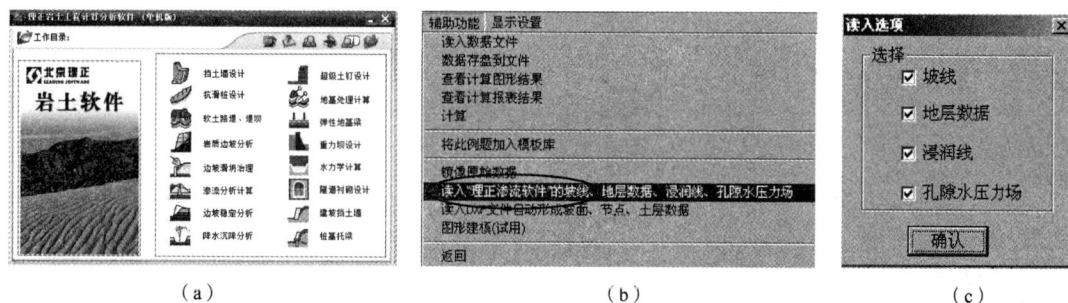

（a）　　　　　　　　　　　　　　　（b）　　　　　　　　　　　　　　　（c）

图 10-6　理正建模软件界面

（a)理正软件界面；（b)直接交互坡线节点；（c)导入渗流计算接口文件

2. 选定基本参数

结合不同类型工程采用不同规范标准或通用方法计算，但是选择不同规范会有不同的工期和算法。计算目标采用安全系数或剩余下滑力计算(传递系数法)。滑裂面形状结合不同工程实际会有圆弧、直线、折线，各种滑面形状的分析方法不同，圆弧和折线的搜索方法不同，需要具有一定的工程经验和工程实际进行选择。

岩土参数指标对话框中需要对黏聚力和内摩擦角与十字板剪切强度根据勘察资料进行输入；地震烈度有 7 度、8 度、9 度、不考虑，水平加速度分布：矩形、倒梯形、多边形，需要根据工程地点结合抗震规范进行选择。计算搜索方法包含自动搜索最危险滑面、指定圆心范围搜索最危险滑面、给定圆心半径计算安全系数、给定圆心计算安全系数、给定圆弧出入口范围搜索危险滑面和给定滑弧三点坐标计算安全系数；在设置前需要根据工程情况和需要进行合理选择（图 10-7）。

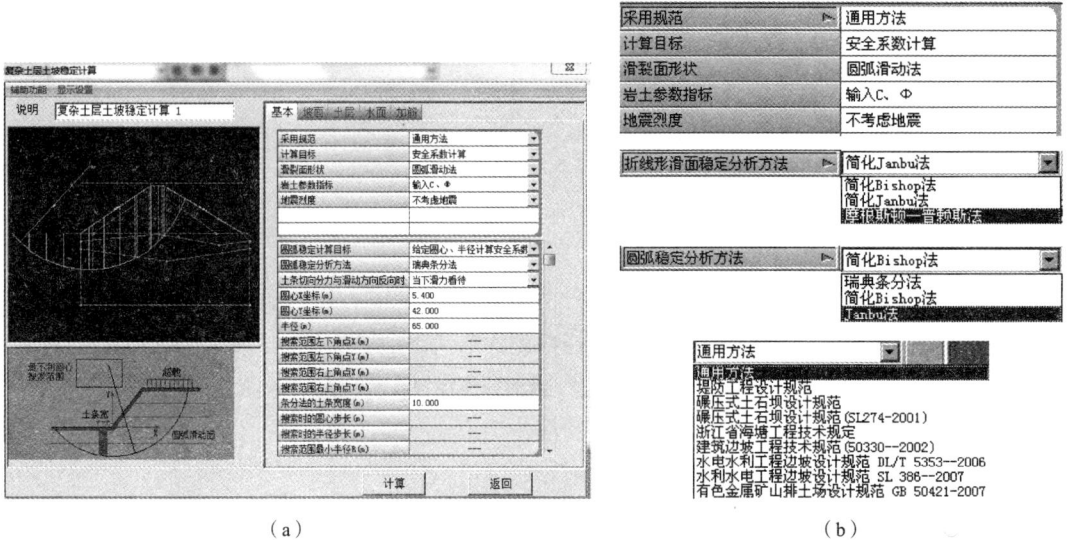

（a）　　　　　　　　　　　　　　　　　（b）

图 10-7　理正选定基本参数界面

（a）基本参数界面；（b）依据相关规范选择和分析计算方法

3. 坡面参数

坡面参数主要有交互坡面线段数和每段坡线的水平竖直投影；坡面超载可以输入任意方向的梯形分布荷载；软件提供荷载计算器，公路、铁路常用荷载可自动计算（图 10-8）。

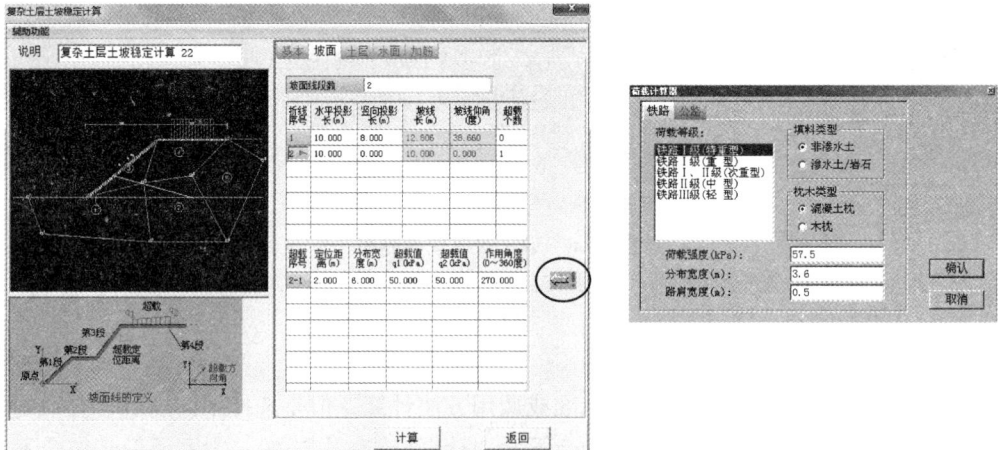

图 10-8　理正选定坡面参数界面

4. 土层参数

系统提供两种土层数据编辑方法：土层参数卡片编辑和计算简图窗口编辑。土层参数卡片编辑如图 10-9（a）所示，在数据界面中直接交互数据。计算简图窗口编辑如图 10-9（b）所示，在图形窗口双击鼠标左键，弹出鼠标所在位置的土层参数信息；再单击鼠标左键，弹出参数编辑对话框，如图 10-9(c)所示，修改后单击"确认"按钮完成操作。

　　复杂土层土坡稳定计算操作指南。首先自动形成附加节点坐标值，单击坐标值右侧的▶按钮(x 坐标和 y 坐标功能相同)，用鼠标在左侧简图中移动，跟随鼠标指针移动显示当前鼠标指针的坐标值，当坐标值符合要求时，单击鼠标左键，则在图形上自动添加节点，节点坐标自动填充到右侧表格中；若捕捉功能处于打开状态，则鼠标靠近边界时，自动捕捉到边界上。单击鼠标右键，则退出拾取点状态。自动形成边界节点序列，在填料的"边界节点编号"列单击右侧的▶按钮，用鼠标指针在左侧图形中移动，鼠标指针自动捕捉围域节点，图形上用红色方虚框表示，单击鼠标左键，拾取此点，按逆时针方向拾取围域的所有点，程序自动形成节点序列。

　　双击鼠标左键可以退出拾取状态。

基本	坡面	土层	水面	加筋

除坡面上点外的节点数 ▶	7
不同土性区域数	5
节点与区域号显示比例	1.000
是否开启捕捉功能	√

节点序号	节点编号	坐标X (m)	坐标Y (m)	注释
1 ▶	0	0.000	0.000	坡面节点 0
2	-1	10.000	8.000	坡面节点 -1
3	-2	20.000	8.000	坡面节点 -2
4	1	-6.000	-5.000	附加节点 1
5	2	9.000	-6.000	附加节点 2
6	3	8.000	2.000	附加节点 3
7	4	20.000	-6.000	附加节点 4

区域序号	重度 (kN/m3)	饱和重度 (kN/m3)	粘结强度 (kPa)	抗剪指标	粘聚力 (kPa)	内摩擦角 (度)
1 ▶	18.000	----	120.000	C、Φ值	10.000	25.000
2	18.000	----	120.000	C、Φ值	10.000	25.000
3	18.000	----	120.000	C、Φ值	10.000	25.000
4	18.000	----	120.000	C、Φ值	10.000	25.000
5	18.000	----	120.000	C、Φ值	10.000	25.000

(a)

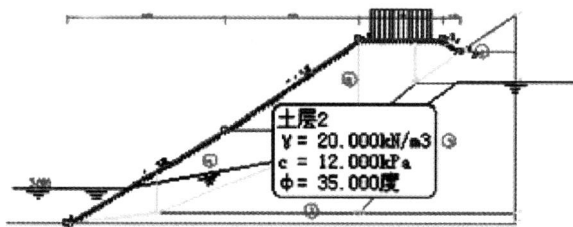

土层2
γ = 20.000kN/m3
c = 12.000kPa
φ = 35.000度

土层3	
γ (kN/m3)	19.500
c (kPa)	30.000
φ (度)	16.000

确认

(b)　　　　　　　　　　　　(c)

图 10-9　理正选定土层参数界面

(a)复杂土层参数卡片；(b)复杂土层计算简图显示窗口；(c)复杂土层图形界面参数编辑对话框

5. 水面参数和筋带参数

　　水作用考虑方法有总应力法和有效应力法两种方法。孔隙水压力有近似方法认为孔隙水压力近似等于静水压力和渗流方法导入渗流计算结果的孔隙水压力场等方法。系统提供两种加筋界面，可编辑锚杆或锚索等级、位置、调整系数及长度数据。图10-10（b）所示的功能仅支持复杂边坡设计中圆弧边坡和直线边坡。

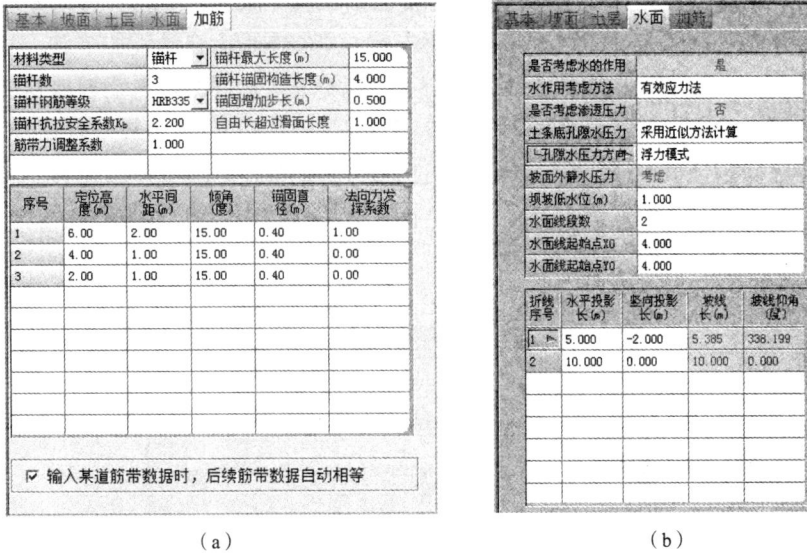

（a）　　　　　　　　　　　　　　　　（b）

图 10-10　理正选定水面和筋带参数界面

（a）水面参数卡片；（b）筋带参数显示窗口

6. 计算

该程序可用于选择计算并开始当前编号的土坡计算。

在右侧窗口下方单击"计算"按钮（或选择"辅助功能"下的"计算"），立即开始计算。计算结束后，自动转入计算结果查询界面。

计算的全部内容详见下面的"输出计算结果列表"部分。选择"图形显示"计算时，图形显示窗口自动打开，如图10-11（a）所示，可显示搜索过程中任意时刻滑裂面的图形位置及数值结果。

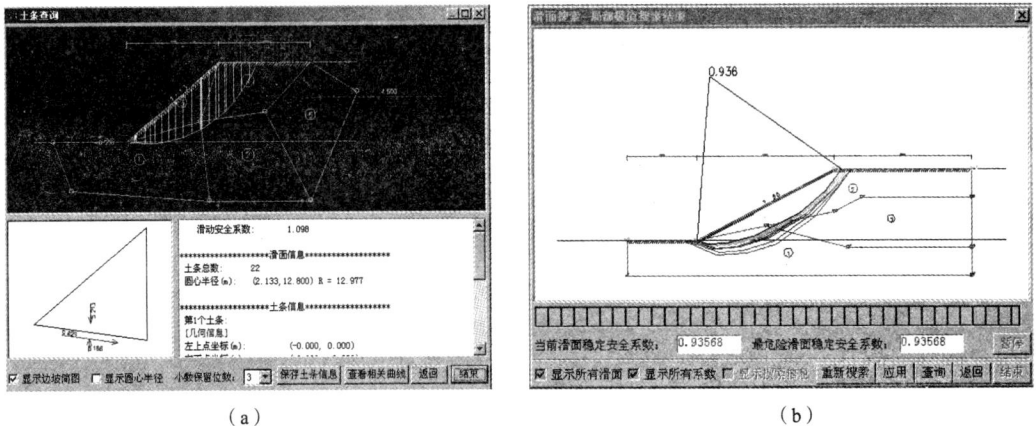

（a）　　　　　　　　　　　　　　　　（b）

图 10-11　理正计算结果界面

（a）图形显示窗口；（b）中间成果窗口

10.3 浅基础和桩基础分析软件介绍

理正结构工具箱软件(图 10-12)用于独立桩基承台的设计。实现桩承台的设计和验算，输出人性化的图形结果与计算书。其包括以下内容：

(1)桩竖向、水平及抗拔承载力验算；

(2)软弱下卧层计算；

(3)生成图形结果，并可保存为 .DXF 文件，在 AutoCAD 中调出修改。

10.3.1 操作流程

操作流程为输入数据→程序计算→结果查看→生成计算书及图形结果(图 10-13)。

图 10-12 理正结构工具箱软件

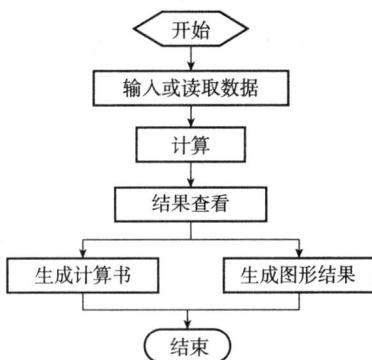

图 10-13 操作流程

理正结构工具箱软件用于独立桩基承台的设计，具有数据交互界面和结果查询界面两个主要界面(图 10-14、图 10-15)。

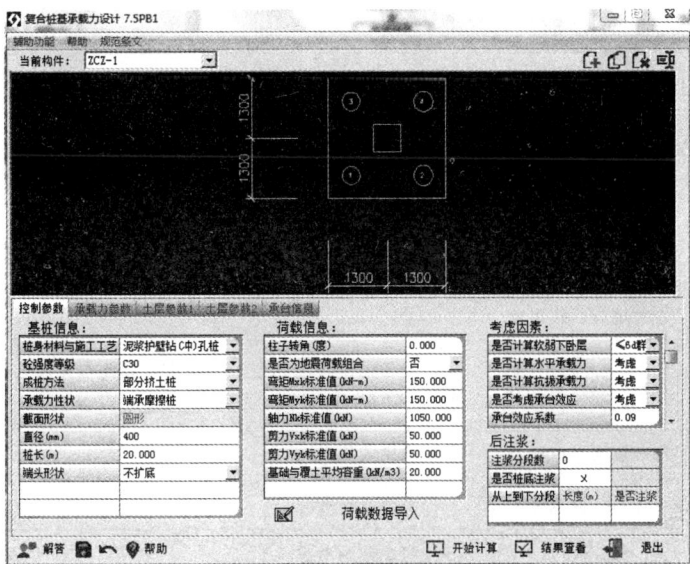

图 10-14 数据交互界面

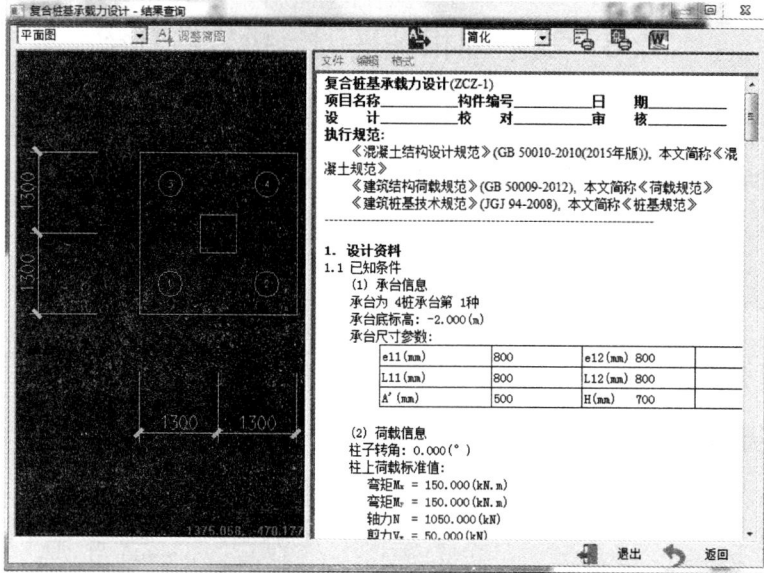

图 10-15　结果查询界面

进入理正结构工具箱软件，在独立桩基承台数据交互界面输入桩基信息（表 10-1）。具体信息结合不同工程情况和设计条件进行输入。

表 10-1　桩基参数信息表

参数		取值范围
控制参数		
基桩信息	桩身材料与施工工艺	预制及泥浆护壁钻(冲)孔、混凝土空心桩、干作业钻孔桩、干作业挖孔桩和钢管桩
	混凝土强度等级	C15～C80
	成桩方法	非挤土、部分挤土、挤土（穿越饱和土层）和挤土（不穿越饱和土层）
	承载力性状	端承摩擦桩、摩擦桩、摩擦端承桩、端承桩
	截面形状	方形或圆形
	端头形状	与桩类型有关，可为扩底或不扩底
荷载信息	是否为地震荷载组合	是、否
考虑因素	是否计算软弱下卧层	不考虑、≤6d 群桩、全考虑，具体含义参见《建筑桩基技术规范》（JGJ 94—2008）技术条件 5.4
	是否计算水平承载力	考虑或不考虑
	是否计算抗拔承载力	考虑或不考虑
	是否考虑承台效应	考虑或不考虑

参数		取值范围
考虑因素	承台效应系数	考虑承台效应时，可交互
	是否考虑群桩效应	考虑或不考虑
	是否考虑地基液化	不考虑、部分考虑、全考虑，具体含义参见《建筑桩基技术规范》(JGJ 94—2008)技术条件 2.3.3.1
后注浆	注浆分段数	桩型为灌注桩时，此部分功能可编辑
	是否桩底注浆	√、×，具体含义参见《建筑桩基技术规范》(JGJ 94—2008)技术条件 2.3.3.1
	注浆分段	设置从桩顶到桩底的后注浆分段长度，并可选择每段是否后注浆

用户可以通过此接口导入 QSAP 和 PKPM 计算得到的底层数据。

单击控制参数界面的"数据接口"按钮，弹出数据接口界面，如图 10-16 所示。

图 10-16　荷载数据接口界面

随后进行承载力、土层参数 1、土层参数 2 和承台信息输入(表 10-2)。

表 10-2　承载力参数信息

承载力参数		
参　数		取值范围
竖向承载力	竖向承载力计算方法	静载试验法、经验参数法、单桥静力触探法和双桥静力触探法
	设计地震分组	第一组、第二组、第三组

		承载力参数	
竖向承载力	地震设防烈度	不设防、6度设防(0.05g)、7度设防(0.1g)、7度设防(0.15g)、8度设防(0.2g)、8度设防(0.3g)和9度设防(0.4g)	
	单桩竖向极限承载力标准值	仅当竖向承载力计算方法采用"静载试验法"时,此参数参与计算	
	是否考虑负摩阻力	竖向承载力计算方法采用"静载试验法",此参数不参与计算	
	降低后地下水水位标高	考虑负摩阻力计算时,此项可交互;用于计算负摩阻力下拉荷载	
水平承载力	水平承载力计算方法	静载试验法、经验参数法	
	桩顶约束情况	自由、铰接、固接	
	桩顶约束控制	位移控制、强度控制	
	桩身配筋率/%	0~5	
	桩顶允许水平位移/mm	0~1 000 000	
	桩顶轴力标准值(压为正,kN)	用于《建筑桩基技术规范》(JGJ 94—2008)式(5.7.2-1)计算时土号的确定	
	单桩水平承载力特征值	仅当水平承载力计算方法采用"静载试验法"时,此参数参与计算	
	是否永久荷载控制	仅当水平承载力计算方法采用"经验参数法"时,此参数参与计算	
	承台底与地基土摩擦系数	0~1	
	纵筋保护层厚度/mm	0~10 000	
抗拔承载力	抗拔承载力计算方法	静载试验法、经验参数法	
	是否群桩整体破坏	是或否	
	扩底桩自扩底起算桩径倍数	0~10,具体含义参见技术条件2.6	
	基桩抗拔承载力标准值	仅当水平承载力计算方法采用"静载试验法"时,此参数参与计算	
		土层参数1	
重度、饱和重度		地下水位标高以下采用饱和重度	
承载力特征值、液性指数、孔隙比、密实度、f_{rk}、风化程度、含水比和饱和度		与土类名称有关,不同的土名对应不同的物理力学指标	
		土层参数2	
抗拔系数		计算抗拔承载力时,此参数有意义	
负摩阻力系数		当考虑负摩阻力时,此参数有意义	
比贯入阻力		当竖向承载力计算方法采用"单桥静力触探法"时,参数有意义	
探头平均侧阻、探头阻力		当竖向承载力计算方法采用"双桥静力触探法"时,参数有意义	
后注浆侧阻系数、后注浆端阻系数		当对灌注桩进行后注浆定义后,此参数起作用	

续表

承载力参数	
规范侧阻、规范端阻、规范 m	根据《建筑桩基技术规范》(JGJ 94—2008)表 5.3.5-1、表 5.3.5-2、表 5.3.6-1、表 5.7.5 取平均值；全风化岩石取全风化硬质岩对应值
承台信息	
桩数	1～16
类型	与桩数有关，可为 1 或 2 种
承台平面尺寸参数	与桩数及布桩类型有关

对应不同的参数图框如图 10-17～图 10-19 所示。

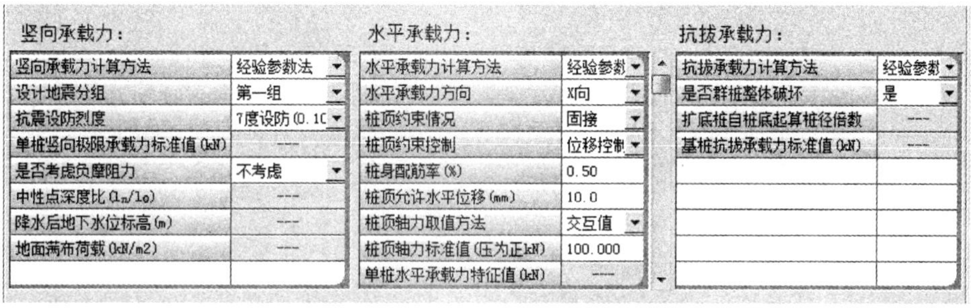

图 10-17　承载力参数界面

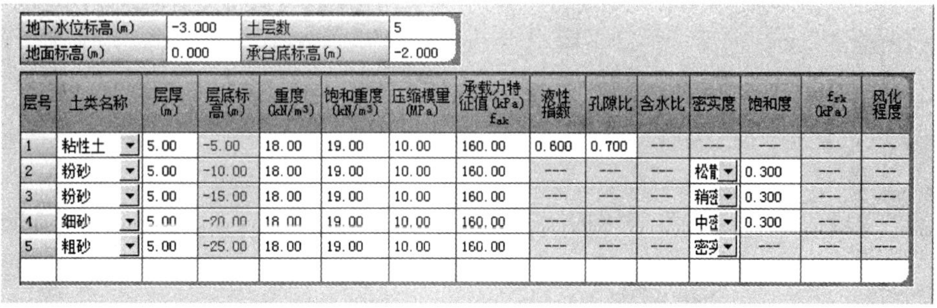

图 10-18　土层参数界面

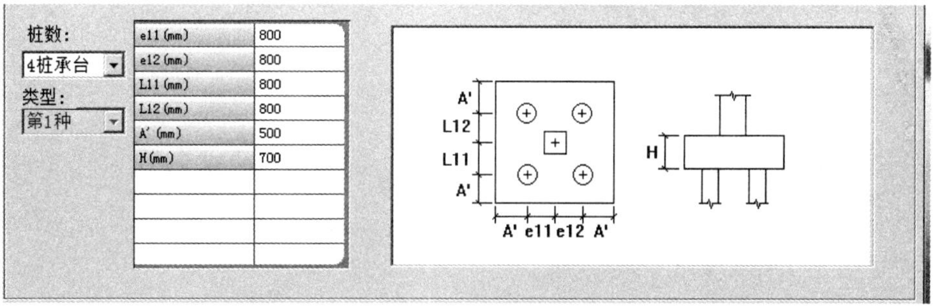

图 10-19　承台信息界面

10.3.2 设计结果查看

按照规范要求和设计荷载、地质、地震等条件完成界面信息填写后，进行计算；如果结果数据与设计不一致，结合实际情况，进一步优化设计后完善参数输入直至达到规范和设计要求。

参 考 文 献

[1] 李广信，张丙印，于玉贞. 土力学[M]. 2版. 北京：清华大学出版社，2013.

[2] 东南大学，浙江大学，湖南大学，等. 土力学[M]. 3版. 北京：中国建筑工业出版社，2010.

[3] 卢廷浩. 土力学[M]. 2版. 南京：河海大学出版社，2005.

[4] 陈国兴，樊良本，陈甦，等. 土质学与土力学[M]. 2版. 北京：中国水利水电出版社，2006.

[5] 李广信. 漫话土力学[M]. 北京：人民交通出版社股份有限公司，2019.

[6] 赵明华. 土力学与基础工程[M]. 4版. 武汉：武汉理工大学出版社，2018.

[7] 李飞，王贵君. 土力学与基础工程[M]. 2版. 武汉：武汉理工大学出版社，2014.

[8] 陈希哲，叶菁. 土力学地基基础[M]. 5版. 北京：清华大学出版社，2013.

[9] 赵树德，廖红建. 土力学[M]. 2版. 北京：高等教育出版社，2010.

[10] ［日］大根義男. 实用土力学[M]. 卢有杰，等，译. 北京：机械工业出版社，2012.

[11] 顾慰慈. 挡土墙土压力计算手册[M]. 北京：中国建材工业出版社，2005.

[12] 中华人民共和国交通运输部. JTG 3430—2020 公路土工试验规程[S]. 北京：人民交通出版社，2021.

[13] 中华人民共和国住房和城乡建设部. GB 50007—2011 建筑地基基础设计规范[S]. 北京：中国计划出版社，2012.

[14] 中华人民共和国建设部. GB 50021—2001 岩土工程勘察规范（2009年版）[S]. 北京：中国建筑工业出版社，2009.

[15] 中华人民共和国住房和城乡建设部，中华人民共和国国家质量监督检验检疫总局. GB 50011—2010 建筑抗震设计规范（附条文说明）（2016年版）[S]. 北京：中国建筑工业出版社，2016.

[16] 中华人民共和国住房和城乡建设部 JGJ 94—2008、建筑桩基技术规范[S]. 北京：中国建筑工业出版社，2008.